SE
SHOEISHA

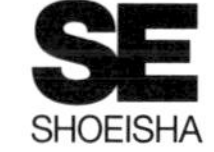

独学 Photoshop

楽しく基本が身につくガイドブック

Mappy Photo えりな&たじ 著

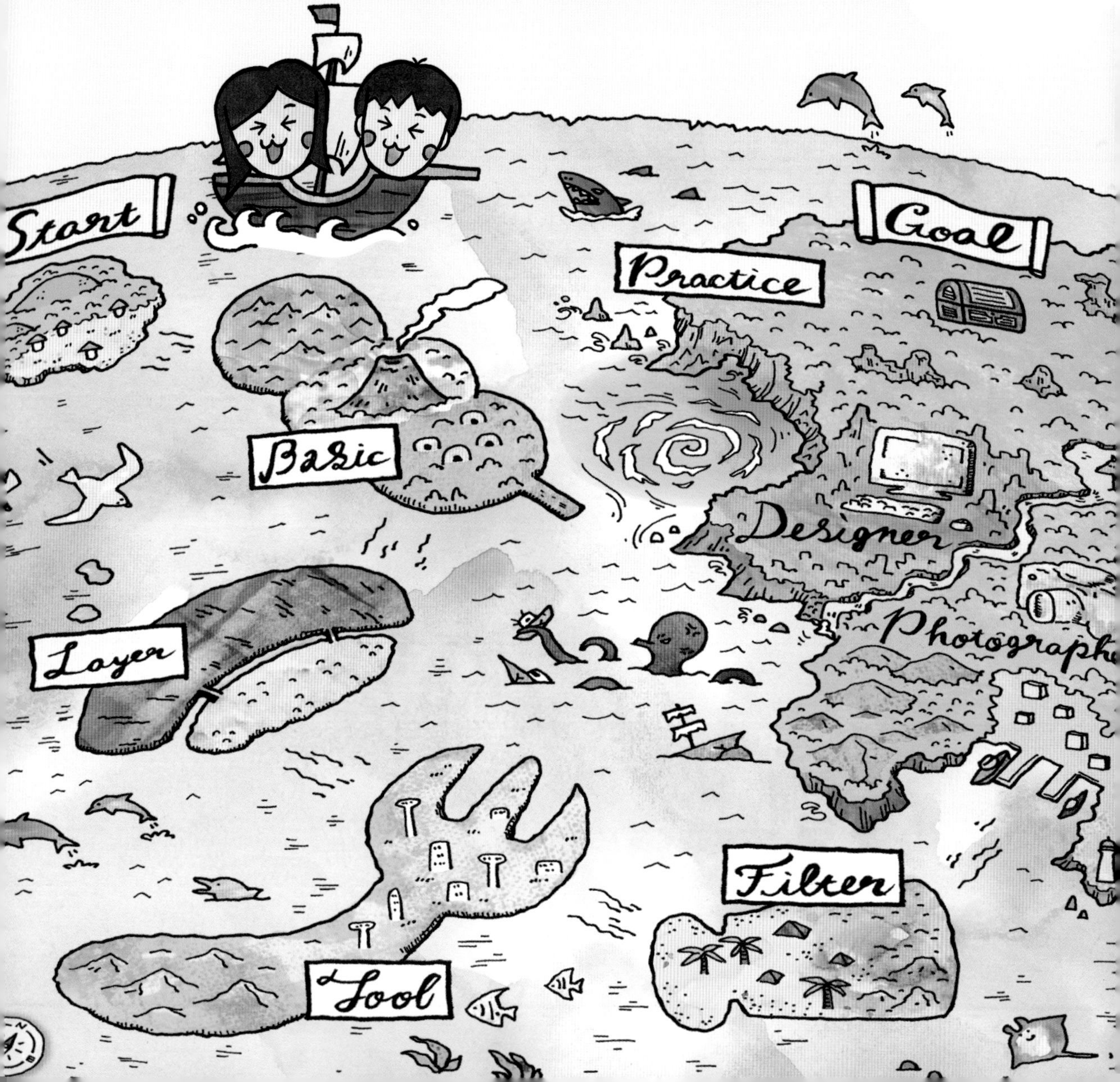
Start
Goal
Practice
Basic
Designer
Photographe
Layer
Filter
Tool

はじめに

よしっ！ Photoshop契約したぞ～。みんな使っているし、これで自分の写真も最高になるの間違いなし！　早速始めよう!!

～10分後～

……。始め方も使い方もわからなーーーい!!　誰か助けて～。

ちびたじちゃん、どうしたの？？

あっ、ちびえりなちゃん、ちょうどいいとこに！　Photoshop始めたんだけど、まったく使い方わからないの……。教えて～。

しょうがないな～。じゃあ、ビシバシやっていくよ！　お礼は、お寿司に、ハンバーガーに、ケーキに……よろしくね！

やったー！　よろしくお願いします！　でも、食べ過ぎじゃない！？

登場人物紹介

ちびえりな

Photoshopを触らない日はない
フォトグラファー、アルバムデザイナー。
特技：寝落ち
YouTubeにて顔出しで、
Photoshopのチュートリアル動画を
投稿しているえりなの分身。

ちびたじ

永遠のPhotoshop初心者フォトグラファー。
特技：気になることは気が済むまで知りたい派
だけど覚えたくはない能天気
チュートリアル動画の
編集＆サムネを担当している
たじの分身。

こんにちは！　Mappy Photoのえりなとたじです。
改めまして、この本を手に取っていただき、ありがとうございます！

私たちは普段YouTubeでPhotoshopのチュートリアル動画を上げていて、その過程を通してこのように本を書かせていただくことになりました。
この本の題名である**「独学Photoshop」**というのは、私たち自身が独学でPhotoshopを学んできたからこそ、皆さんに「独学で学べるよ！」というのをお伝えするために付けた題名です。

そんな私たちでもPhotoshopを使い始めるときに一度挫折した経験があります。

■ **何から勉強し始めればいいかわからない**
■ **何ができるかわからない**
■ **どうして○○をする必要があるのかわからない**

自分たちなりに独学で勉強してきたからこそ、**つまずくポイント**や**迷ってしまう場面**などもよくわかります。だからこそ、今から始める皆さんには効率的にポイントを押さえつつ、楽しくPhotoshopを学んでほしいのです!!!

この本では、基礎を学んで、**自分で何でも作れるような力**を鍛えていきます。
基礎を学ぶのは遠回りに思えるかもしれませんが、その後のレベルアップを加速させるので、意外と一番の近道です！
難しい内容はかみ砕いて写真とともに説明し、箸休めにもなる会話やイラストも入れて、眠くならないように工夫しているので安心してください（笑）
YouTubeの動画で動きを付けた説明もしているので、ぜひそちらもご覧ください！

YouTubeを始めてから約３年、動画本数は350本、チャンネル登録者７万人（2022年９月現在）となり、さらにAdobe公式のPhotoshopチュートリアルに記事や動画の提供もさせていただきました。
また、「自分たちで本を書きたい！」とずっと思っていたので、今回このような機会がいただけるなんて本当に夢のようです！
それもこれも、ここまで支えてくださった視聴者の皆さんのおかげです。
本当にありがとうございます!!!

動画にも「わかりやすかった！」「できるようになった！」「Photoshopが楽しくなった！」という、うれしいコメントもたくさんいただいてきたので、本書でもそう言っていただけるように精一杯書きました。
あなたにとって、少しでも参考になったり、Photoshopが楽しいと思っていただけるような１冊になりますように。

では、Photoshopでやっていこうと思います！

本書の対象読者

この本は、Photoshopを使う**すべての方向けの入門書**です。

- ■デザイナーになりたい
- ■フォトグラファーで「写真の困った」を解決したい
- ■動画編集者でYouTubeのサムネイルを作りたい
- ■写真が好きで自分の写真で加工・合成したい
- ■お店のポップやチラシ、バナーを作りたい
- ■副業でWebデザインを作るときに活用したい

Photoshopを使う目的は人それぞれ違います。ですが、どの分野でPhotoshopを使うにしても、必要な基本は一緒です。

暗記するのではなく、基本を理解すれば、作りたいものが作れるようになります。

本書の特徴

Photoshop初心者の方でも飽きずに楽しく学べるように、次の6つのポイントを中心に解説しています。

❶根拠を持って作れるようになる

なぜその操作をするのかがわかり、自分で想像した通りに制作できるようになります。

❷本当に必要な基本知識を体系的に学べる

Photoshopの機能は無限にありますがすべて覚える必要はなく、本書ではその中でも必要な機能に絞った解説をしています。

❸文章は端的で読みやすい

あえて文字を少なくし、画像だけでも理解できるようにしています。

❹文章と画像がセットで見やすい

文章の内容が画像と合致して見えやすいように配置し、目の動きを少なくしています。

❺解説動画もあり動きが見える

実際私たちがPhotoshopで手を動かしている内容の動画を見て、画像だけでは伝わらない細かな動かし方もわかります。

❻説明だけではなく実践もあり、手を動かせて楽しい

インプットするだけではなく、アウトプットして知識を確実に定着させます。

これから皆さんの目的に向かってPhotoshopを使っていくと思いますが、その土台となるような1冊になれば幸いです。

本書の構成

本書は**7つの章**に分かれています。

初めの5章は、Photoshopを使う誰にでも共通する基本を押さえ、最後の2章は実践編としてフォトグラファー向けとデザイナー向けに分けて具体的な画像編集、作成の手順を解説します。

特に重要な章は2〜4章の「**3つの力（レイヤー・ツール・フィルター）**」です。

ぜひPhotoshopを開き、この本を最初から順番に読み進めてください。

本書のアイコン説明

QRコード

スマホで読み取り、動画を見ることができる

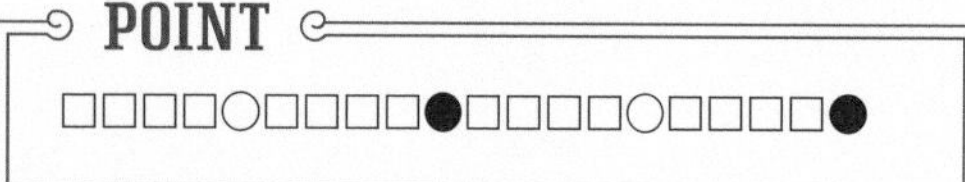

Point

覚えておきたいこと・考え方

SHORTCUTS

選択したレイヤーを結合

Win Ctrl + E ／ Mac ⌘ + E

Shortcuts

覚えておきたいショートカット

MEMO

□□□□○□□□□□●□□□□□○□□□□□●

Memo

なんとなく読んでおけばOK、豆知識

Caution

注意したいこと

点線矢印

ドラッグ

矢印

クリック

サンプルファイルダウンロード方法

下記URLどちらかよりサンプルファイルをダウンロードできます。

翔泳社HP：https://www.shoeisha.co.jp/book/download/9784798173115
Mappy photo HP：https://mappyedit.com/book/download
（パスワードは7ページ「ご購入者さま専用ウェブページのご案内」に記載）

著作権はすべて私たちMappy Photoに属します。練習用としてお使いください。SNSへの投稿可。
いろいろな写真で試してみると、より実力がつくのでぜひご自分で用意した写真でも練習してください。
作った作品はぜひ **#独学Photoshop** とSNSに載せていただけたら、うれしいです！

特典
ご購入者さま専用ウェブページのご案内

紙面の関係で本書に収めきれなかった内容をまとめたウェブページをご用意しました。

- 最新のPhotoshopアップデート情報
- 本書の内容を詳しく解説したYouTube動画のリンク
- 本書に収めきれなかったYouTube動画のカテゴリー別一覧

などを掲載しています。右のQRコードまたは下記URLよりパスワードを入力の上ご覧ください。

https://mappyedit.com/book
パスワード：mappy

対応バージョン

Photoshop CC 2022　（Windows & Mac）

本書は、サブスクリプション型の2022年7月現在最新版「Photoshop CC 2022」の内容を元に記載しています。
画面の写真はWindowsで撮影しています。

Photoshopのバージョンによって、画面や機能が若干異なる場合があります。
今後新しい機能が追加されても、本書で重きを置いている内容は本質的な考え方なので、長くご活用いただけます。新しい機能については、本書特典「ご購入者さま専用ウェブページ」で解説していきますので、本書に載っていない機能については上記URLよりご確認ください。

※買い切り版のPhotoshop ElementsやiPad版のPhotoshopとは画面や機能が違うのでご注意ください。

CONTENTS

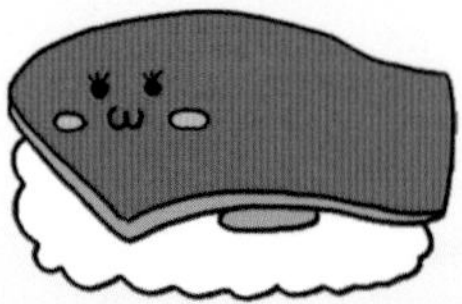

Step 0 序章

Step 1 Photoshopの超基本

Step 2 3つの力を手に入れよう～1つ目の力『レイヤー』～

Step 3 3つの力を手に入れよう～2つ目の力『ツール』～

Step 4 3つの力を手に入れよう ～3つ目の力『フィルター』～

Step 5 フォトグラファー向け実践練習

Step 6 デザイナー向け実践練習

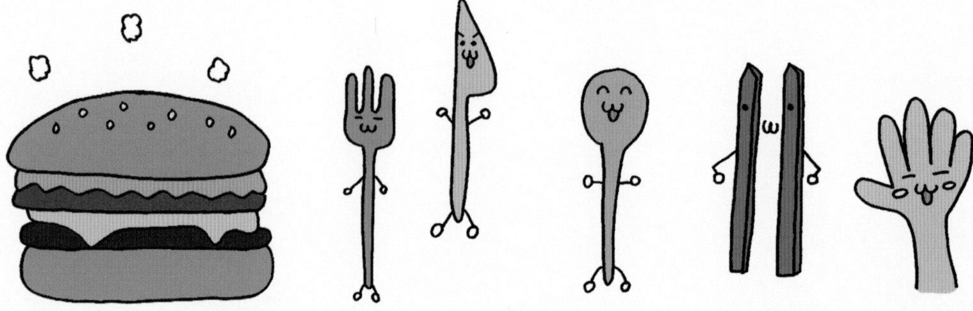

Step 0

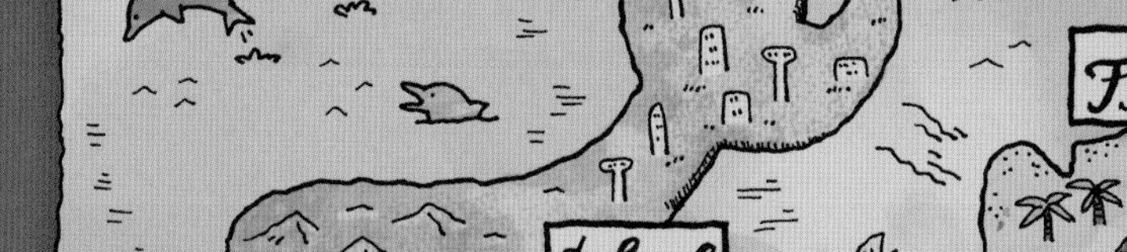

序章

みんな使っているからなんとなく始めたけど、そもそもPhotoshopって何？

知らなかったんかい！！　じゃあ、まず何ができるか、さらっと見ておこう！

Photoshopとは？

Photoshopとは Adobe（アドビ）社が提供する**世界でもっとも有名な画像編集ソフト**です。世界中のフォトグラファーやデザイナーなど、クリエイティブな人たちが使っています。

Photoshopはデザイナーやフォトグラファーになるなら習得必須なソフトだよ！

へ～、プロが使ってるってことは難しいの？

そうだね～、いきなり使えるような簡単さではないよ！　でも逆に、世界中のクリエイティブ業界で使われているから、その業界に入るならいつか絶対使う日が来る！　そう思ったら、今から習得しておいたほうが得だね！

えっ、じゃあ趣味で使うのはダメ？

大丈夫！　クリエイティブに制限なし！

POINT

- 趣味の人からプロまで、誰でも気軽に始められる
- 機能がたくさんあり、やり方もたくさんある
- AI（人工知能）を使った機能が補佐してくれる
- 1ピクセル（これ以上分けられない最小単位）ごとの細かい変更ができる
- 毎年アップデートされ、機能が追加・進化していく

Photoshopでできること

Photoshopでは、大きく分けて**6つ**のことができます。

1. 写真編集・現像

2. 写真の合成・加工

3. 文字・シェイプ作成

4. イラスト作成

5. グラフィックデザイン

アート、映画のポスター、CDジャケットなど

6. 広告デザイン

バナー、チラシ、サムネイルなど

こ、こんなにできるんだー！　自分にできるか不安になってきたよ……。

難しそうに見えるけど、要素を分解して1つ1つ学んでいけば、自分でできるようになるよ！

ゴール（目的）を決めてから作成しよう！

Photoshopで画像を作り始める前に大切なことは、まず何を作るかゴールを決めることです。

Photoshopでいろいろな作品が作れるのは、Photoshop自体、豊富に機能があるからです。ですが、作りたいものを明確にしてから作り始めないと、どの機能を使えばいいのかわかりません。

はい！　今、想像した10年後を紙に描いてみて！

え！　何いきなり！？　えっと、10年後はスマホ？　もはやスマホじゃないのかな？　パソコン？　パソコンでもないのかな……？

そんな感じで、想像してからじゃないと手を動かせないでしょ？ Photoshopも同じで、ゴールを先に決めないと、どう手を動かせばいいかわからなくなるよ！

なるほど！　手を動かす前に作りたいもののゴールを決めるんだね！

ゴール例

- モデルさんの肌をきれいに補正した写真にしたい
- 化粧品の写真を使った広告バナーを作りたい
- YouTubeのサムネイルを作りたい

まずは写真に写った知らない人を消して……。そのあとはバナーも作りたいし……自分のホームページ用の画像も作りたいし……。

やりたいことだらけだね（笑）　じゃあ、写真加工から始めよう！

Photoshopは基本が大切！　3つの力とは？

よし！　作りたいもののゴールも決まったし、みんなそれぞれゴールに向かって頑張ろうね！

ちょっと待ったー！　何を作るかゴールはみんなそれぞれ違うけど、Photoshopで学ぶべき最初の３つの力はみんな同じだよ！

え！　ゴールが違うのにみんな同じところから始めるの！？

そういうこと！　どのゴールもPhotoshopの土台となる基本は共通なの！　その基本が『レイヤー』、『ツール』、『フィルター』だよ！

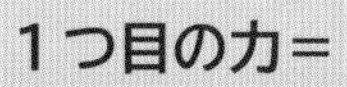

１つ目の力＝  レイヤー

レイヤーを重ねていき、１つの画像を作り上げる

２つ目の力＝  ツール

レイヤーに対して手を加えたり、フィルターの準備として使う

３つ目の力＝  フィルター

写真に彩りや効果を加えることができる

だからこそ、この本では１つ１つの力を細かく見て、身に付けていくよ！

っていうか、なんでお寿司とフォークと塩！？

それは後々わかるよ！（笑）

3つの力を掛け合わせよう！

みんな同じ基礎を学ぶなら、どうやってそれぞれのゴールとなるものを作れるの？

学んだ3つの力の掛け合わせ方によってできあがるものが変わってくるの！　逆に言えば、みんなそれぞれのゴールに向かって、掛け合わせ方を変えれば作りたいものが作れるよ！

1.サムネイル

2.ポスター

なるほど～！　じゃあ、さっさと始めよう！

Step 1

Photoshopの超基本

3つの力の前に、まずは絶対に必要なPhotoshopの開始方法・画面の役割・終了方法について見ておこう！

Photoshopの開始方法

Photoshopをパソコンに入れられたけど、ここから写真とかどうやって入れるのー！？　もう既に難しい……。

Photoshopでは『新規ファイル』と『開く』の２つの方法で始められるよ！何を作るかによってどっちを選ぶか違ってくるから、まずは２つの違いを見ていこう！

「新規ファイル」と「開く」の違い

新規ファイル

作りたいもののの**サイズが決まっている**場合

720px

Photoshopで できること 100選

1,280px

1280x720pxのYouTubeのサムネイル、
A4のチラシやポスター、など

開く

写真自体を編集したくて、**写真サイズを変えたくない**場合

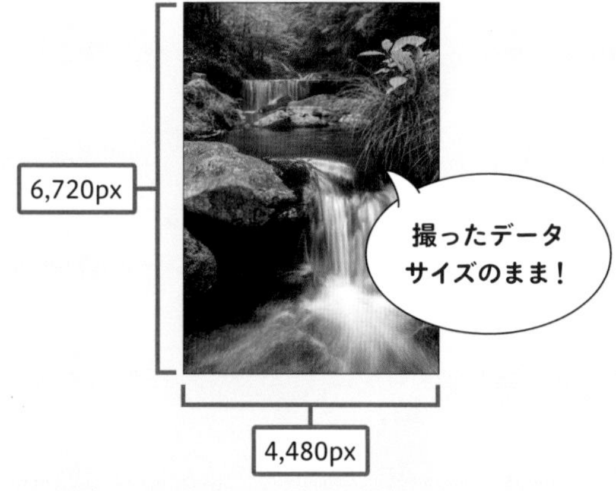

写真編集、写真レタッチ・合成・加工など

POINT

何を作るか決めてから始めると、「新規ファイル」または「開く」のどちらを選べばいいかわかる！

「新規ファイル」で始める場合

●「新規ファイル」をクリック

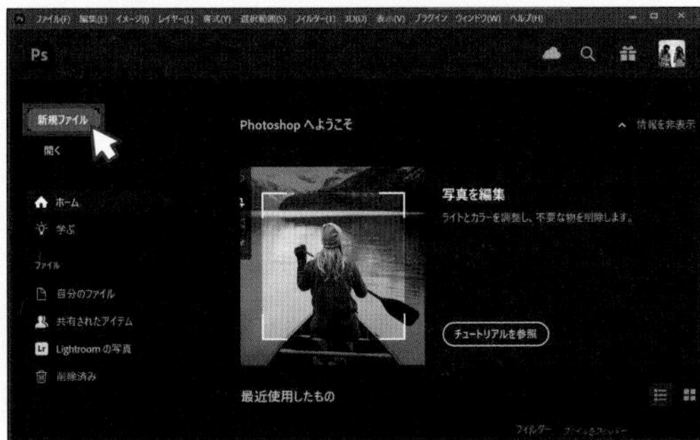

●求めるサイズを探してクリックし、「作成」をクリック

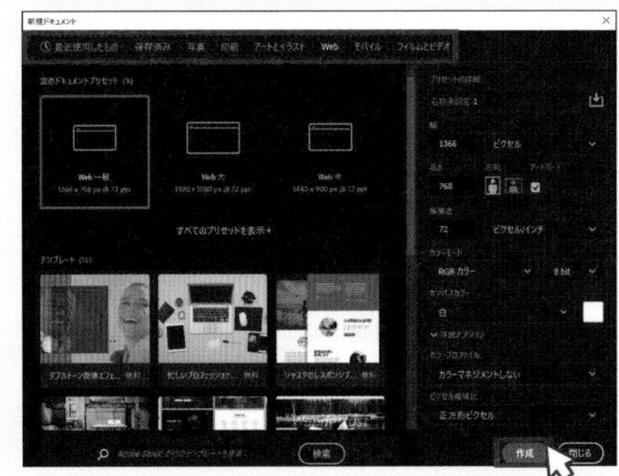

「すべてのプリセットを表示」でたくさん表示される

●またはサイズを打ち込み、「作成」をクリック

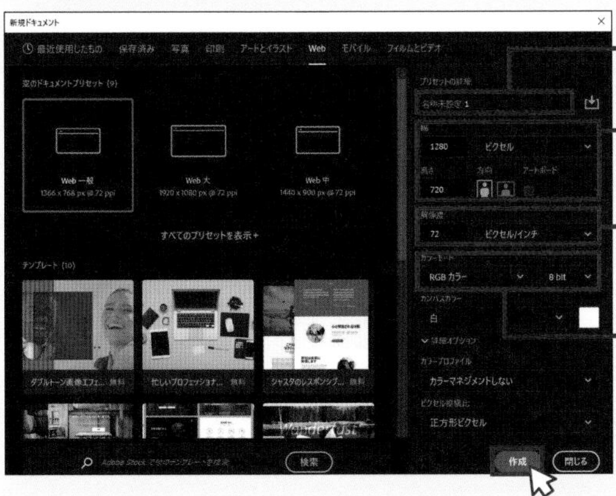

ファイル名：あとからでも変更可

幅と高さ：キャンバスのサイズ

解像度：モニターの場合72〜96ピクセル/インチ
印刷の場合300〜350ピクセル/インチ

カラーモード：モニターの場合RGB
印刷の場合CMYK

アートボード：1つのファイルで複数のキャンバスを作りたい場合、チェックマークを入れる

「開く」で始める場合

●「開く」をクリック

●写真を選んで「開く」をクリック

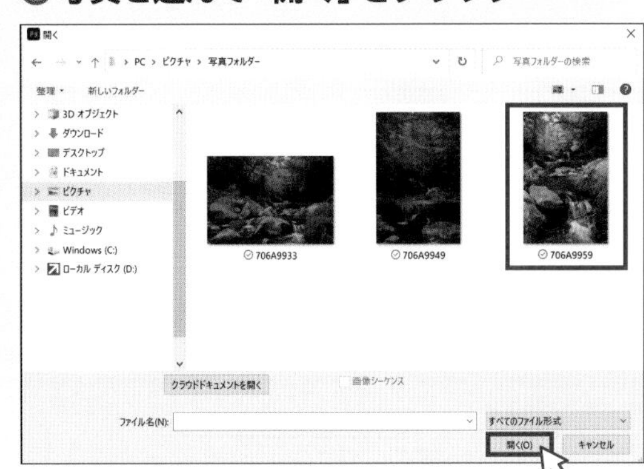

写真を取り込む方法

「新規ファイル」または「開く」で開いたあとに、写真を取り込むことができます。

●入れたい写真が入っているフォルダを開く

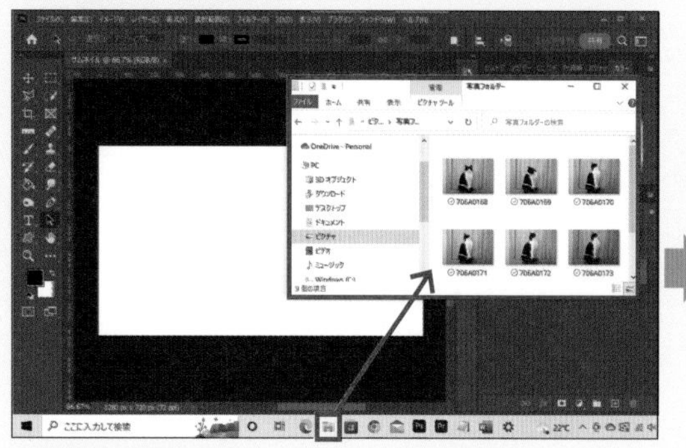

フォルダはPhotoshopの画面より小さく開く

● Photoshopにドラッグ＆ドロップ

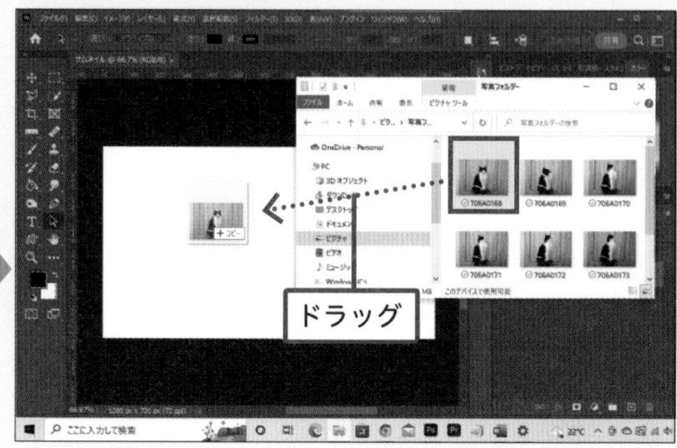

Photoshopのキャンバス上にドロップする

●写真が入るので、大きさを調整して Enter を押す

CAUTION

Photoshopで開いているファイルに写真を取り込むには、「ファイル」▶「開く」ではできないので注意！　メニューから行う場合は「ファイル」▶「埋め込みを配置」で取り込める。

さっき出てきた『解像度』とか『カラーモード』って、なんでスマホとかのモニターで見るときと印刷するときで変わるの？

いい質問だね！　それには、そもそも画像がどうやってできているのか知っておくと理解しやすいよ！　『ピクセル』っていうのが大事になってくるから、まずピクセルを見ていこう！

ピクセルとは？

ピクセルとは、写真の中にあるこれ以上分割できない最小の四角い点のことです。
逆に言うと、ピクセルがたくさん集まって写真ができると言えます。
写真で同じ色に見えるところでも、ズームしてピクセルを見ると若干色が違うこともあります。

●1枚の写真

何千万個ものピクセルの集まり

●ズームするとピクセルが見える

同じ色に見えても１つ１つのピクセルの色が違う

POINT

ピクセル自体に大きさ（cmなど）はない。
ピクセル1つ1つは色と明るさのデータを持つ。

なるほど！　じゃあ、普段写真を見ているというよりかは、『ピクセル』を見ているってことね！

そうだね！（笑）　このピクセルが解像度やRGB／CMYKにも関係してくるし、トーンカーブ（P.56）にも出てくるから覚えておいてね！

知らない言葉ばっかりで頭パンクしそう……。

大丈夫！　少しずつ見ていこう！

MEMO

カメラを買うときによく目にする○○万画素というのは、ピクセルの個数のこと！

解像度とは？

解像度とは、1インチ（2.54cm）に何ピクセルあるかというもので、画質に関係します。単位はピクセルパーインチでppiまたはpx/inchと表されます。

※印刷の場合dpiと表示されるが、意味はppiと同じ。

●1インチに何ピクセルあるか測る

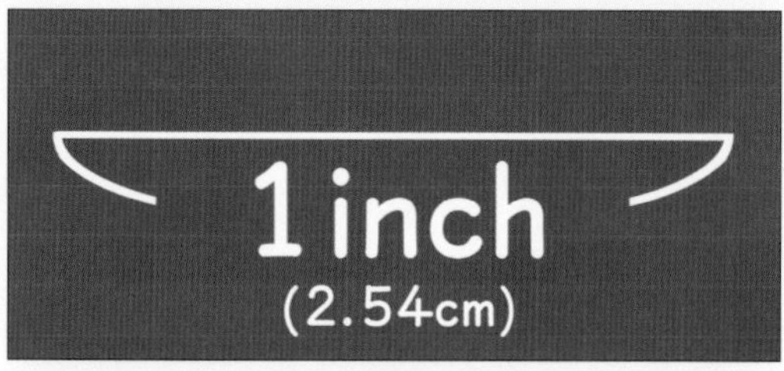

●14個ピクセルがある場合は14 px/inchとなる

1 2 3 4 5 6 7 8 9 10 11 12 13 14

1inch

(2.54cm)

●解像度が高いと画質が良くなる

解像度350ppi

●解像度が低いと画質が粗くなる

解像度20ppi

じゃあ、いつでもどこでも解像度1,000,000,000くらいにしちゃえばいいじゃん！

実は、表せる解像度はパソコンやプリンターなどデバイスによって決まっているよ！　だから、大きければいいってものじゃないのよ！

●印刷物の場合　300～350dpi

●モニターの場合　72～96ppi

RGBとCMYKとは？

RGB

RGBは、レッド(R)・グリーン(G)・ブルー(B)の３色で、モニターによって出される光です。１つ１つのピクセルがR・G・Bの３色を0～255の段階で発して、いろんな色を作り出します。

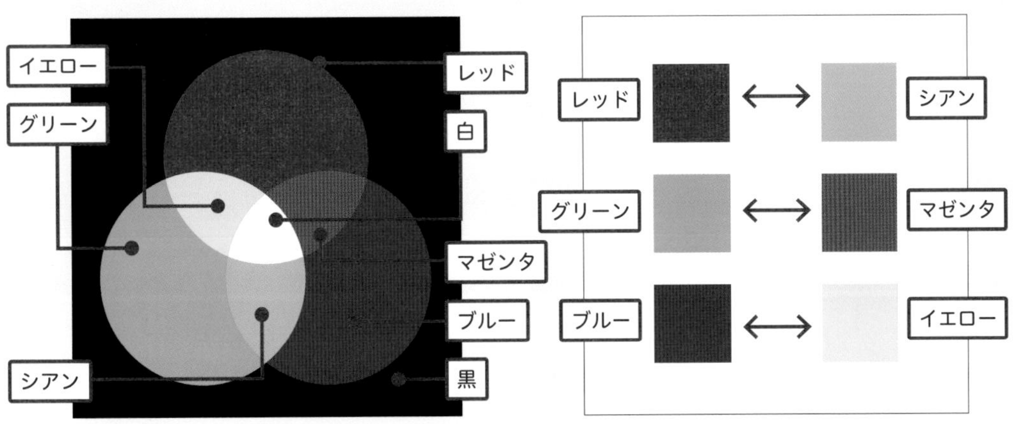

例えばレッドはR255、G0、B0。
その反対のシアンはR0、G255、B255

CMYK

CMYKは、シアン・マゼンタ・イエロー・ブラック（キープレート）の４色で、印刷物にインクとして出される色です。CMYKの４色を重ねていろんな色を作り出します。

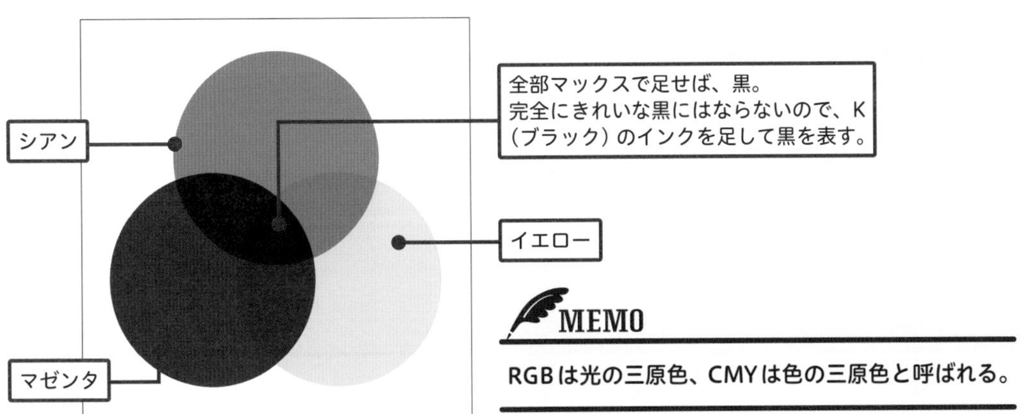

MEMO

RGBは光の三原色、CMYは色の三原色と呼ばれる。

だから、モニターで見る用だったらRGB、印刷物ならCMYKを選ぶんだね！

そうそう！　RGBのほうが表現できる幅が広くて、CMYKだと出せない色もあるから印刷するときは気を付けてね！

ふう〜、やっと写真を入れることができたよ！　でも、次なる難関……
Photoshopの画面っていかにも複雑……。

大丈夫！　5つのセクションに分けて見れば、意外と構造はシンプルなんだよ！　現実世界で紙や筆などを使って絵を描くようにイメージするとわかりやすいかも！

5つのセクション

Photoshopの画面はワークスペースと言い、**5つのセクション**でできています。

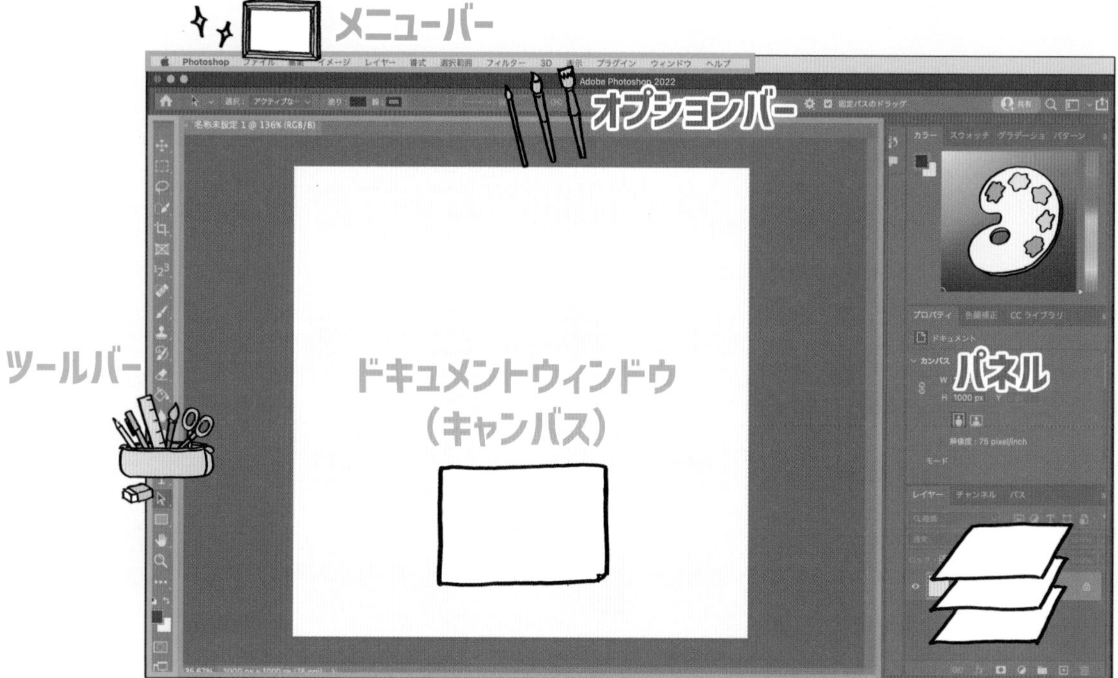

ドキュメントウィンドウ(キャンバス)

写真や透明のキャンバスを置いて、編集したり、絵が描ける「紙」のようなイメージ。

ツールバー

ツールバーには、ツールと呼ばれるものが並び、キャンバスに手を加えることができます。
「筆箱の中に鉛筆や筆など紙に描くものがある」イメージ。

オプションバー

ツールバーで選んだツールの設定が細かくできます。
オプションバーはツールとセットで「筆の太さや濃さなどを変えられる」イメージ。

パネル

パネルでは、キャンバスに対して何か変更を加えたり、レイヤーと呼ばれる写真や紙のようなものの重なり合いを見ることができます。
「色がたくさん並ぶパレットや紙を重ねて置いておける場所」のイメージ。

メニューバー

メニューバーは、キャンバスに直接手を加えること以外にできることが並んでいます。
よく使う機能には、フィルターを使ってさらに彩る、作り上げたものをファイルで保存する、といったものがあります。
「絵の具ではできないキラキラ感を出せるラメなどの彩りを加えられたり、アートを飾れる額縁」のイメージ。

5つのセクションに分かれているけど、Photoshopの肝になるのがパネルにある『レイヤー』、ツールバーにある『ツール』、メニューバーにある『フィルター』だよ!

なるほど! じゃあ、その3つがわかればPhotoshopで何か作れるってことだね!

そういうこと! だからこそ、この本では最初にも言った通り『レイヤー』、『ツール』、『フィルター』について徹底的に見ていくよ!

SHORTCUTS
キャンバスの拡大

Win Ctrl + +
Mac ⌘ + +

SHORTCUTS
キャンバスの縮小

Win Ctrl + −
Mac ⌘ + −

セクションの位置移動

うわ！　なんか変なところを押したら、一部が消えちゃった……。どうしよう……。

ツールバーとか、たまに間違って閉じちゃうこともあるよね！あとは引っ張り出しちゃって元に戻せないことも……。

なんかいろいろいじるのが怖くなってくる……。

慌てなくて大丈夫！　画面をいろいろ動かせるのは逆に言えば、自分の操作しやすいようにカスタマイズできるってことだからね！

画面の一部を独立させる方法

ツールバーやレイヤーパネルなどの上のほうをクリック＆ドラッグすると、場所を移動できます。

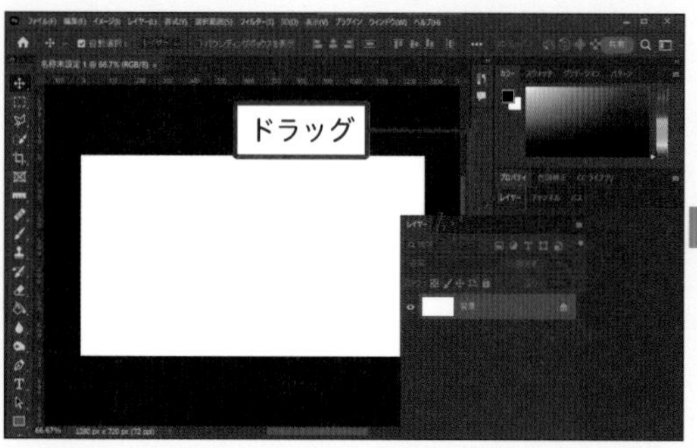

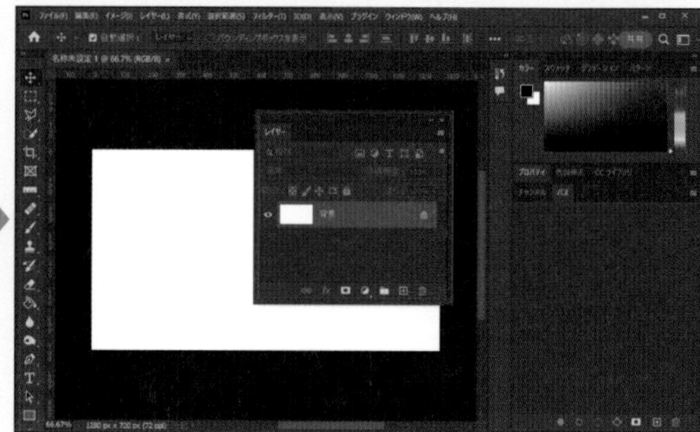

はめ込む方法

はめ込みたい場所にクリック＆ドラッグして青い線が出てきたら離します。

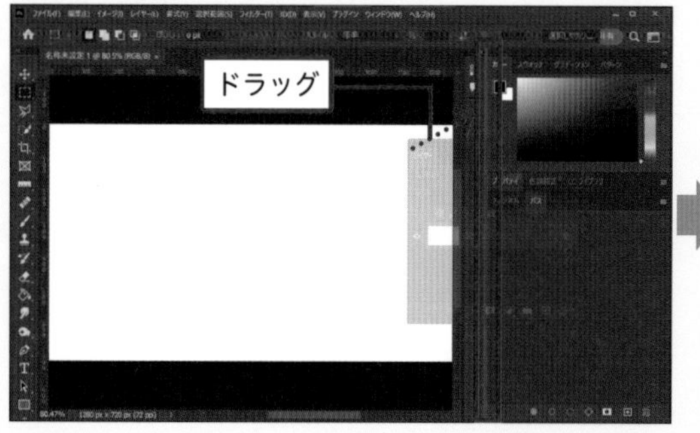

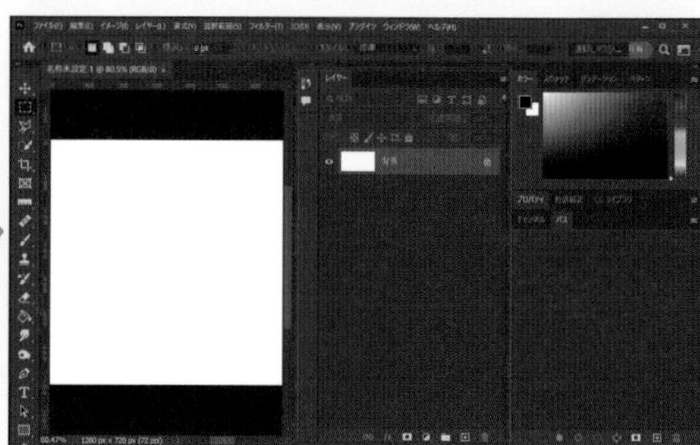

幅もドラッグで変更可

画面の一部が消えたときの対処法

● バツ印または「閉じる」をクリックすると消える

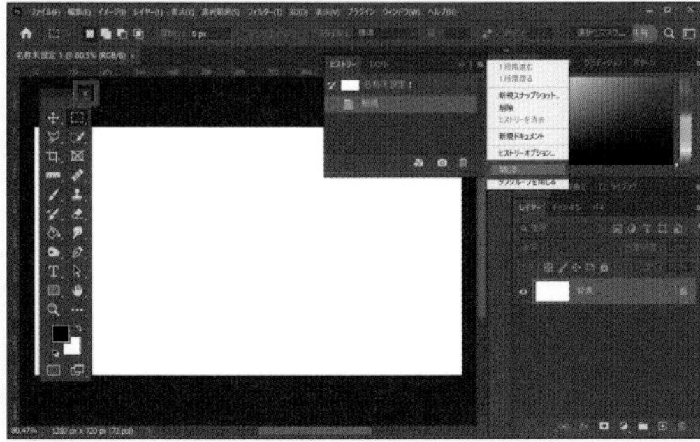

● 「ウィンドウ」にいき、戻したいものをクリックすれば戻る

チェックありは表示されているもの

画面（ワークスペース）の設定

Photoshopでは、写真編集や絵を描くために使いやすいようにワークスペースを変えることができます。

● 「ウィンドウ」▶「ワークスペース」にいく

● 好きなワークスペースを選ぶ

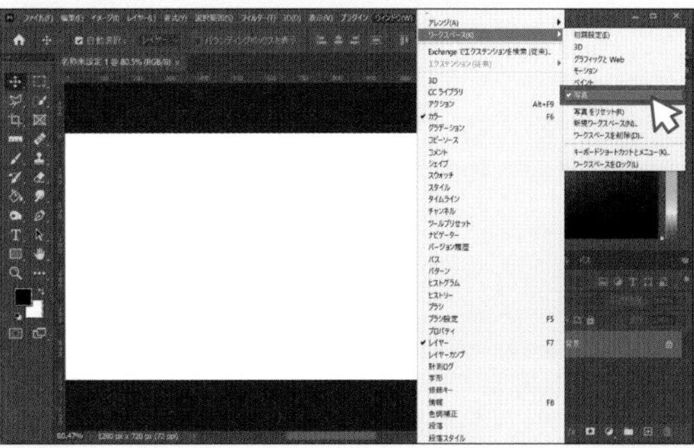

この本では『写真』のワークスペースで進めていくよ！

MEMO

自分が使いやすいオリジナルのワークスペースができたら、「新規ワークスペース」で登録しておくと便利。

Photoshopの終了方法

ちびたじちゃん！　ちょっと気が早いけど、画像を作り終わったり、途中でPhotoshopを閉じたいときにどうやって終了するかわかる？

そりゃ、作ったんだから保存でしょ！

保存しただけじゃ、スマホで送って見たりSNSに投稿したりできないよ！　だから、そういうときは『書き出し』する必要があるの！　保存も書き出しも自分が作り上げたものの仕上げをする大事なところだから、その2つの違いも見ておこうか！

「保存」と「書き出し」の違い

保存

Photoshopでの**作業内容全体を保存**できる

あとから文字や色を変えてやり直すことができる保存形式や様々な保存形式を選べる
例）ファイル名.psd、tifなど

書き出し

1つの作品として仕上げられる

どのデバイスでも画像を見ることができる保存形式（あとから直すことは難しい）
例）ファイル名.jpg、pngなど

POINT

できあがった作品は常に「保存」、
SNSにアップするときは「書き出し」をする！

保存方法

保存方法は「保存」「別名で保存」「コピーを保存」の３種類があります。

①保存

１つのファイルを保存して上書きしていきます。**基本の保存方法**です。

●「ファイル」▶「保存」をクリック

●「コンピューター」または「Creative Cloudに保存」をクリック

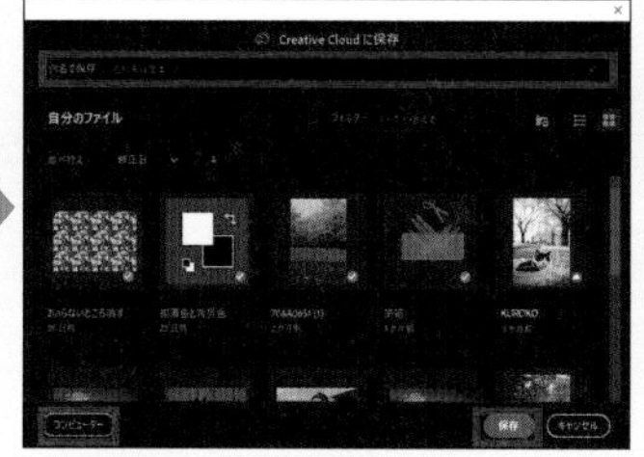

コンピューターは使っているパソコン、Creative Cloudはオンライン上に保存できる

SHORTCUTS

保存

Win Ctrl + S ／ Mac ⌘ + S

●保存先、ファイル名を決め、「Photoshop PSD」にして「保存」をクリック

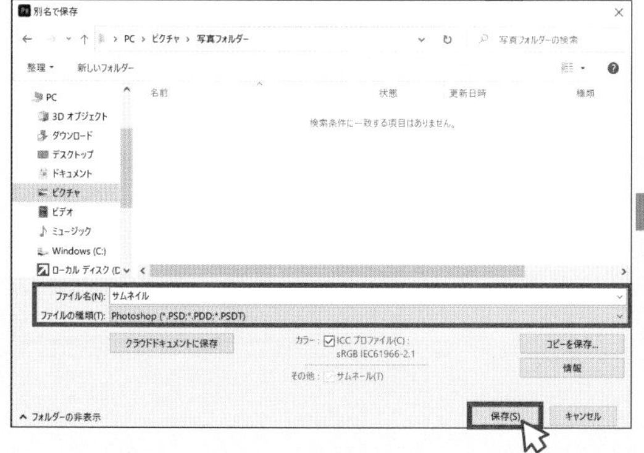

●保存先を見ると、付けたファイル名で保存されている

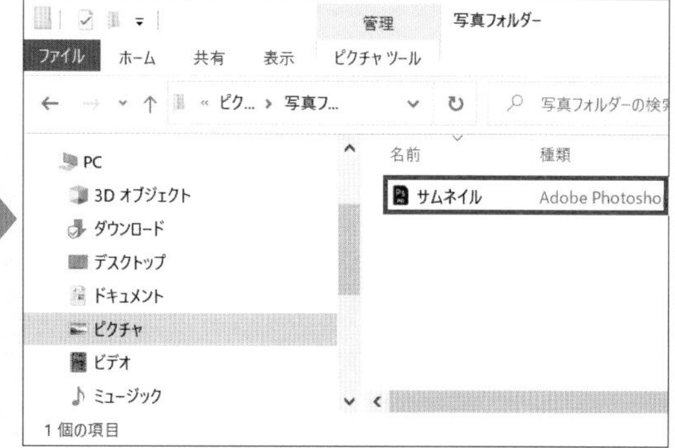

ダブルクリックで開くと、保存した状態でPhotoshopが開く

MEMO

一番初めに「保存」するときだけ、保存先と名前を決めるウィンドウが出てくる。
既に「保存」済みの場合は、「保存」をクリックすると上書き保存される。

②別名で保存

別のファイル名を付けて保存します。作業中のファイルは新しいファイル名になります。

『保存』とやり方は一緒だよ！　保存したあと、開いているファイルを見てみよう！

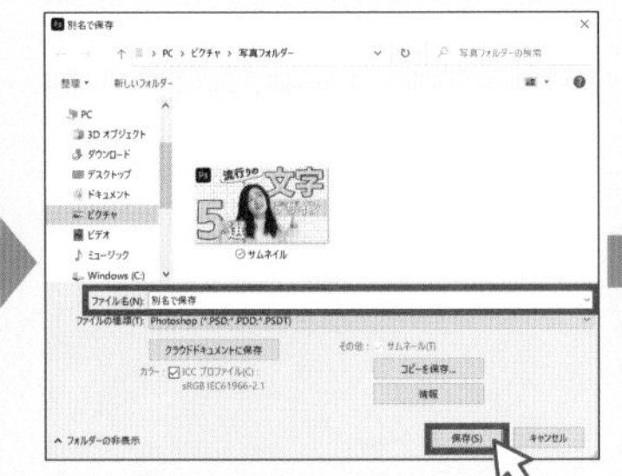

開いているファイル名が変わる

③コピーを保存

別のファイル名を付けて保存します。作業中のファイルは元のファイル名のままなので、途中経過を保存しておきたいときに使えます。

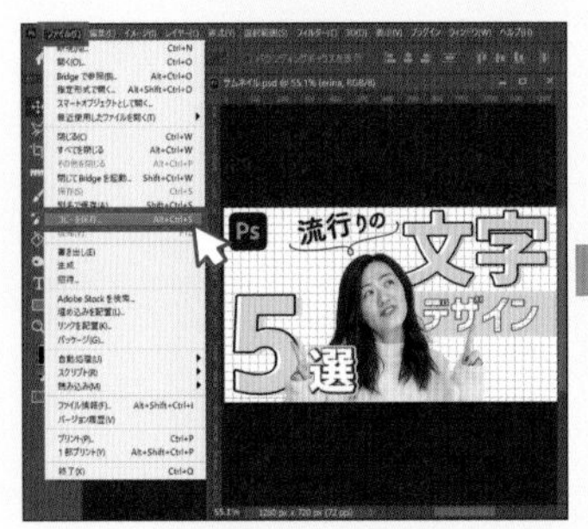

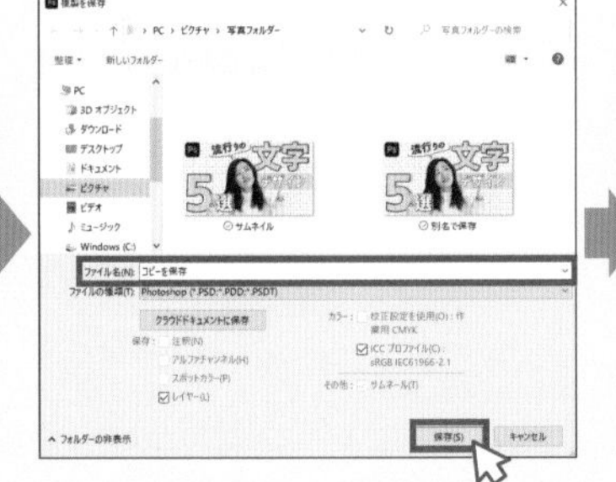

元のファイル名のまま！

MEMO

「コピーを保存」は新しい保存形式。
Photoshop2020以前では、「別名を保存」の中から保存形式をたくさん選べた。

保存したファイルを開くときは、ファイルをダブルクリックして開くよ！

また、印刷したいときなどは解像度を落とさないためにも「コピーを保存」でJPEGを選びます。

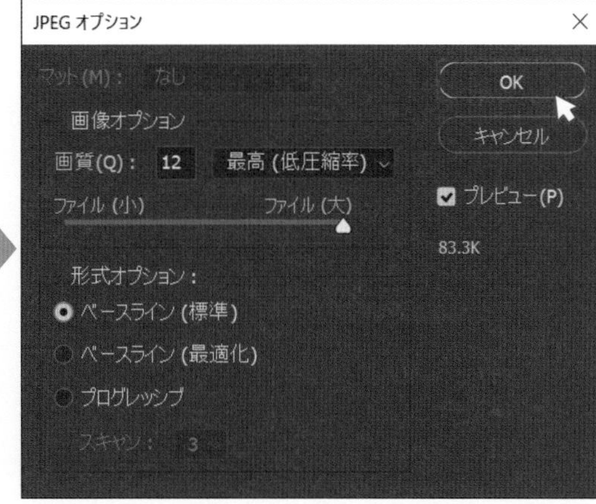

書き出し方法

「ファイル」▶「書き出し」▶「書き出し形式」をクリック

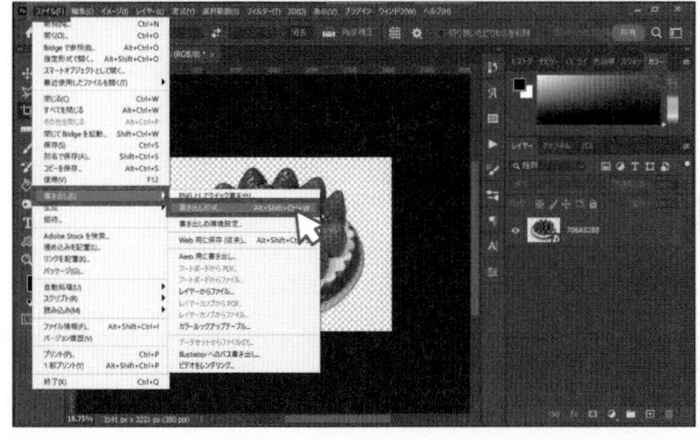

書き出しの設定をして「書き出し」をクリック

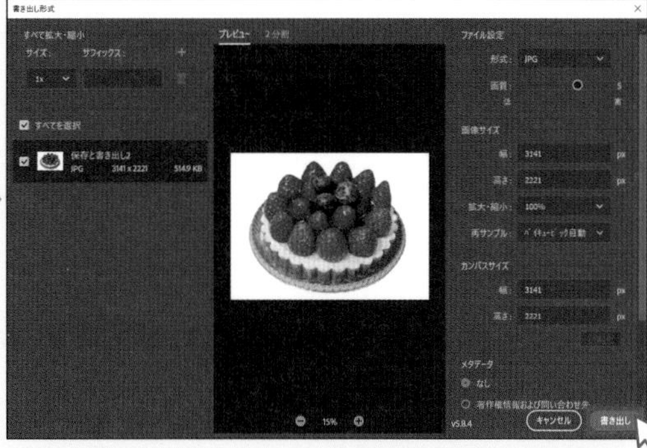

形式：書き出すものによって変える（PNG、JPG、GIF）
画質：画質を良くする場合は数値を高くする（JPGのみ）
サイズ：サイズ変更がある場合は変える

形式の違い

PNG

・**背景を透明**に書き出せる
・ファイル容量が大きい
・画質が劣化しない

JPG

・背景が透明ではなく白になる
・**通常の写真**の書き出しで使う
・画質を選べる

GIF

・背景を透明に書き出せる
・グラフやイラストなど書き出しをするときに使う

私たちそれぞれのPhotoshop勉強法（えりな編）

今では誰かに教えられるくらいまでPhotoshopを操作できるようになりましたが、最初はもちろん２人とも初心者でした。２人とも独学ですが、学び方はそれぞれ違うので「こういう学び方もあるんだ！」という参考になればと思い、ご紹介します！

私はもともとPhotoshopを学ぶつもりはなかったのですが、憧れのフォトグラファーさんがPhotoshopを使っていたのと、さらに、たじがいつの間にか勉強し始めていたので「負けてられるか！」という気持ちでPhotoshopの勉強を始めました。

正直、私は机に向かって文字を読んで学ぶ勉強が小さいころから嫌いでした。静かに一人で文字を読んでいると、どうしても眠くなってしまいます（笑）。そういうわけで、Photoshopを学ぶときも自然とYouTubeのチュートリアル動画を探して勉強していました。

Photoshopは全くわからない状態だったので、基礎から学べる動画を探したものの発見できず……。

いきなり海外の方の難しい合成のやり方などを見て、メモをして、まとめて……ということを繰り返していました。非効率そうに見えますが、このメモでまとめる作業によって、自然と点と点が繋がり「こういうときはこういう理由で、これを使えばいいんだ！」という実感がわきました！まるで、別の言語を単語から文章でしゃべれるようになった感覚！

そして毎日Photoshopを使っていると、次第に自分の作りたいものを想像してPhotoshopで実現できるようになったのが楽しくて楽しくて！

勉強嫌いなことを知っている私の身内には、考えられないような出来事だと思います（笑）。

今ではPhotoshopを自由に使えるようになりましたが、Photoshopも進化しているので、私自身も日々アップデートできるようにこれからも頑張ります！

ちょこっと復習クイズ

Q1 印刷する場合はRGBとCMYKどっち？

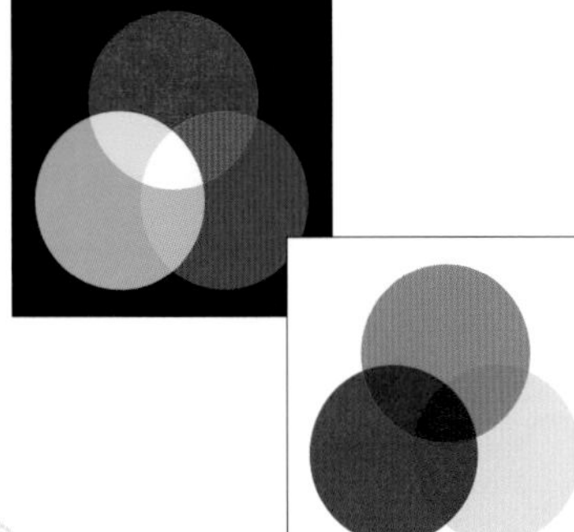

Q2 写真は〇〇〇〇が集まって成り立っている！

答え 1.CMYK　2.ピクセル

Step 2

３つの力を手に入れよう

～１つ目の力『レイヤー』～

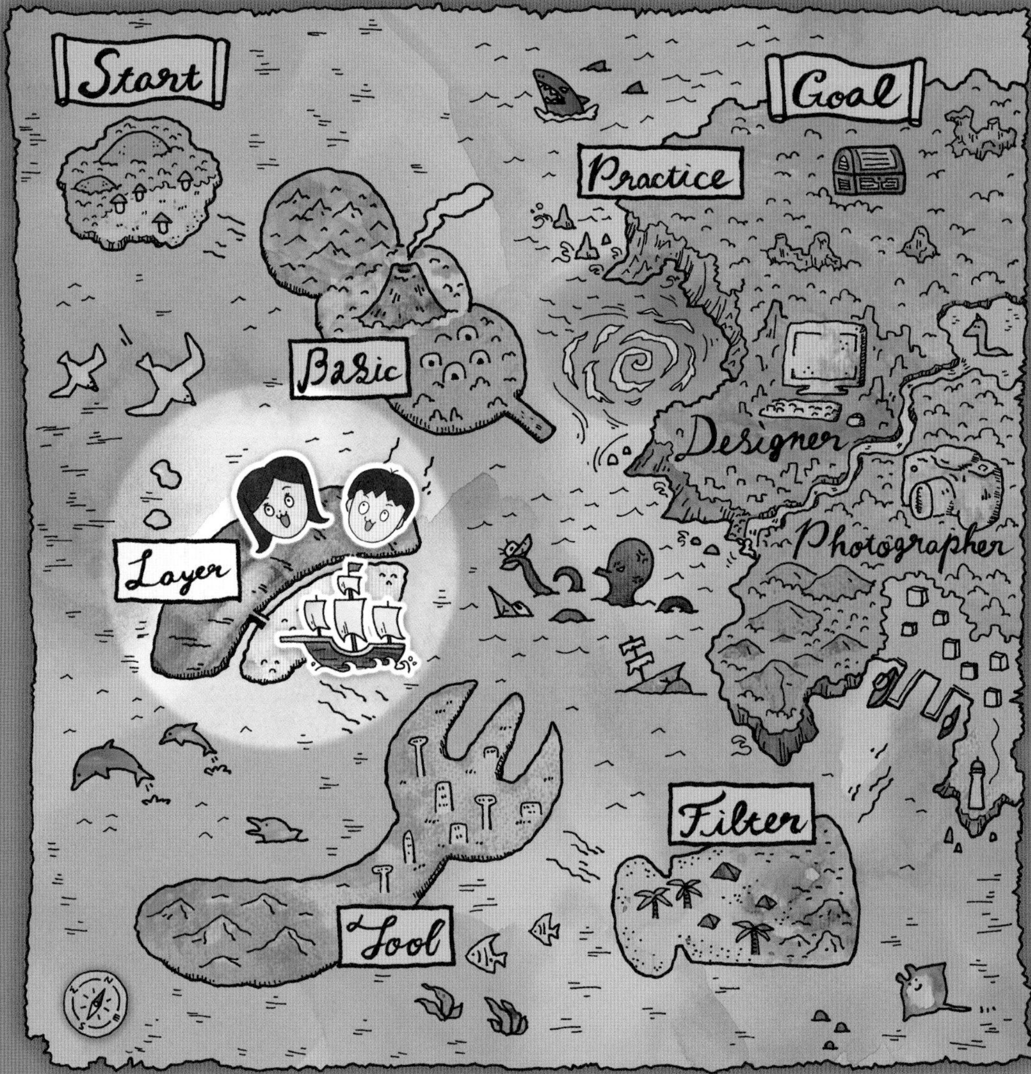

レイヤー

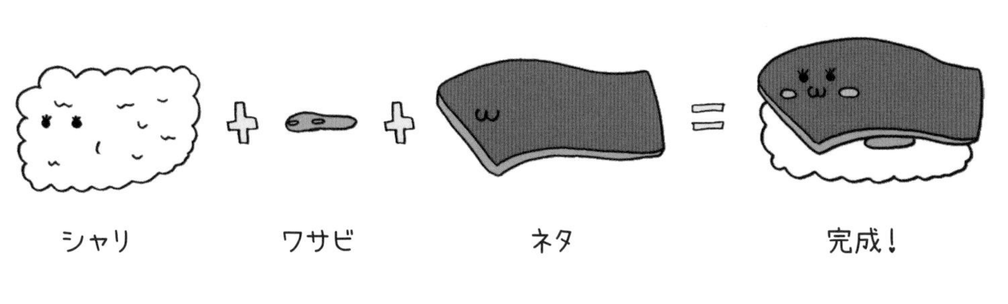

よし！　やっとPhotoshop開けたし、ここから編集始めようっと！

ちょっと待った！　Photoshopの超基本の『レイヤー』って知ってる？

知らないよ！　そういう難しいことはいいから早く始めよう！

レイヤーを知って使いこなさないと、あとで大変な目にあうよ……。

えっ、そんなに大切なの？

大切だよ！　まずはレイヤーという概念をしっかり理解して、そのメリットと注意点も見ていこう！

うっ……じゃあお願いします……！

レイヤーとは？

「レイヤー」とは1枚の層という意味です。
Photoshopでは、その**レイヤーを何枚も重ねることで1つの画像を作り上げます。**

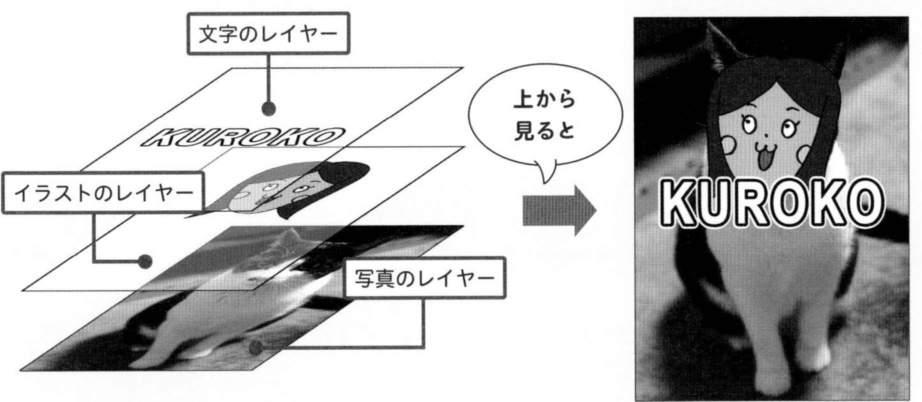

レイヤーを何枚も重ねる

1つの作品ができあがる

POINT

写真、文字、イラストなど、1枚1枚のレイヤーを重ねて1つの画像ができる。

Photoshopではレイヤーの重なり具合をレイヤーパネルで見ることができます。
そして、できあがったものはキャンバスで見ることができます。

2 1つ目の力『レイヤー』

レイヤーはわかったけど、なんで分けるの？

レイヤーを分けると、いいことが２つあるよ！

レイヤーのメリット

①やり直しがきく

他のレイヤーには影響せずに、選んだレイヤーだけを消したり、修正できたりします。例えば、２つの丸を重ねて、あとから１つの丸を消したいとします。

●１枚のレイヤーに描いた場合

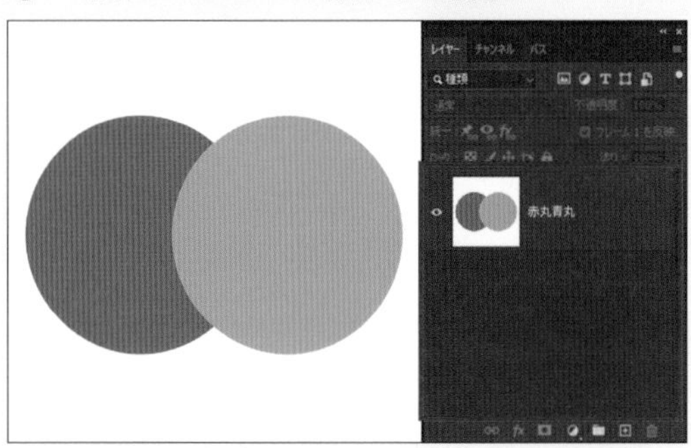

●レイヤーを分けて描いた場合

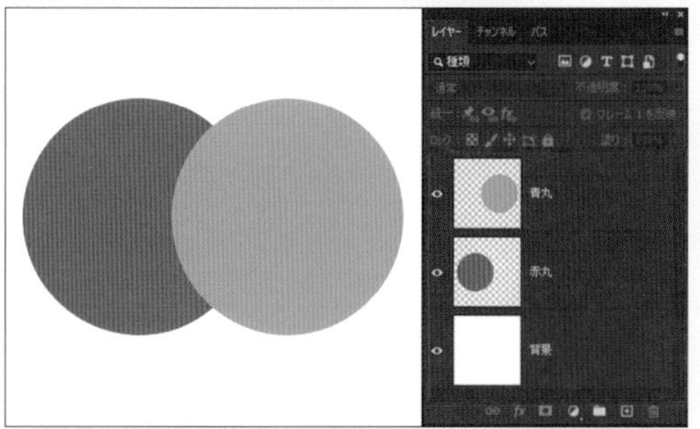

どっちもできあがりは一緒だね！

ですが、あとから「やっぱり赤丸を消したい」となったとき、それぞれ赤丸を消そうとすると……。

●１枚のレイヤーに描いた場合

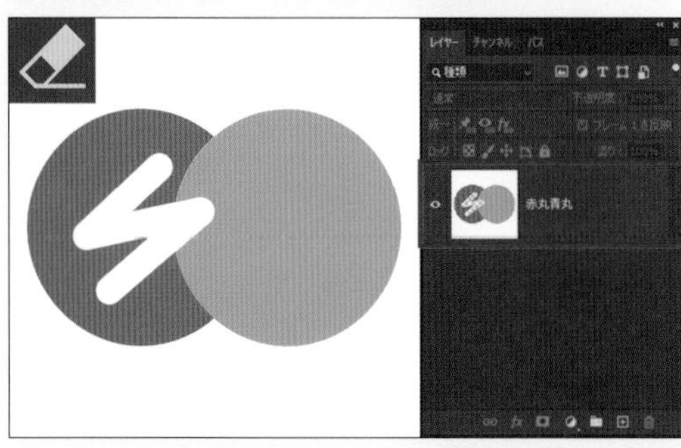

うまく赤丸だけ消せない

●レイヤーを分けて描いた場合

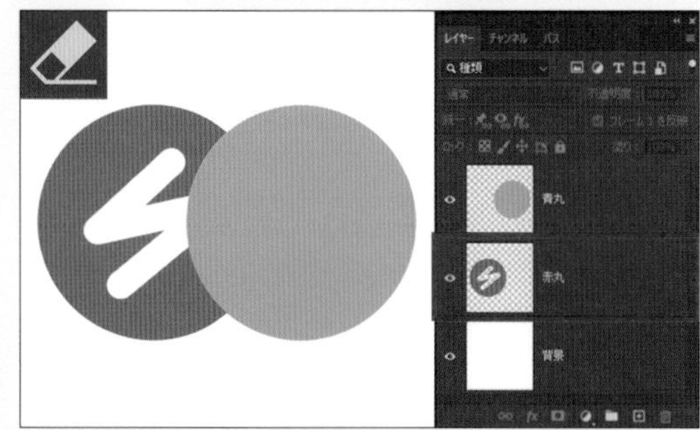

赤丸のレイヤーを選んで消すので、青丸には影響しない

今回は消すことを目的にしたやり直しでしたが、消す以外にも色を変えたり、形を変えたりなど様々なことがレイヤーごとにできます。

なるほどね！　お寿司で言うと、ネタのレイヤー、ワサビのレイヤー、シャリのレイヤーで、ワサビが嫌いな人はワサビのレイヤーを抜きやすくなるってことね！　それはうれしいわ！（辛いのが苦手なちびたじちゃん）

まあ、そういうこと！　あとからやり直しがききやすいのがPhotoshopのいいところだから、それを活かさないとね！

確かに、レイヤーを分けてなくて、また1から作り直しって考えるとゾッとするね……。

②1枚のレイヤーだけに効果を足せる

複数あるレイヤーに対して、1枚のレイヤーだけ明るさを変えたり、効果を加えることができます。

●元・3枚の写真を合成

●1枚だけ明るくする →トーンカーブを反映

（クリッピングマスク　P.82）

●1枚だけ柄を付ける →パターンを反映

（レイヤースタイル　P.88）

合成画像やデザインを作るときに、切り抜き画像や文字ごとに別々に効果をかけられるよ！

レイヤーで気を付けること

①レイヤーを選択しているか

レイヤーが分かれているぶん、変更や削除したいレイヤーをきちんと選択する必要があります。

●変更したいレイヤーをクリック

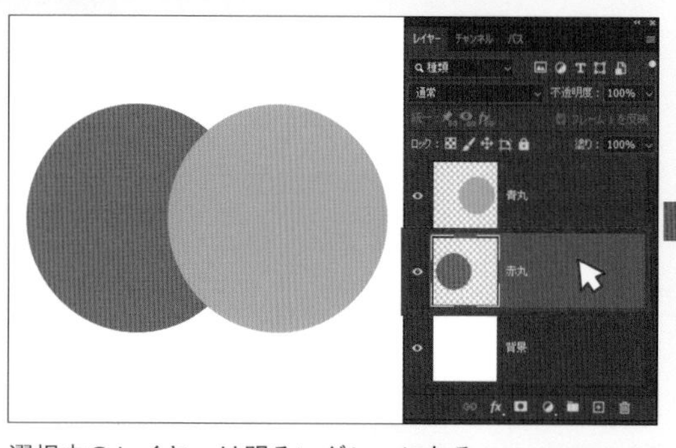

選択中のレイヤーは明るいグレーになる

●選択中のレイヤーだけ変更・削除できる

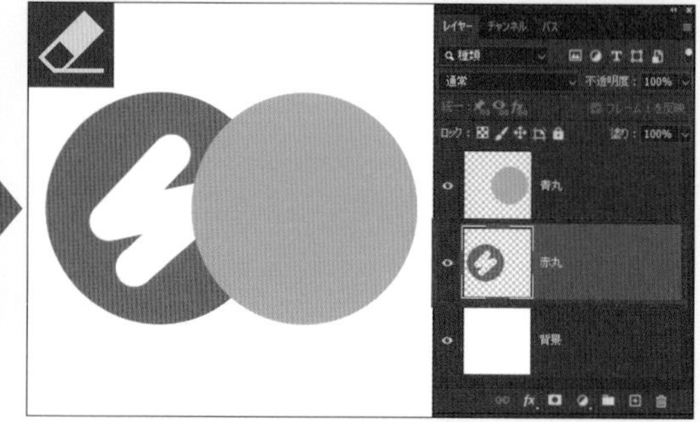

選択外のレイヤーには何も影響しない

選ばなかったらどうなるの？

何もできないよ！　だって、どのレイヤーか指示しないとPhotoshopも混乱しちゃうでしょ！

●レイヤーを何も選択していないと警告が出る

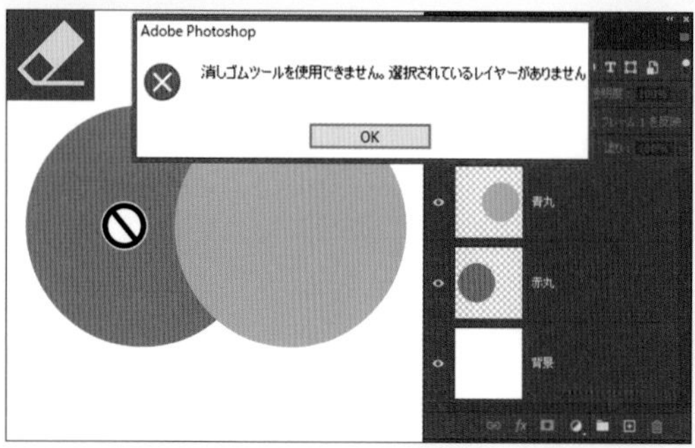

どのレイヤーも選択していないので何もできない

●他のレイヤーを選択していると反映されない

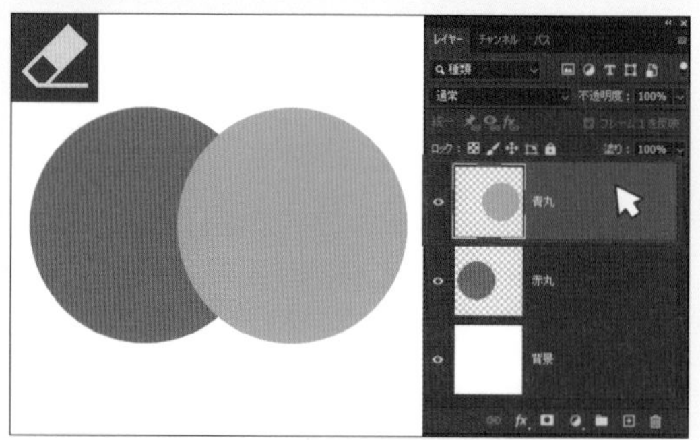

青丸を選択しているので、変更したい赤丸は何も変わらない

POINT

必ず変更したいレイヤーをクリックして選択してから、変更・削除する。

②レイヤーの順番を意識しているか

レイヤーを重ねる順番で全体的な見え方が変わります。
例えば、文字のレイヤー、写真のレイヤー、イラストのレイヤー、の３枚の順番を変えてみます。

●キャンバスでの見え方＆レイヤーの順番

文字
イラスト
写真

イラスト
文字
写真

写真
イラスト
文字

文字
写真
イラスト

面積が大きいものを上に載せると他が見えなくなっちゃうよ！

POINT

どのレイヤーを前面または背面に見せたいのか考えながら、レイヤーの順番を変える必要あり！

なるほど！　要するに、きちんと選択して順番も気を付けろってことね！

そうそう、その調子！

レイヤーって意外と簡単じゃん！

そうだね！　聞きなれない言葉のせいで進まなくなったり、あきらめちゃうことも多いけど、意外と単純なんだよ！

レイヤーの基本操作

じゃあ、今度はレイヤーの基本的な操作を見てみようか！

よしっ！　レイヤーのプロになってやる～！

レ、レイヤーのプロって何！？（笑）　とりあえず、レイヤーの操作方法を見ていこう！

レイヤーの表示・非表示

●レイヤーの左の目のマークで表示

●クリックして目のマークを消すと非表示

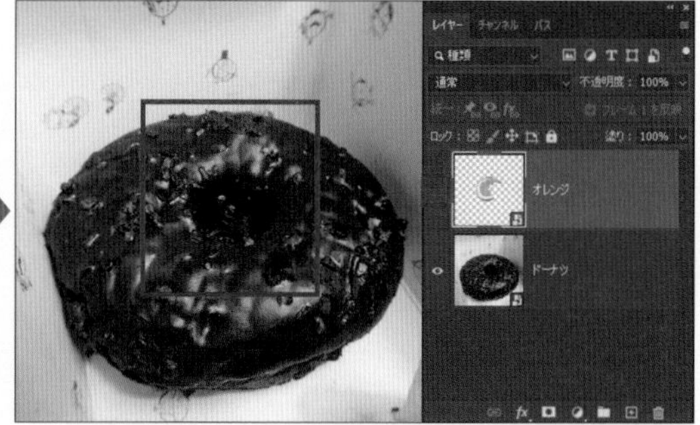

SHORTCUTS

複数レイヤーがあるときに、そのレイヤーだけ表示

Alt（option）＋目のマークをクリック

レイヤーの名前変更

●レイヤーの名前の上でダブルクリック

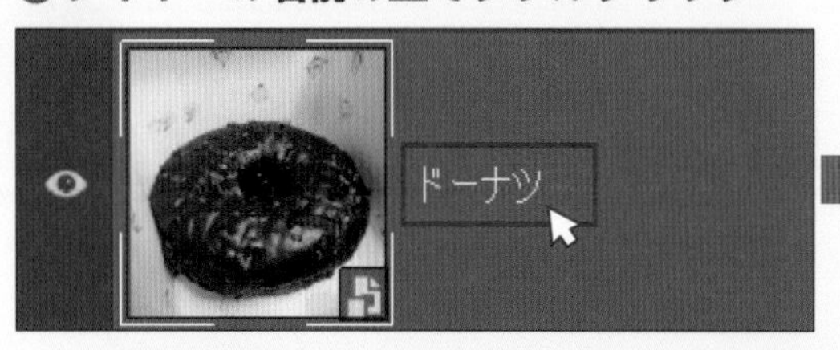

●名前が変えられる

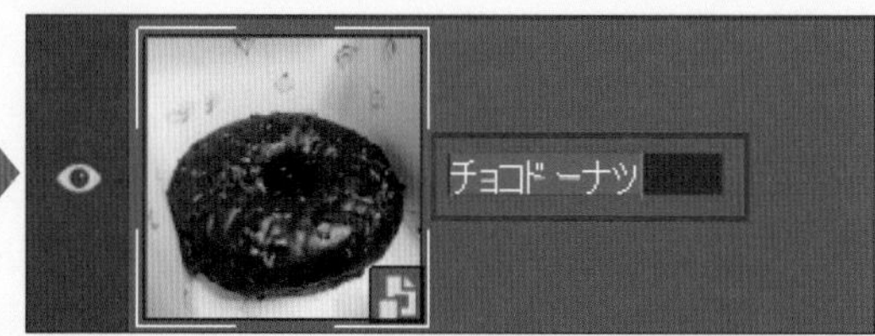

CAUTION
名前の上以外でダブルクリックすると他の画面が開くので注意。

レイヤーの順番変更

●レイヤーをクリック＆ドラッグ

青い線が出てきたら離す

●順番が変わる

CAUTION

レイヤーに鍵マークが付いているとレイヤーの移動はできない。
移動したいときはロックを解除。

レイヤーのロックを解除

●鍵マークをクリック

●ロックが解除される

POINT

「新規ファイル」や「開く」で一番初めにPhotoshopに入ったレイヤーは、自動で「背景レイヤー」となって鍵マークが付きロックされる。

背景レイヤーは、背景として絶対に動かしたくないときに使うよ！　大きさも変えられないから、変えたいときはロックを解除してね！

MEMO

逆に背景レイヤーにしたいときは、メニューバーにある「レイヤー」▶「新規」▶「レイヤーから背景へ」で変更できる。

レイヤー(L)　表示(V)　プラグイン　ウィンドウ(W)　ヘルプ(H)
新規(N) ▶　レイヤー(L)...　Shift+Ctrl+N
CSS をコピー　レイヤーから背景へ(B)

レイヤーの削除

●レイヤーをゴミ箱にドロップ

●レイヤーが消える

レイヤーを結合

●結合したいレイヤーを選択

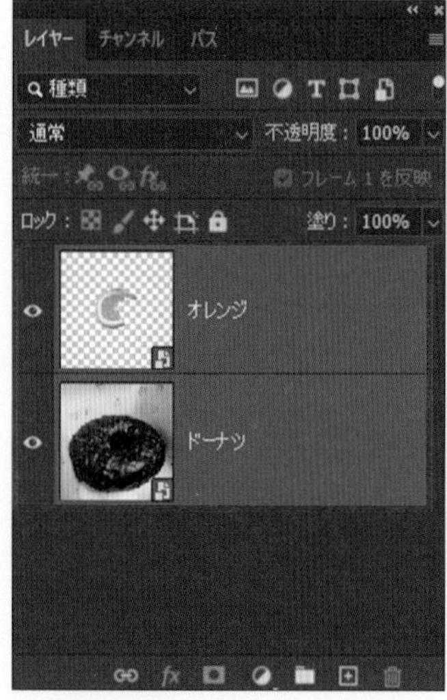

●右クリック▶「レイヤーを結合」をクリック

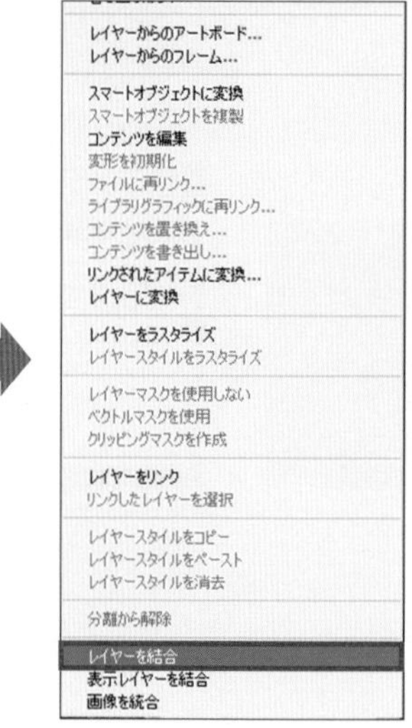

●結合されて１枚のレイヤーになる

SHORTCUTS

複数レイヤー選択

Ctrl（⌘）を押しながら選択したいレイヤーをすべてクリック

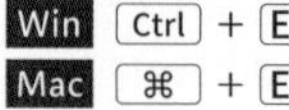

選択したレイヤーを結合

Win Ctrl + E
Mac ⌘ + E

CAUTION
レイヤーを結合してしまうと、元に戻せないので注意。

他にレイヤーを合体する方法としては『スマートオブジェクト(P.76)』があるよ！

レイヤーパネル上を右クリックする場所での表示の違い

❶目のマーク周辺

このレイヤーを隠す
ほかのレイヤーをすべて表示 / 非表示

✔ カラーなし
レッド
オレンジ
イエロー
グリーン
ブルー
バイオレット
グレー

❹背景レイヤー

背景からレイヤーへ...

レイヤーを複製...
レイヤーを削除

PNG としてクイック書き出し
書き出し形式...

すべてのオブジェクトをマスク

スマートオブジェクトに変換

レイヤーを結合
表示レイヤーを結合
画像を統合

新規 3D レイヤーをファイルから作成...
ポストカード

❷サムネイル

レイヤー効果...
色調補正を編集...

描画ピクセルを選択

透明マスクを追加
透明マスクを削除
透明マスクを重複

サムネールなし
サムネール (小)
サムネール (中)
✔ サムネール (大)

サムネールでレイヤー範囲のみを表示
✔ サムネールでドキュメント全体を表示

カラーなし
レッド
オレンジ
イエロー
グリーン
ブルー
バイオレット
グレー

❺それ以外

サムネールなし
サムネール (小)
サムネール (中)
✔ サムネール (大)

サムネールでレイヤー範囲のみを表示
✔ サムネールでドキュメント全体を表示

❸画像レイヤーの右側

レイヤー効果...

レイヤーを複製...
レイヤーを削除
レイヤーからのグループ...

PNG としてクイック書き出し
書き出し形式...

レイヤーからのアートボード...
レイヤーからのフレーム...

すべてのオブジェクトをマスク

スマートオブジェクトに変換
スマートオブジェクトを複製
コンテンツを編集
変形を初期化
ファイルに再リンク...
ライブラリグラフィックに再リンク...
コンテンツを置き換え...
コンテンツを書き出し...
リンクされたアイテムに変換...
レイヤーに変換

レイヤーをラスタライズ
レイヤースタイルをラスタライズ

レイヤーマスクを使用しない
ベクトルマスクを使用
クリッピングマスクを作成

レイヤーをリンク
リンクしたレイヤーを選択

レイヤースタイルをコピー
レイヤースタイルをペースト
レイヤースタイルを消去

分離から解除

下のレイヤーと結合
表示レイヤーを結合
画像を統合

カラーなし
レッド
オレンジ
イエロー
グリーン
ブルー
バイオレット
グレー

ポストカード
選択したレイヤーから新規 3D 押し出しを作成
現在の選択範囲から新規 3D 押し出しを作成

レイヤーパネルでのその他の操作

❶描画モード：複数のレイヤーをブレンド（P.98）
❷不透明度・塗り：数字を低くすると透明化
❸レイヤーをリンク：リンクした複数のレイヤーをまとめて移動
❹レイヤースタイル：装飾（P.88）
❺レイヤーマスク：反映させたいところ・させたくないところを作成（P.66）
❻塗りつぶし／調整レイヤー：
塗りつぶしや明るさ・色などを調整できるレイヤー作成（P.50）
❼レイヤーをグループ化：複数のレイヤーをまとめる（P.48）
❽レイヤーを追加：新しい透明なレイヤーを追加（P.47）

●不透明度を下げた場合

オレンジが透ける

POINT

不透明度と塗りの違い
不透明度：レイヤーにかかっている効果も含めて全体の透明度を変える
塗り：レイヤーにかかっている効果は含めず透明度を変える

塗りを下げた場合は、実践編（P.246）でやるからそちらを見てね！

MEMO

レイヤーの操作はメニューバーのレイヤーからでもできる。
けれど、レイヤーパネル内で直接操作するほうが簡単で早い！

Ps　ファイル(F)　編集(E)　イメージ(I)　レイヤー(L)　書式(Y)　選択範囲(S)　フィルター(T)　3D(D)　表示(V)　プラグイン　ウィンドウ(W)　ヘルプ(H)

レイヤーの種類

レイヤーの種類は、大きく分けると５つあるんだよ！

えっ、全部覚えなきゃダメなの？

ここは覚えなくてもOKだからさらっと見ていくよ！

レイヤーの種類

レイヤーの種類は細かく数えるとたくさんありますが、大きく分けると５つです。

透明レイヤー

写真レイヤー

グループレイヤー

ツールを使ったレイヤー

塗りつぶし／調整レイヤー

透明レイヤー

透明レイヤーは、色が付いていない透明なレイヤーです。ブラシツール（P.136）やコピースタンプツール（P.148）などのツールを使うときに加えて使います。

●プラスマークをクリック

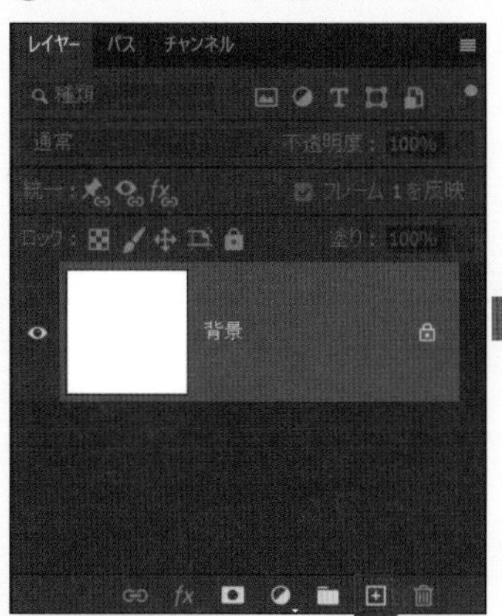

●透明レイヤーが足せる

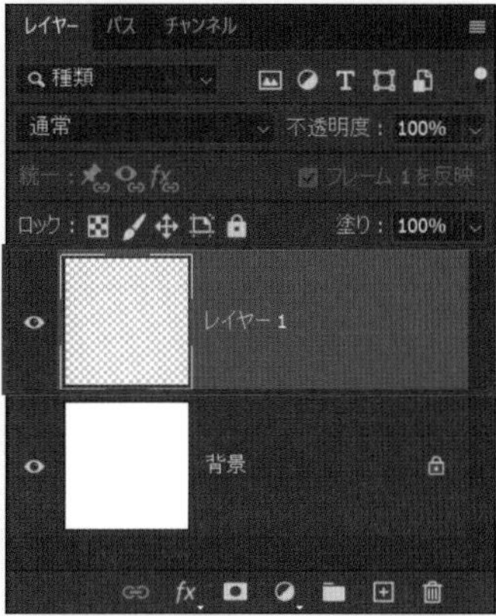

Photoshopでは透明は白とグレーの四角模様（格子模様）で表されるよ！

写真レイヤー

写真レイヤーは写真そのもののレイヤーです。
背景として置いたり、写真を切り抜いて使います。

グループレイヤー

グループレイヤーとは、複数のレイヤーを1つのフォルダにまとめたものです。
レイヤーパネルを整理するときや、まとめて効果をかけたいときに使います。

●レイヤーを選択

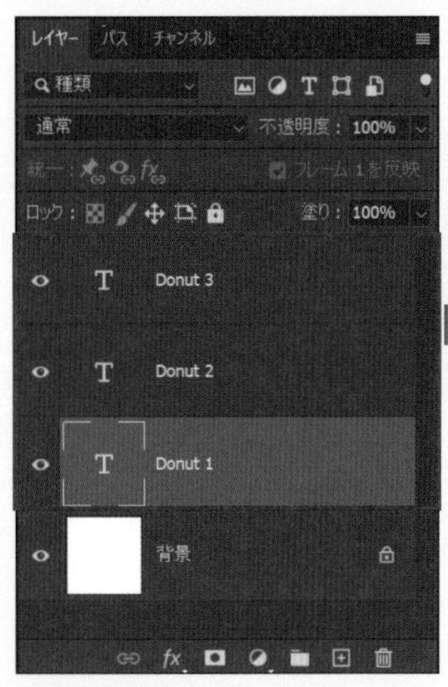

●フォルダのマークをクリック

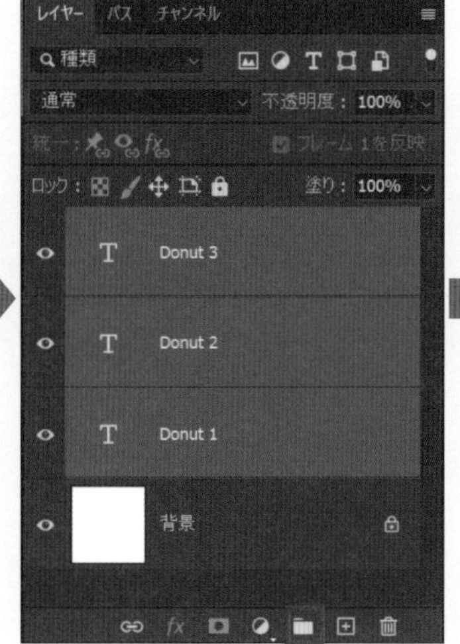

●グループにまとめられる

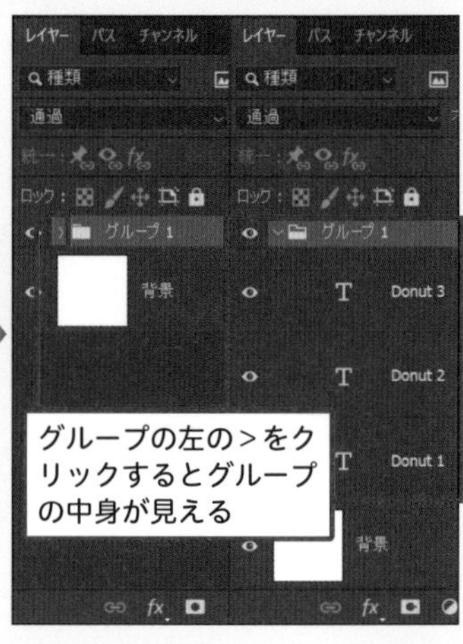

連続した複数レイヤーを選択

選択したい一番下のレイヤーをクリックし、Shift を押しながら選択したい一番上のレイヤーをクリック

SHORTCUTS

グループ化

Win Ctrl + G
Mac ⌘ + G

MEMO

グループレイヤーにすると、グループ全体にまとめて効果がかかる。

- **レイヤーマスク（P.66）**
- **クリッピングマスク（P.82）**
- **レイヤースタイル（P.88）**

グループレイヤーにレイヤーマスクをかけた場合

ツールを使ったレイヤー

ツール（P.110）を使ったレイヤーは、特定のツールを使ったときに作られます。

文字ツール　シェイプツール

フレームツール

P.144　P.119　P.118

塗りつぶし／調整レイヤー

塗りつぶし／調整レイヤーは全部で19個あり、すべてレイヤーとして表示されます。

●半月アイコンをクリック

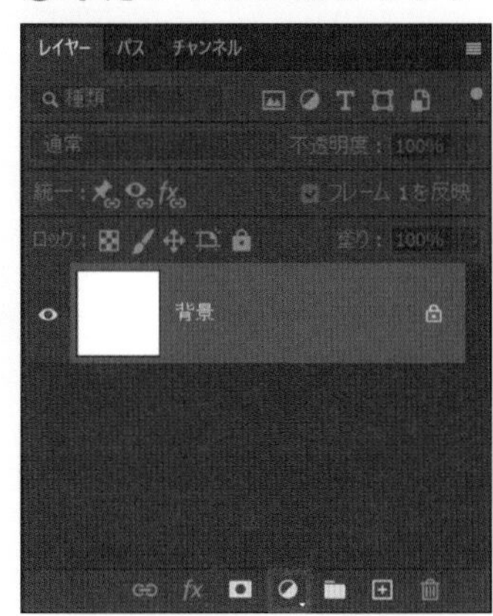

●好きなものを選ぶ

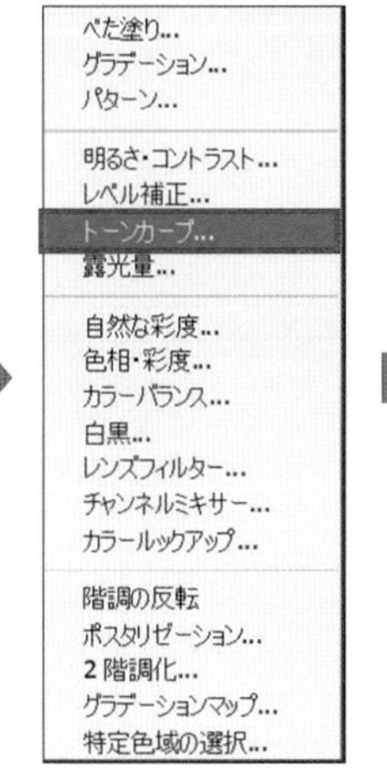

●レイヤーとして表示される

なるほどね！　『レイヤー』って一言で言ってもいろんなレイヤーがあるんだね！

そういうこと！　このレイヤーをどう扱っていくかで、1つの作品を作りやすくできたりするよ！

いろいろ使うの楽しみだな！

レイヤーの種類の最後にあった塗りつぶし／調整レイヤーもよく使うから、次はそこを細かく見ていこう！

塗りつぶしレイヤーと調整レイヤー

塗りつぶし／調整レイヤーって、種類もあって大変そうだね～…。

19種類あるんだけど、塗りつぶしレイヤーと調整レイヤーの**2つのグループ**で分けて見るとわかりやすいよ！ 1つ1つガッツリ覚える必要はないから、使えそうなものだけ覚えておこう！

よかった～！　じゃあ、2つのグループの説明お願いします！

べた塗り… グラデーション… パターン…	塗りつぶしレイヤー3種 全体を塗ってくれるもの
明るさ・コントラスト… レベル補正… トーンカーブ… 露光量… 自然な彩度… 色相・彩度… カラーバランス… 白黒… レンズフィルター… チャンネルミキサー… カラールックアップ… 階調の反転 ポスタリゼーション… 2 階調化… グラデーションマップ… 特定色域の選択…	調整レイヤー16種 画像の明るさや色味を変えられるもの 使うときに土台となる画像が必要

POINT

塗りつぶし／調整レイヤーは、**レイヤーマスクがセット**になっている（レイヤーマスクについてはP.66）。キャンバスの**サイズを変えても、全面に反映し、あとからやり直しができる！**

べた塗りレイヤー

べた塗りレイヤーは、選んだ色１色に塗りつぶしてくれます。

べた塗りレイヤーの目印

●好きな色を選ぶ

●全体が塗りつぶされる

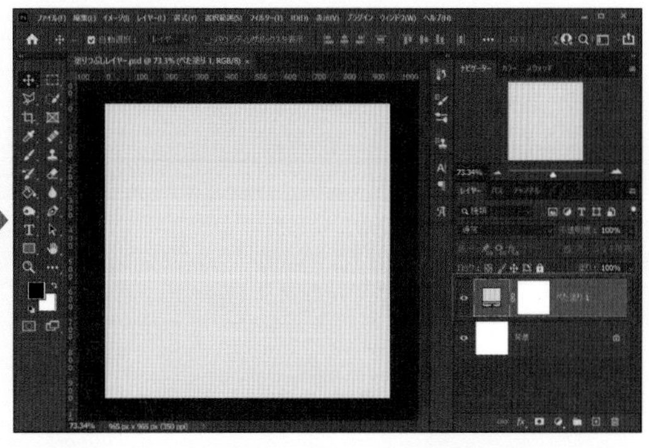

あとから色を変えたい場合

●レイヤーのサムネイルをダブルクリック

●好きな色を選ぶ

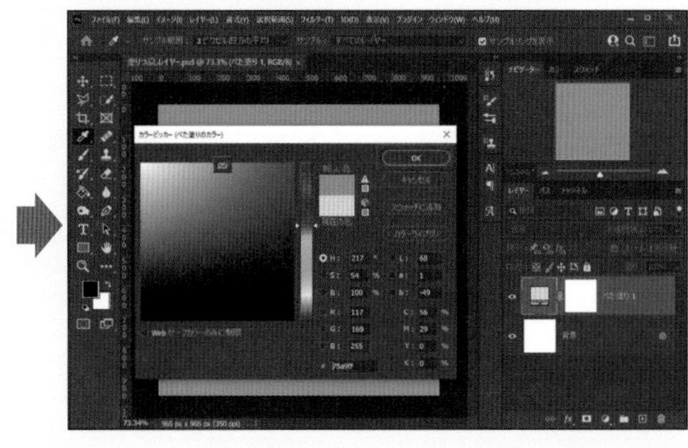

ダブルクリックで変更できるのは、他の塗りつぶし／調整レイヤーも全部一緒だから覚えておこう！

OK！　べた塗りレイヤーは、背景とかに置いて使えそうだね！

切り抜き写真の背景とかに使ってもいいよね！　他の２つの塗りつぶしレイヤーも同じイメージでいいよ！

グラデーションレイヤー

グラデーションレイヤー（グラデーションで塗りつぶし）は、色が混ざり合ってグラデーションのように塗りつぶしてくれます。

グラデーションの色の作り方は、グラデーションツール（P.139）のところで詳しく解説します。

グラデーションレイヤーの目印

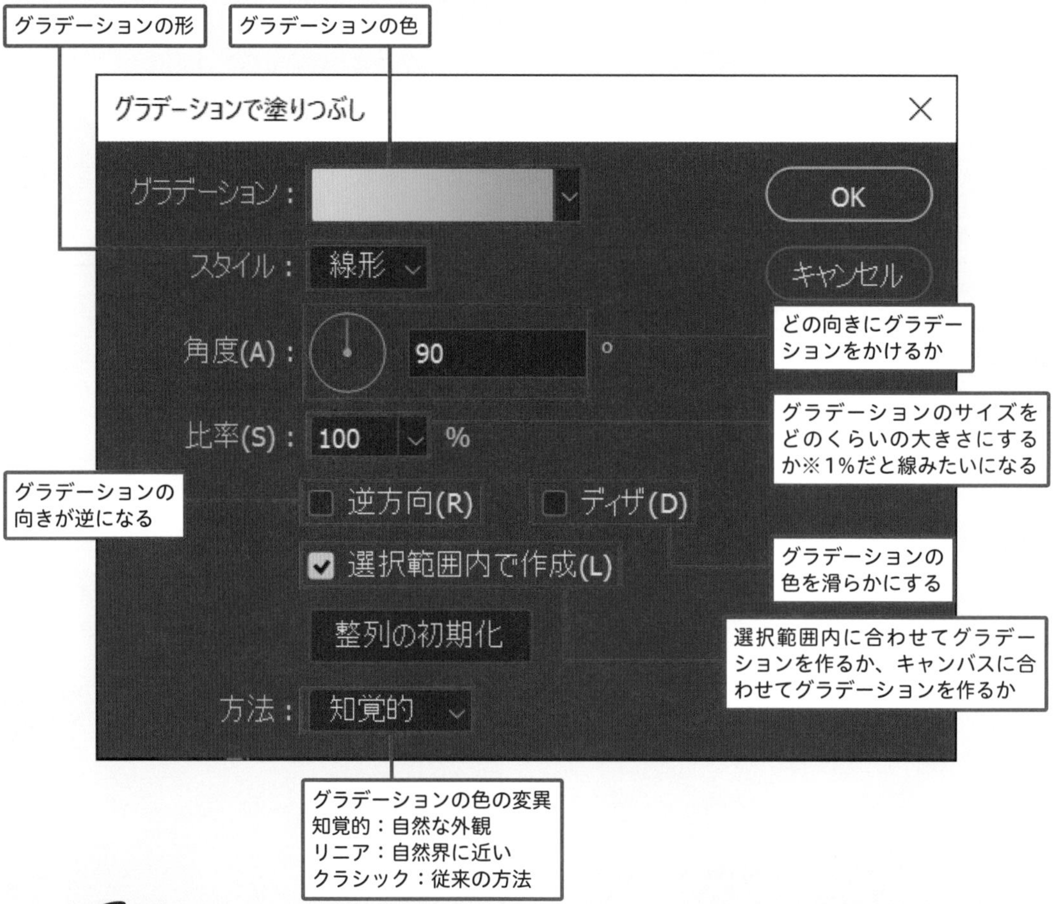

グラデーションの形

グラデーションの色

グラデで塗りつぶし

グラデーション：

OK

スタイル：線形

キャンセル

角度(A)：90 °

どの向きにグラデーションをかけるか

比率(S)：100 %

グラデーションのサイズをどのくらいの大きさにするか※1%だと線みたいになる

グラデーションの向きが逆になる

逆方向(R)

ディザ(D)

選択範囲内で作成(L)

グラデーションの色を滑らかにする

整列の初期化

選択範囲内に合わせてグラデーションを作るか、キャンバスに合わせてグラデーションを作るか

方法：知覚的

グラデーションの色の変異
知覚的：自然な外観
リニア：自然界に近い
クラシック：従来の方法

MEMO

グラデーションで塗りつぶしはあとから色も変えられるから、背景として使う場合は、グラデーションツール（P.139）より使い勝手が良い！

パターンレイヤー

パターンレイヤー（パターンで塗りつぶし）は、柄のあるパターンで塗りつぶしてくれます。

パターンレイヤーの目印

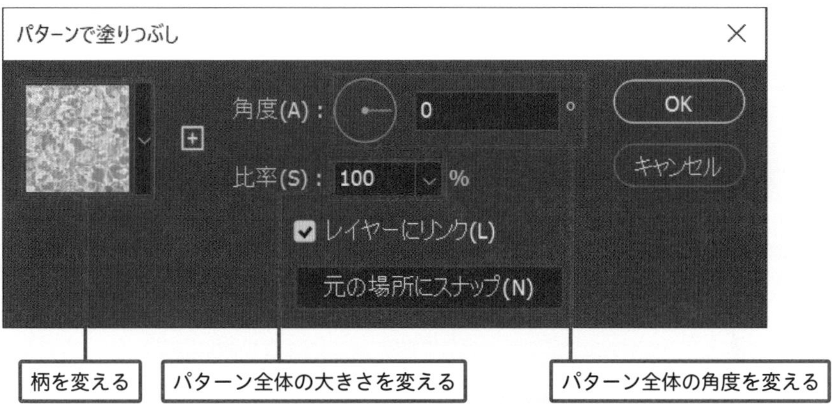

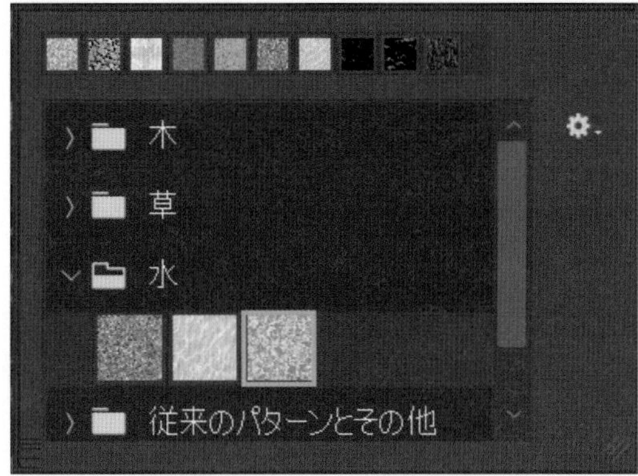

MEMO

パターンの場所は、カーソルをキャンバス上に持っていき、クリックしてドラッグすると変えられる（グラデーションも同じ）。

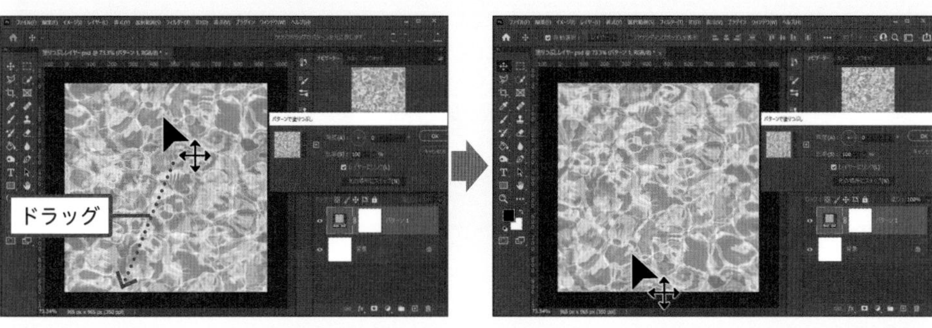

19個中3個終わったけど、残り16個か……気が遠くなる〜〜〜。

大丈夫！　最初にも言った通り全部覚える必要はないし、使っていけば自分がどれを使うかわかってくるよ！　じゃあ、次は調整レイヤー！

調整レイヤーの使用頻度

調整レイヤーの中の16個は、3つのグループに分かれています。

■明るさを変えるグループ

調整レイヤー	使用頻度
明るさ・コントラスト	★☆☆
レベル補正	★☆☆
トーンカーブ	★★★
露光量	★☆☆

■その他のグループ

調整レイヤー	使用頻度
階調の反転	★☆☆
ポスタリゼーション	★☆☆
2階調化	★☆☆
グラデーションマップ	★★☆
特定色域の選択	★★☆

■色を変えるグループ

調整レイヤー	使用頻度
自然な彩度	★☆☆
色相・彩度	★★★
カラーバランス	★☆☆
白黒	★★☆
レンズフィルター	★☆☆
チャンネルミキサー	★☆☆
カラールックアップ	★☆☆

★2個以上のものの特徴と使い方を細かく見ていくよ！　実践を含めながら見ていくから、自分の手でPhotoshopを使いながらやってみてね！

は〜い！

全調整レイヤー共通の基本的な使い方

調整レイヤーは、写真の明るさや色味を変える役割があります。
塗りつぶしレイヤーと違って1枚だけでは成り立たず、土台となる写真の上に置いて使います。

元画像

調整レイヤーのトーンカーブを加える

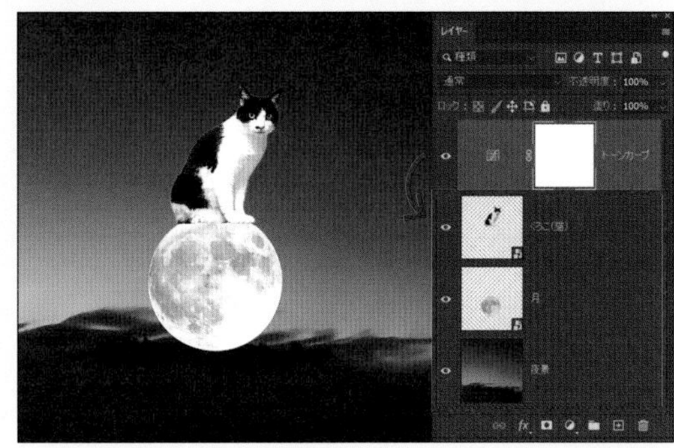

トーンカーブより下にあるレイヤーすべてに効果が反映する

一番下に置いた場合

何も変わらない

1枚目と2枚目の間に置いた場合

下2枚のレイヤーに調整レイヤーの効果が反映する

メニューバーにある「イメージ」から色調補正で明るさや色味を変えることもできます。ですが、レイヤーとして表示されないので、あとからのやり直しができなくなります。

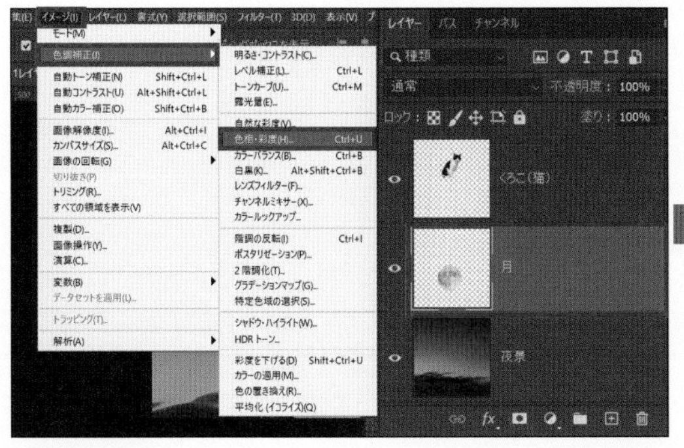

レイヤーとして表示されない

レイヤーパネルから調整レイヤーを使ったほうが早いし、やり直せるから調整レイヤーを使おう！

トーンカーブ

トーンカーブはカーブを調整することで、明るさ・コントラスト・色を変えることができます。

明るさを変えるグループの他の３つの調整レイヤーの機能を含んでいるとも言え、頻繁に使います。

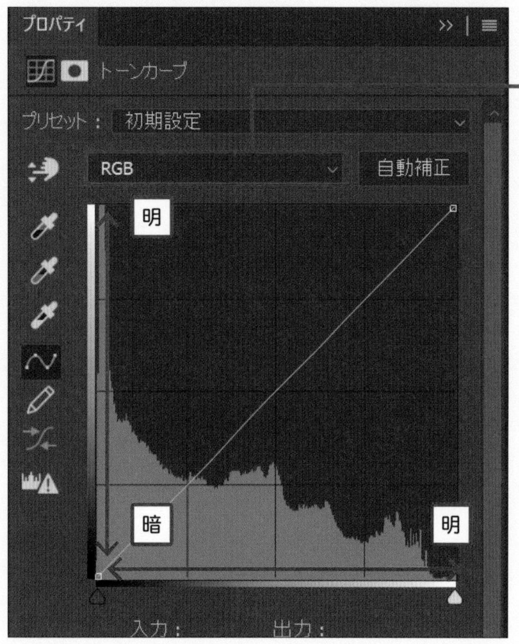

チャンネルの選択
どの色を動かすか
RGB：明るさ
R：レッド⇔シアン
G：グリーン⇔マゼンタ
B：ブルー⇔イエロー

POINT

縦軸：これから変えたい明るさ
横軸：画像のピクセルの明るさ

何このグラフ難しそう……。

慣れたら難しくなくなるよ！　応用的な使い方まで知りたかったらぜひ動画を見てね！

基本的な使い方

トーンカーブは、縦と横の軸を見ながら、線上をクリック＆ドラッグして動かします。

●線上をクリック

●ドラッグすると写真の明るさが変わる

縦軸について

トーンカーブの縦軸は、これから変えたい明るさを表しています。

●上げると明るくなる

●下げると暗くなる

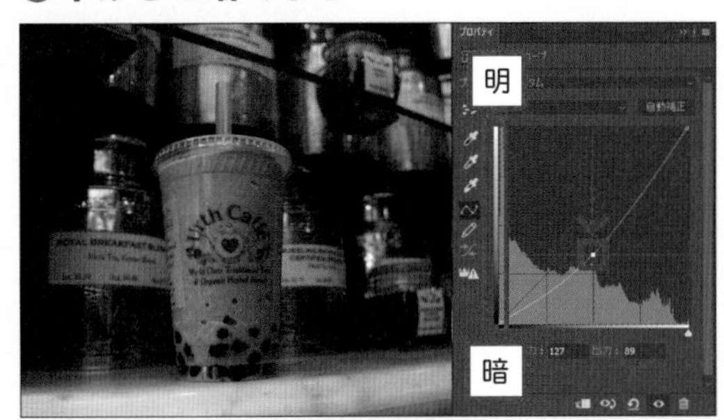

横軸について

トーンカーブの横軸は、画像のピクセルの明るさを表しています。
(ピクセルについてはP.23)

画像に加えられたそれぞれの□の明るさは、トーンカーブの横軸上で同じ色の□で表される
例) 写真上の赤の□は真っ黒のところなので、トーンカーブ上では一番暗い左が対応

なるほど！　今までカーブしか見てなかったけど、縦と横の軸を見ながら動かさなきゃいけなかったんだね！

そうそう、それこそがトーンカーブのいいところだからね！

縦軸×横軸で明るさを変える

縦軸と横軸を見て、特定の明るさのピクセルをどんな明るさにしたいかでカーブを動かします。

トーンカーブを動かした例をいくつか見てみよう！

●暗いところを明るくする

暗いところが明るくなる

●少し明るめなところをより明るくして少し暗めなところをより暗くする

コントラストが強くなる

●少し明るめなところを暗くして少し暗めのところを明るくする

コントラストが弱くなる

●明るめなところを一番明るくし暗めなところを一番暗くする

コントラストが強くなる

POINT

点は全部で16個まで打てるけれど、少ないほうが滑らかに変更できる。

でもさ、横軸はピクセルの明るさってことだけど、写真の『ここを明るくしたい！』と思ったときって、自分で横軸を見たとき『ここらへんかな～？』って当てずっぽうになっちゃうよ……。

そういうときは、指マークに頼ろう！

指マークで明るさを変える

トーンカーブは、自分で直接カーブ上をクリックして調節してもいいのですが、指マークで写真上をクリックすれば、クリックしたピクセルの明るさをPhotoshopがトーンカーブで表示してくれます。

●指マークをクリック

●写真上で明るさを変えたいところをクリック

●上にドラッグすると明るくなる

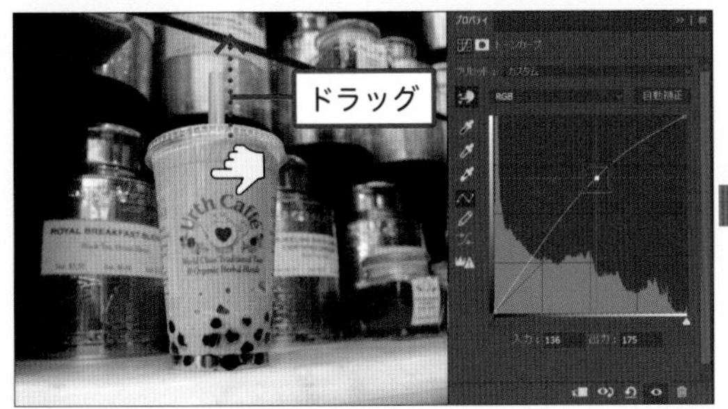

カーブが自動で上がる

●下にドラッグすると暗くなる

カーブが自動で下がる

POINT

指マークを使えば、明るさを変えたいところを確実に写真上で狙うことができる。

自分で点を打たなくても、写真上でクリックして明るさを変えられてラクだね！

そうそう、実際このやり方は便利だし、よく使うから覚えておこう！

MEMO

トーンカーブ上に打った点を削除するには、グラフの外にドラッグする。

チャンネルで色を変える

トーンカーブのチャンネルでは、レッド（R）・グリーン（G）・ブルー（B）のチャンネルに分かれていて、写真の色を変えることができます（RGBについては、P.25）。

●レッドのチャンネル

上げるとレッドが加わる

下げるとシアンが加わる

●グリーンのチャンネル

上げるとグリーンが加わる

下げるとマゼンタが加わる

●ブルーのチャンネル

上げるとブルーが加わる

下げるとイエローが加わる

POINT

すべてのチャンネルを組み合わせて使える！

トーンカーブのチャンネルは少しずつ自然に色味を変えられるから、合成するときとかに使って色を加えていくことが多いよ！

色相・彩度

色相・彩度では、色の３属性（色相・彩度・明度）のスライダーを動かすことで、自由に色を変えることができます。

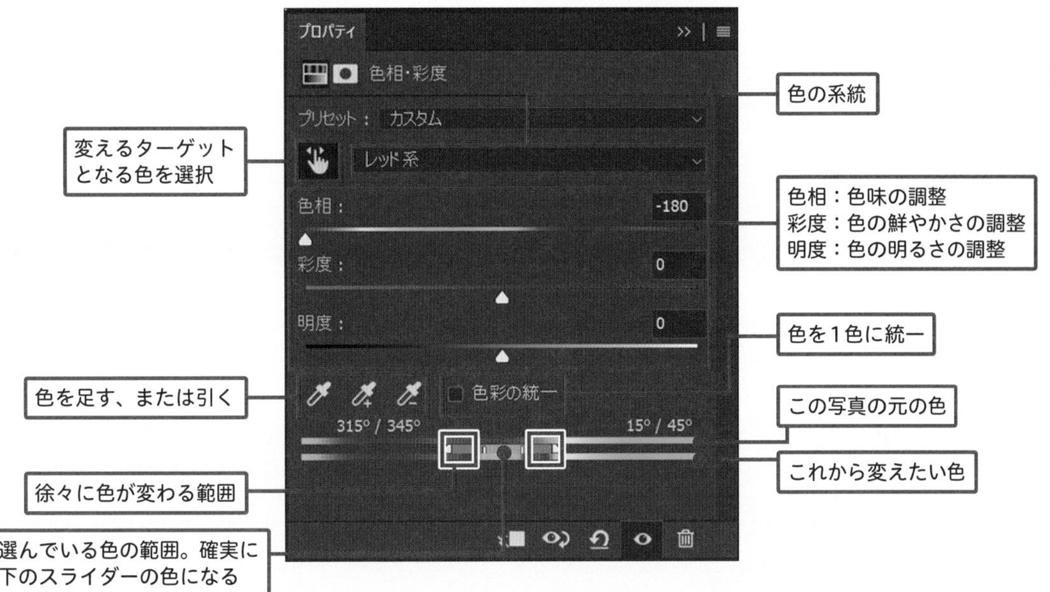

●指マークをクリック

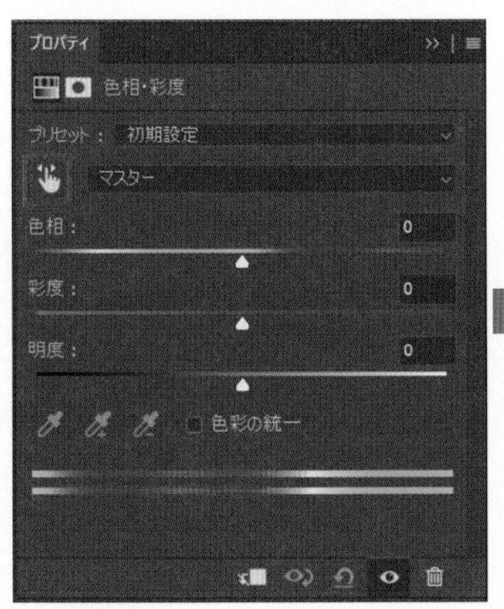

●変えたい色のところでクリック

花の色を変えよう！

●２本のバーにスライダーが付く

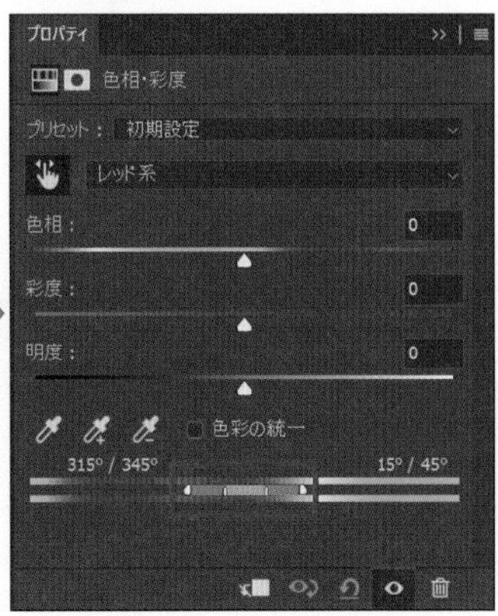

クリックしたところの色の範囲を、Photoshopが検出してスライダーで表してくれるよ！

POINT

色鮮やかな2本のバーに付いたスライダーで、色を変えたい場所の範囲を決める。

色相を動かす

どこの範囲を選択しているか見るため、いったん、色相を大幅に振ろう！ 色が変わらないところは選択していないよ！

CAUTION
写真によっては選びたいすべての色の範囲がきちんと選択されない場合がある。そんなときは自分でスライダーを調節して色を変えたい部分をしっかり選択する。

スライダーを調節して色を変えたい範囲を選択

絶対に色を変えたい部分を｜｜で挟んで、ぼかすように◀▶も動かしてなじませる

色相・彩度・明度を変えて色を変更

色を変えたくないところまで変わっちゃったらどうするの？

あとからレイヤーマスク（P.66）で範囲外にできるから大丈夫！　とにかく絶対に変えたいところを選択するのを優先してね！　実践編で詳しくやるよ！（P.200）

あとから色相・彩度に戻って色変更をやり直すときは「マスター」をクリックして最初に色を変えたときの色の系統にしてから色を変える。
例）今回の画像の場合は「レッド系」

白黒

白黒は、写真を白黒にする調整レイヤーです。

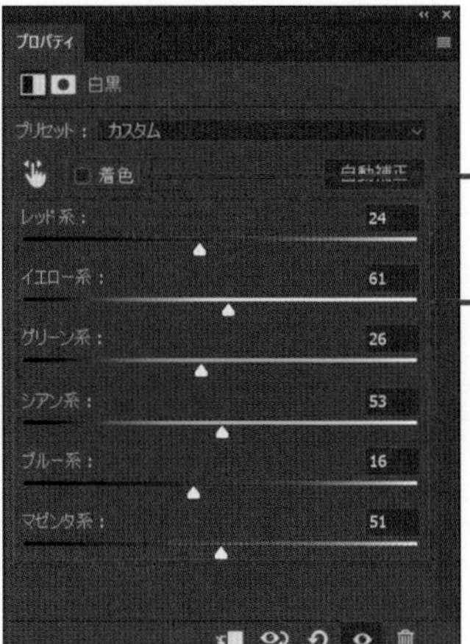

指定した色を入れたモノトーンの画像になる

元の写真のそれぞれの色をもとに白黒の濃さを調整できる

CAUTION
CMYKだとできない。

MEMO

目には赤く見えなくても、赤のスライダーを動かすと他のところの明るさが変わることがある。

元の写真

白黒レイヤーを付けた場合

白黒レイヤーを付けると自動で調整されて白黒になる

レッド系のスライダーを右に動かす

元の写真の赤いところが白っぽくなる

レッド系のスライダーを左に動かす

元の写真の赤いところが黒っぽくなる

自分好みの白黒加減にしてみてね！

グラデーションマップ

グラデーションマップでは、写真の明るさによって色を入れることができます。

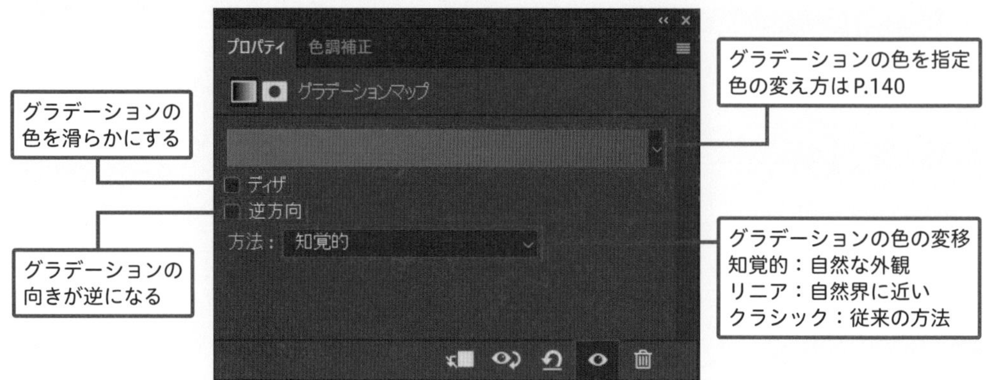

グラデーションマップのバーは、他のグラデーションの見方と違うよ！

バーの左側が写真の暗いところに入る色、右側が写真の明るいところに入る色を表します。

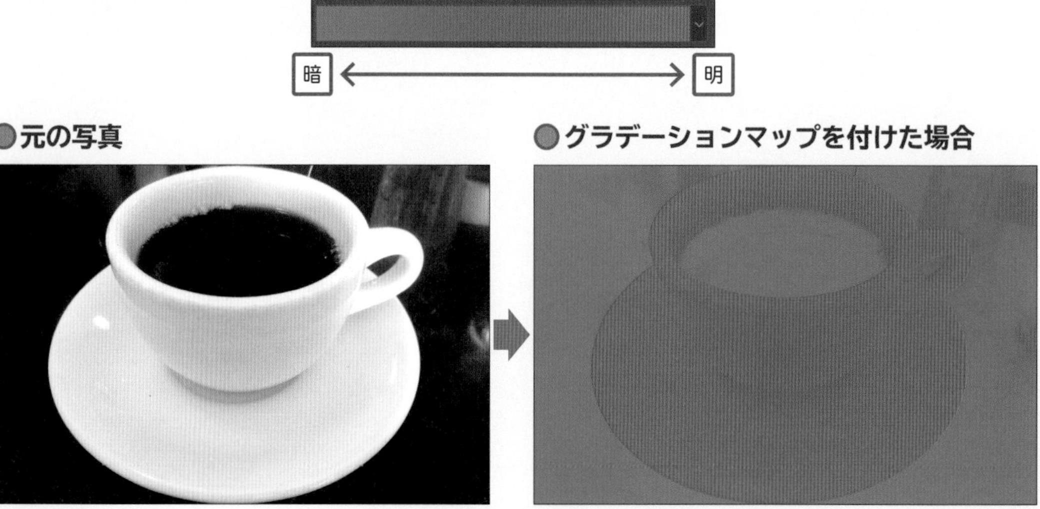

コーヒーと机が暗く、カップが明るい

元の写真の暗いところが青、明るいところがピンクに

グラデーションマップは、単純なグラデーションとは違うんだね！

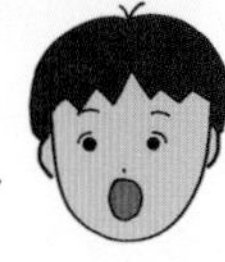

全然違うよ！　グラデーションマップはイラストに色を入れたり、アート作りにも使えるよ！

特定色域の選択

特定色域の選択では、シアン・マゼンタ・イエロー・ブラックの４色で色合いを変えることができます。

2 1つ目の力『レイヤー』

色相・彩度（P.61）と何が違うの？

特定色域の選択だと、色相・彩度みたいな大きな色の変化はないよ！
そのぶん、自然に色を変えられるから、少し色を変えたいときに使うよ！

●変えたいカラーを選択

水色に一番近い色は「シアン」なのでシアン系を選ぶ

●４色のスライダーを調整

右にスライドでその色が加わり、左にスライドで反対の色が加わる。例）シアンなら右でシアン、左でレッド

POINT

- シアン⇔レッド
- マゼンタ⇔グリーン
- イエロー⇔ブルー
- ブラック⇔白

どの色を加えたいか考えながらスライダーを動かすと◎

レイヤーマスク

ちびたじちゃん『レイヤーマスク』って知ってる？

うっ……また難しい名前が出てきた……。知らないよ！　マスクって言うんだから、レイヤーを覆うみたいなこと？

そう！　『レイヤーマスク』はまさにレイヤーを覆って、見えなくしたり、見えるようにすることができるよ！　一言で言うと、消しゴムみたいな役割！　だけど、消しゴムじゃなくて白と黒のブラシを使うの！

え!?　消しゴムの効果だけど、ブラシを使うってどういうこと！？

まあまあ、落ちついて！　順番に説明していくけど、これだけは先に覚えておいて！　レイヤーマスクの白は見える、黒は見えなくなるところ～♪　リピート・アフター・ミー！

……レイヤーマスクの白は見える、黒は見えなくなるところ～♪

オッケー！　じゃあ、順番に見ていこう！

……よくわかんないけど、お願いします！

レイヤーマスクとは？

「レイヤーマスク」とは、レイヤーを覆うマスクのことで、レイヤーに付けることで使えます。

レイヤーマスクの白は見えるところで、黒は見えなくなるところです。

写真レイヤーだけでなく、文字レイヤーや塗りつぶし／調整レイヤー、グループレイヤーなどすべてのレイヤーに使えます。

●イメージ

●レイヤーパネル上

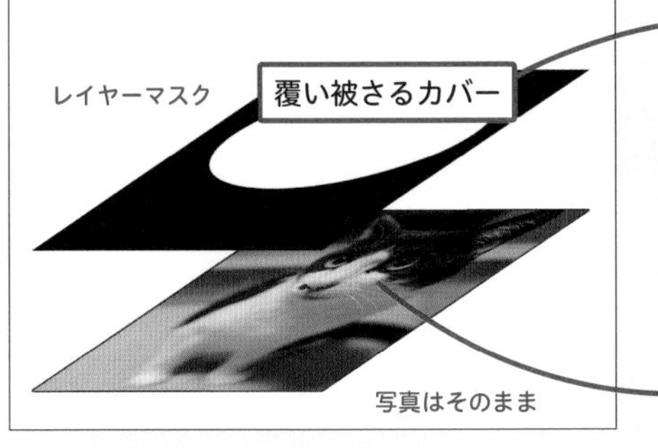

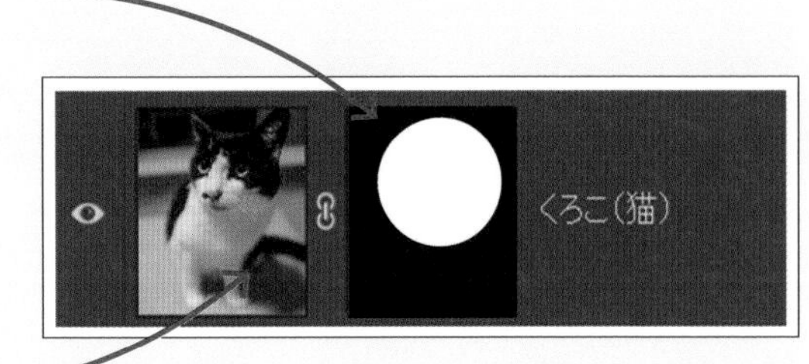

POINT

レイヤーマスクはカバーだから、写真自体には何も影響しない。

●レイヤーマスク

●キャンバスでの見え方

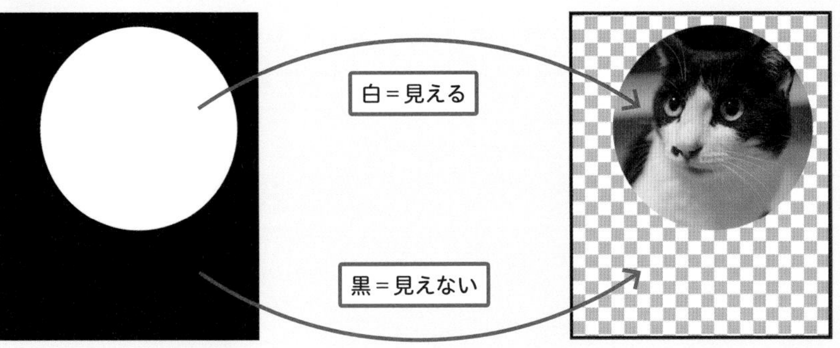

レイヤーマスクが黒になっているところは、隠れて消えてるみたい！

そうそう！　レイヤーの一部を見えなくできるから切り抜きによく使うよ！

レイヤーマスクの使い方

レイヤーマスクには基本的に白と黒のブラシを使います。

レイヤーマスクを加える方法

●レイヤーをクリック

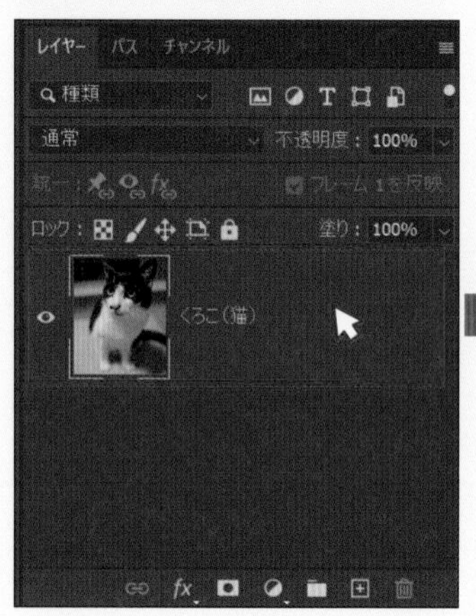

●レイヤーマスクをクリック

●白いレイヤーマスクが表示される

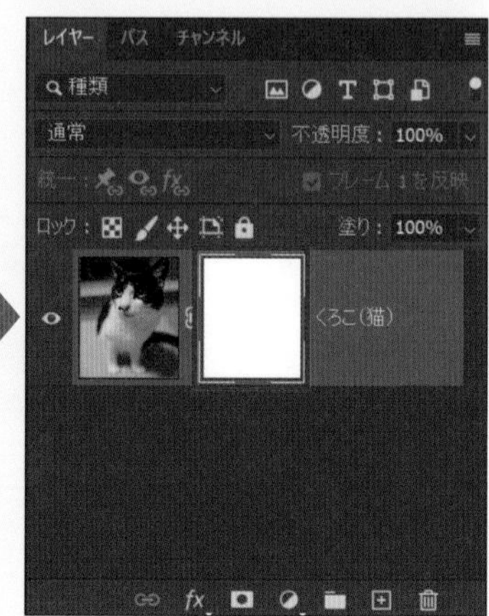

レイヤーマスクを塗る方法

レイヤーマスクを選択し、ツールバーにあるブラシツールを使って、色が黒なのを確認して見えなくしたいところを塗ります（ブラシツールについてはP.136）。

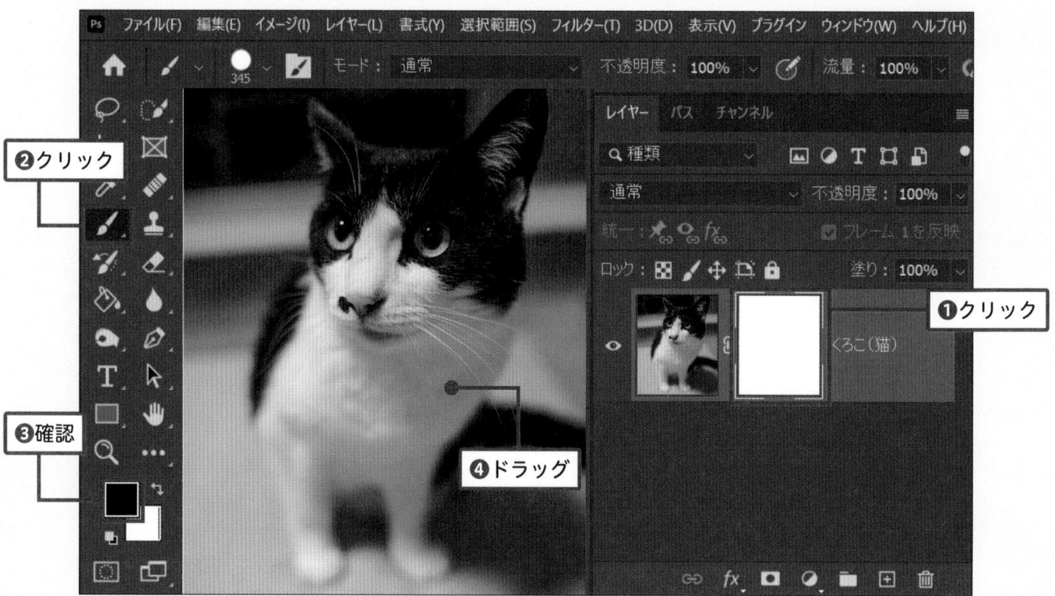

●黒のブラシで塗ったところは見えなくなる

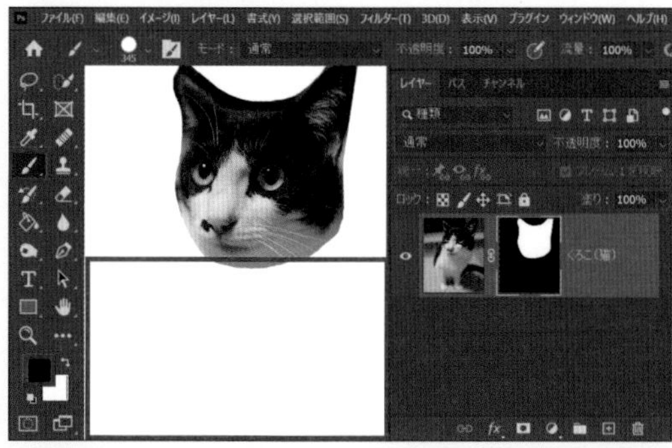

切り抜きたいところが切り抜ける

●白のブラシでレイヤーマスクの黒いところを塗ると、写真が復活する

MEMO

左上は描画色・右下は背景色と言う。ブラシや塗りつぶしなどで通常使われるのは描画色。

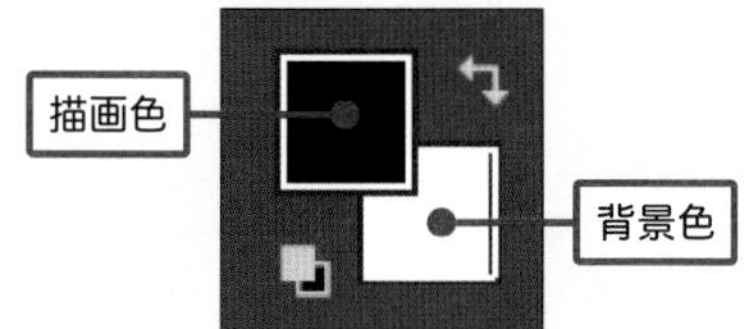

SHORTCUTS

描画色と背景色を白と黒にする

D

描画色と背景色を入れ替える

X

白黒のレイヤーマスクだけを見る

Win Alt ＋レイヤーマスクをクリック
Mac option ＋レイヤーマスクをクリック

レイヤーマスクを反転させる方法

レイヤーマスクでは、白と黒は対になります。白を反転（反対に）させると黒になり、黒を反転させると白になります。

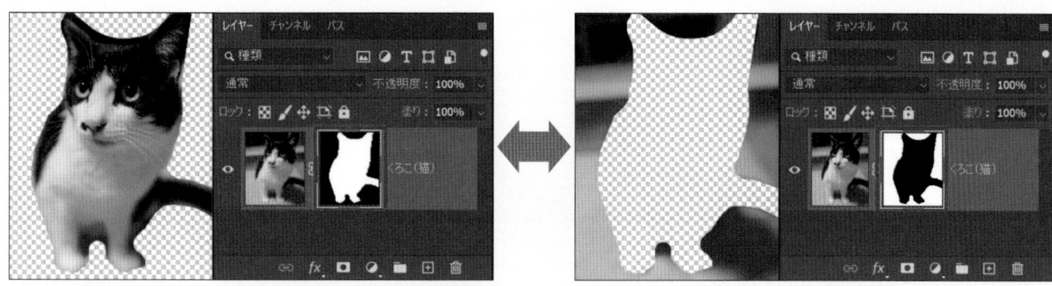

SHORTCUTS

レイヤーマスクの白と黒を反転

レイヤーマスクを選択して
Win Ctrl ＋ I
Mac ⌘ ＋ I

レイヤーマスクで気を付けること

①レイヤーマスクを選択しているか

レイヤーだけをクリックしても、レイヤーマスクは選択されません。
必ずレイヤーマスクのサムネイルをクリックし、白枠が付いている状態にします。

●レイヤーをクリックした場合

白枠が写真に付いている

●レイヤーマスクのサムネイルをクリックした場合

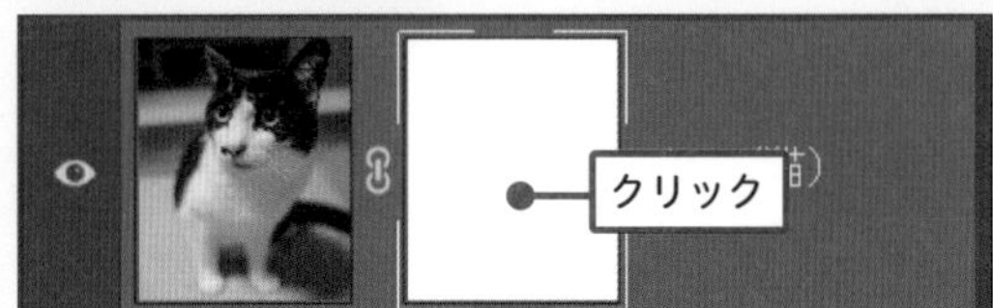

白枠がレイヤーマスクに付いている

レイヤーマスクが選択されていないと、写真に直接描いちゃうよ……。

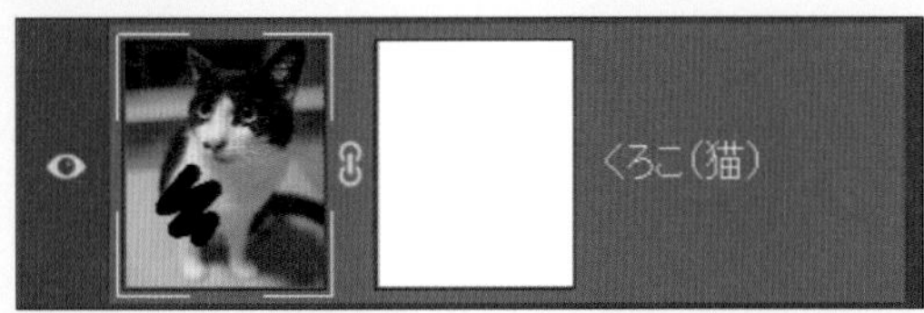

②白または黒でレイヤーマスクを塗っているか

レイヤーマスクに使う色は基本的に、白(#ffffff)と黒(#000000)です。

白と黒以外の色を選ぶと、グレーになります。グレーのブラシでも、レイヤーマスクを塗ることはできますが、白と黒の間の色になるので、半透明に表示されてしまいます。

半透明にしたいときは、ブラシの不透明度または流量を低くすればできます。
わざわざグレーを選んで、その濃さで透明具合を変えるより簡単です。

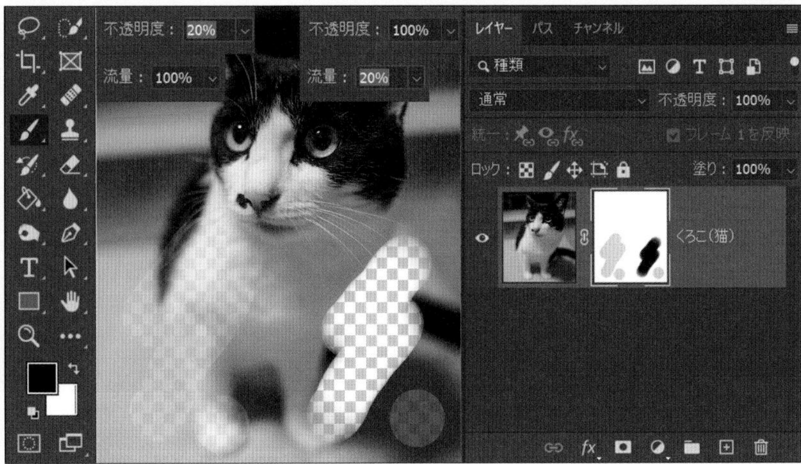

左が不透明度だけ変更、右が流量だけ変更したもの

不透明度：インク自体を透明にし、均一に透明になる
流量：インクの量を調整し透明になる、一筆描きで重ね塗りすると濃くなる
ブラシの種類によっては、かすれ具合も出せる

なるほど！　だから最初に言わされたのね！　レイヤーマスクの白は見える、黒は見えなくなるところ～♪

そうそう！　先に覚えておくと簡単でしょ！

でもさ、消しゴムツールも消したいところを消せるんでしょ？　じゃあ、消しゴムツールを使えばいいじゃん！

レイヤーマスクはレイヤーを覆ってるから『復活』させることが得意なんだよ！　この『復活』が消しゴムツールだとできないのさ。

レイヤーマスクと消しゴムツールの違いは？

レイヤーマスクと消しゴムツールの違いは、「復活できるかどうか」ということです。

●レイヤーマスク

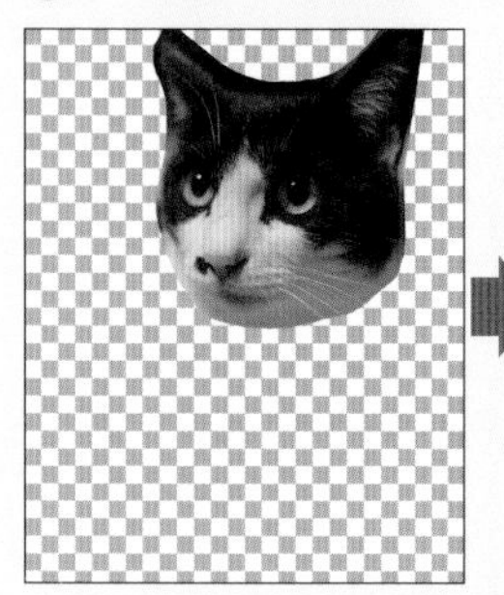

黒のブラシで塗っても**白のブラシで復活**

●消しゴムツール

消すことはできるが**復活しない**

レイヤーマスクは、写真を覆っているだけなので、写真自体に何も影響はなく、あとからいつでもやり直すことができます。

逆に消しゴムツールの場合は、写真自体を消してしまうので、元の写真に手を加えた状態になり復活させることはできません。

CAUTION

消しゴムツールでも作業を戻ることはできるが、消したあとにした他の作業もすべて一緒に戻ることになる。
また、ファイルを保存して後日開いたときには作業の履歴が消えているため、戻ることはできない。

Photoshopはレイヤーやレイヤーマスクを使ってやり直しがしやすいソフトとして特化しているから、それを活かして作品作りをしたほうが後々安心だよ！

へ～！　消しゴムツール使うのやめよう！

絶対に何がなんでも証拠もすべて隠滅したいっていうときと、絵を描く場合は消しゴムツールも使うよ。

OK！　写真系はレイヤーマスク、絵を描くときは消しゴムツールを使うこともあるってことね。

レイヤーマスクを調整レイヤーに使うと?

レイヤーマスクは、見える、見えなくする以外にも効果を反映させたいとき、反映させたくないときにも使うことができます。

POINT

白は見える=反映される
黒は見えない=反映されないところ

レイヤーマスクを使えば、基本的に何でも反映させる・反映させないとできるけど、ここでは一部の例を見てみよう!

写真の一部だけ明るくしたいとき

写真の一部を明るくしたいときに、トーンカーブとレイヤーマスクを使って調整することができます。

●トーンカーブを足して、調整（トーンカーブについてはP.56）

タルトだけ明るくしたいけど、写真全体が明るくなる

●レイヤーマスクを反転させてトーンカーブの効果を見えなくする

写真全体が元の明るさに戻る

●トーンカーブを反映させたいところを白のブラシで塗る

塗ったところだけ明るくなる

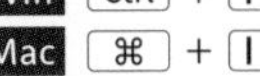

レイヤーマスクの白と黒を反転

レイヤーマスクを選択して

Win Ctrl + I

Mac ⌘ + I

なんでトーンカーブを付けたあと、いったん黒にするの？

トーンカーブの効果を反映させたいところ（白）より、反映させたくないところ（黒）のほうが大きいからだよ。黒にしてから塗れば、ちょっとしか白で塗らずに済むけど、白のままだと黒をたくさん塗るの大変でしょ！？

確かに!!

写真の一部だけ白黒にしたいとき

●白黒を足して、調整（白黒についてはP.63）

写真全体が白黒になる

●白黒を反映させたくないところだけ黒のブラシで塗る

塗ったところだけ色が戻る

写真の一部だけグラデーションマップをかけたいとき

●グラデーションマップを足して調整（グラデーションマップについてはP.64）

写真全体にグラデーションマップがかかる

●反映させたくないところは黒のブラシ 反映させたいところは白のブラシで塗る

黒で塗ったところは色が戻る

今はブラシで塗った例を見てきたけど、実はレイヤーマスクには他のツールも使えるよ！　ブラシで塗るのが面倒なときは、次のページを見てね！

ブラシツール以外にレイヤーマスクに使えるもの

レイヤーマスクには、ブラシツール以外に他の機能も使えます。

●グラデーションツール（P.139）

●選択範囲（P.120）と塗りつぶしツール（P.142）の組み合わせ

●ブラシのあとにぼかし（ガウス）（P.178）

レイヤーマスクってすごいね！　レイヤーマスクの白は見える＝反映されるところ、黒は見えなくなる＝反映されないところ♪　もう完璧だわ！

これでレイヤーマスクは完璧だね！　これからレイヤーマスクをどんどん使っていこう！

おー！！

Act 4 スマートオブジェクト

レイヤーは『スマートオブジェクト』に変換すると最強になるの知ってる？

待って！　何それ？　なんで最強なの!?　ヒーローになれるの!?

いいこと言うね～！　そうそう、スマートオブジェクトはヒーローみたいに無敵なの。その代わり、食べる量が半端なくてすごい量を毎食作ってあげなきゃいけないんだよ！

なるほど、無敵なヒーローだけど、こっちの負担も大きいってことね！
……ってそれPhotoshopに関係ある！？

あるんだよ！　スマートオブジェクトにしておくと、サイズを大きくしても小さくしても画質が悪くならないし、あとから変更もしやすい最強のヒーローなの！　でも、そのぶんファイル容量が大きくなるから、データ量の負担が増えるよ！

へ～、Photoshop界にもそんなヒーローがいるんだ！　どういうときに使うの？

じゃあ、どういうときに使うかも含めて『スマートオブジェクト』を詳しく見てみよう！

スマートオブジェクトとは？

「スマートオブジェクト」とは、元の画像のデータを変えることなく維持できるもので、合成や大がかりなものを作るときは頻繁に使います。

スマートオブジェクトの目印

スマートオブジェクトになっていないレイヤーは『ラスタライズ』されたレイヤーって言うよ！

●ラスタライズ

「画像を開く」（P.21）だと、ラスタライズになる

●スマートオブジェクト

「画像を取り込む」（P.22）だと、最初からスマートオブジェクトになる

スマートオブジェクトはメリット、デメリット両方あるので、場合によって使い分けます。

メリット	デメリット
①画質が落ちない ②フィルターのやり直しがきく	①データが重くなる ②レイヤーに直接手を加えられない

POINT

すべての種類のレイヤー（P.47）をスマートオブジェクトに変えることができる。

スマートオブジェクトのメリット

①画質が落ちない

　スマートオブジェクトにすると、サイズを小さくしたり、大きくしたりしても画質は落ちません。

●ラスタライズの場合

一度小さくしてから元のサイズに戻すとぼける

●スマートオブジェクトの場合

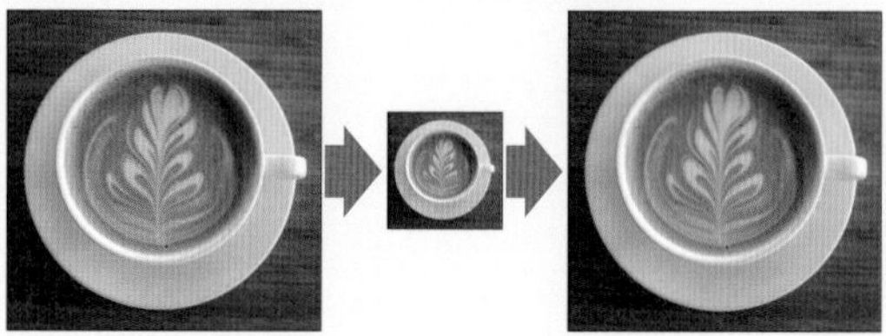

一度小さくしてから元のサイズに戻してもぼけない

何度もサイズ変更する可能性がある場合は、最初にスマートオブジェクトにしておけば画質の劣化を防げるよ！

CAUTION
スマートオブジェクトでも、元のサイズより大きくしたら画質は落ちるので注意

②フィルターのやり直しがきく

　スマートオブジェクトのレイヤーにフィルターを加えると、あとからでも数値を変えられます。（フィルターについてはP.162）

●ラスタライズの場合

一度フィルターをかけたらそのまま

●スマートオブジェクトの場合

**ダブルクリックで
何度でも変更可能！**

POINT
フィルターを使う前に、スマートオブジェクトにしておく必要がある！

スマートオブジェクトのデメリット

①データが重くなる

スマートオブジェクトは、ラスタライズのレイヤーと比べるとデータの容量が圧倒的に大きくなります。

●ラスタライズ

●スマートオブジェクト

データ容量が大きいと動作が重くなったり不具合が発生するかも！メリットを考えた上で、どのレイヤーをスマートオブジェクトにするか考えよう！

POINT

- フィルターをかける、サイズを変える可能性もあるレイヤー→スマートオブジェクト
- 何もフィルターをかけない、サイズも変えることがないレイヤー→ラスタライズ

というイメージでやると◎

②レイヤーに直接手を加えられない

スマートオブジェクトにすると、レイヤーそのものに直接手を加えること（ブラシツールで描くなど）ができなくなります。

そんな場合は、レイヤーを加えて描いたり、ラスタライズしたりする必要があります。

●ラスタライズの場合

写真に直接描ける

●スマートオブジェクトの場合

写真の上に別のレイヤーで描く必要あり

デメリットとして挙げたけど、レイヤーに直接手を加えないのは基本だったよね！　だから、レイヤーを足して作業することに慣れよう！

CAUTION

そもそもラスタライズでないと使えない機能あり！
例）コンテンツに応じる（P.194）

スマートオブジェクトにする方法

スマートオブジェクトにしたい場合は、レイヤーに手を加える前にスマートオブジェクトにする必要があります。

●スマートオブジェクトにしたいレイヤーを右クリック

●「スマートオブジェクトに変換」をクリック

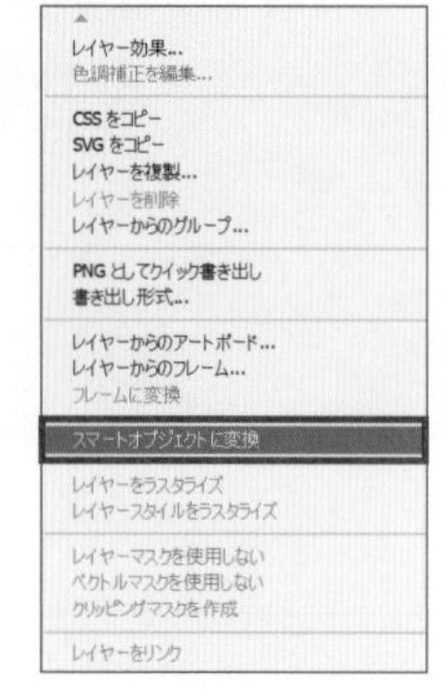

●スマートオブジェクトのマークが入る

スマートオブジェクトを解除（ラスタライズ）する方法

スマートオブジェクトのレイヤーをラスタライズしたいときも、やり方は同じです。

●ラスタライズしたいレイヤーを右クリック

●「レイヤーをラスタライズ」をクリック

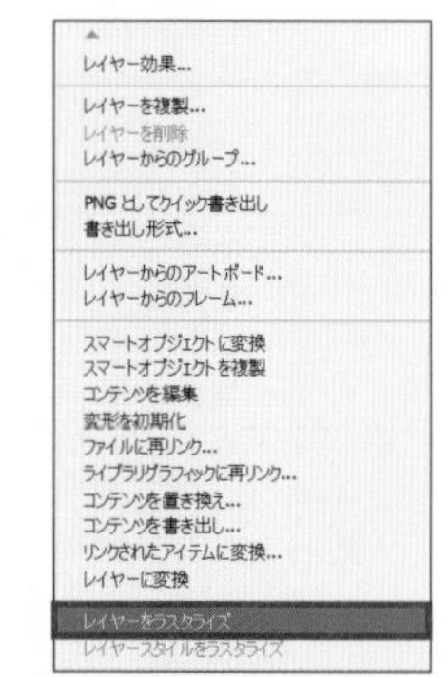

●スマートオブジェクトのアイコンが消える

CAUTION
ラスタライズの状態でサイズを変えると、そのあとスマートオブジェクトにしても画質は劣化したまま復活しない。スマートオブジェクトにするときは最初にしておく！

スマートオブジェクトの使い方【応用編】

複数のレイヤーを1枚のスマートオブジェクトのレイヤーにまとめることができます。
そして、あとからまとめたレイヤーを開き、やり直すこともできます。

まとめる場合

●まとめたいレイヤーを選択

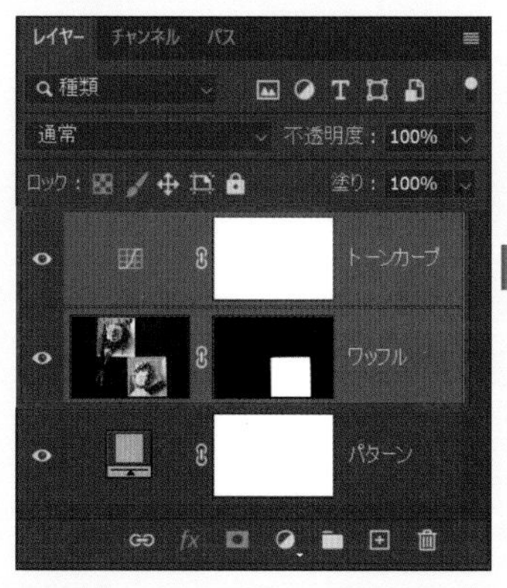

●スマートオブジェクトにする

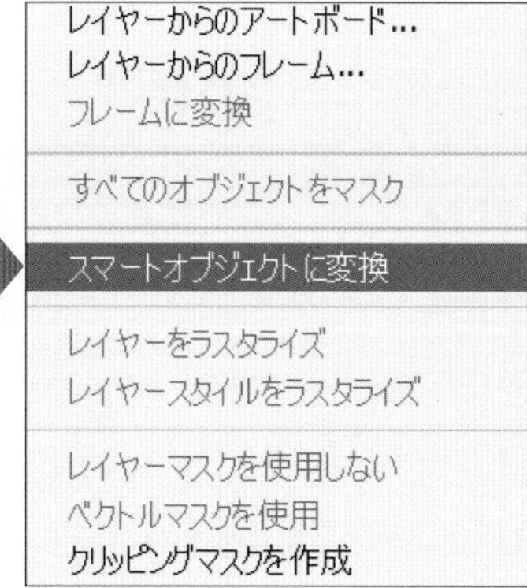

●選択したレイヤーが1枚になる

まとめたあとに変更する場合

●スマートオブジェクトのサムネイルをダブルクリック

●別のファイルに移るので変更して保存する

SHORTCUTS

保存

Win Ctrl + S ／ Mac ⌘ + S

●元のファイルに戻ると変更されている

CAUTION

保存しないと何も変わらないので注意！
また、「別名で保存」や「コピーを保存」では何も変わらないので注意！

切り抜きをして余白が邪魔なときに、レイヤーマスクも一緒にスマートオブジェクトにまとめたりするよ！

クリッピングマスク

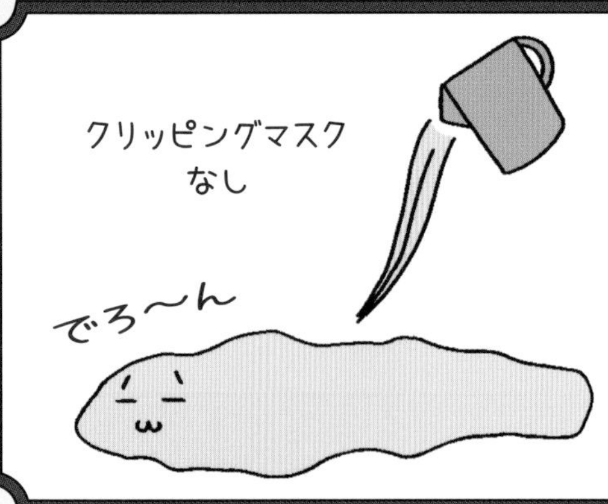

なんかもうPhotoshop余裕かも〜！

じゃあ、次は『クリッピングマスク』を見ていくよ！

う……またしても難しい言葉……。やっぱりまだまだPhotoshopは余裕じゃなかった……。

クリッピングマスクは、1つのレイヤーだけに反映させることができるものでかなり便利なんだよ！

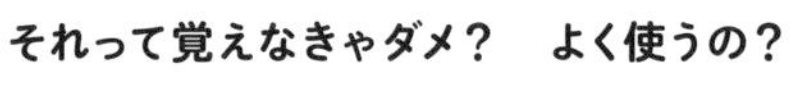

それって覚えなきゃダメ？　よく使うの？

そうだね〜。　切り抜き写真と組み合わせてよく使うよ！

詳しく教えてください！

オッケー！　じゃあ、クリッピングマスクについて1つ1つ解説するよ！

クリッピングマスクとは？

「クリッピングマスク」とは、１枚のレイヤーを特定のレイヤーだけに効果を反映させることができるものです。

クリッピングマスクすると、土台となるレイヤーの透明でないところだけにかかります。

他のレイヤーがあったとしても、クリッピングマスクされていないレイヤーには何も反映されません。

クリッピングマスクの目印

クリッピングマスクしていない場合

上にあるレイヤーが優先して見えるので他は見えない

クリッピングマスクした場合

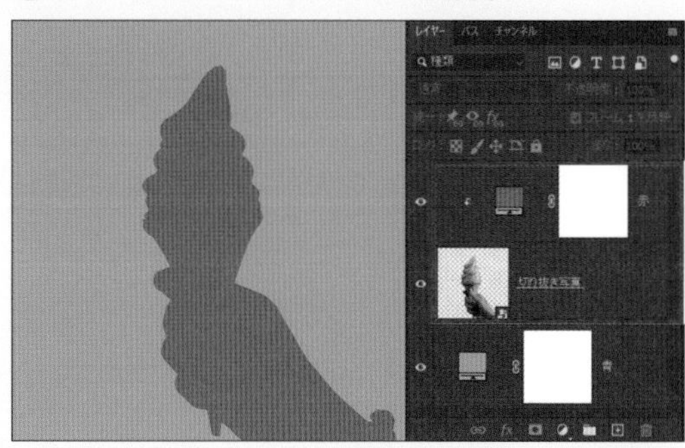

赤が切り抜き写真だけに反映され背景の青が見える

この場合、赤のレイヤーが写真にクリッピングマスクされて写真が赤くなったけど、クリッピングマスクされていない青のレイヤーには、何も反映されないよ！

なるほどね！　だから最初にクリッピングマスクは、特定のレイヤーにしか反映されないって言ってたんだね！

そうそう、そういうこと！　今はわかりやすく赤と青のレイヤーでクリッピングマスクを見たけど、トーンカーブとかの効果を１枚の切り抜き写真だけに反映させるみたいな使い方をよくするよ！

合成とかにも使えそうだね！

いいね〜、その通り！　合成するときは特に必須の機能だよ！

クリッピングマスクする方法

例えば、３枚のレイヤーでトーンカーブを切り抜き写真にクリッピングマスクします。

● Alt（option）を押しながらレイヤーの間をクリック

クリッピングマスクしていない場合はトーンカーブがキャンバス全体に反映される

● クリッピングマスクされる

トーンカーブが切り抜き写真だけにかかり、下の青色レイヤーには反映されない

調整レイヤーの場合、アイコンをクリックしてクリッピングマスクすることもできます。

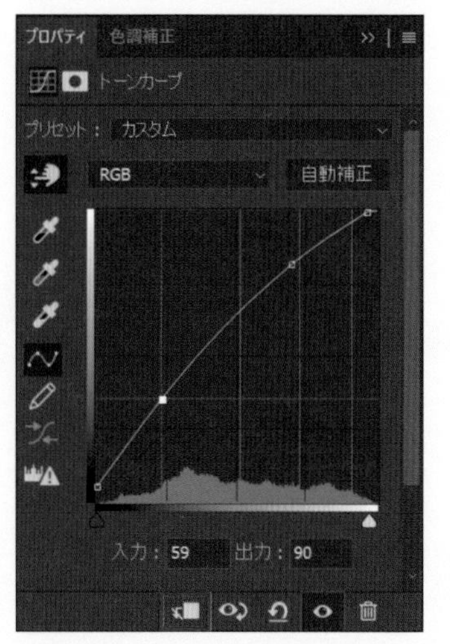

クリッピングマスクされていない

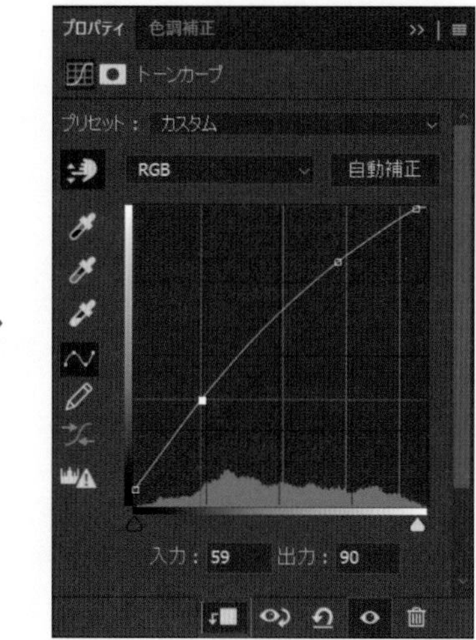

クリッピングマスクされている

POINT

クリッピングマスクを解除したいときは、クリッピングマスクしたときと同じで Alt（option）を押しながらレイヤーとレイヤーの間をクリック！

クリッピングマスクの土台となるものとできるもの

なんとなくわかってきたけど、レイヤーの順番で頭がこんがらがってきた～。

土台となるレイヤーは下って覚えると覚えやすいよ！　ケーキの型が土台にあって、そこに生地を流し込むとケーキの型の中だけに生地が入って、型の外には生地ははみ出てないみたいなイメージだね！

なるほど！　下のレイヤーが土台で、その上にあるレイヤーが土台にはまる感じね！

その調子！　ちなみに土台となるもの、クリッピングマスクできるものを表にするとこんな感じだよ！

●クリッピングマスクの土台となるもの（下のレイヤーにくるもの）

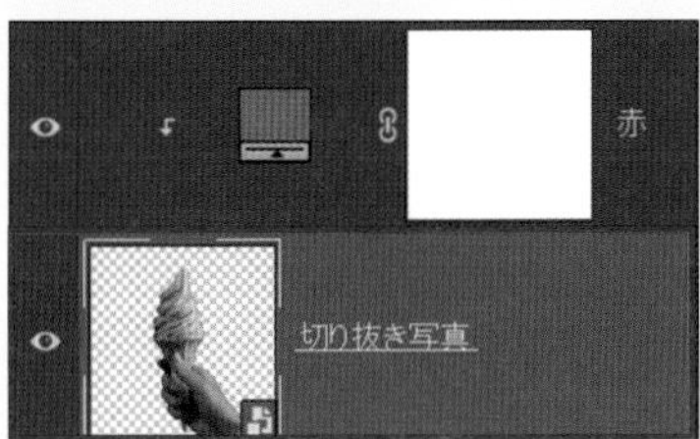

- 写真
- 切り抜き写真★
- シェイプ★
- 文字★
- グループ★

●クリッピングマスクできるもの（上のレイヤーにくるもの）

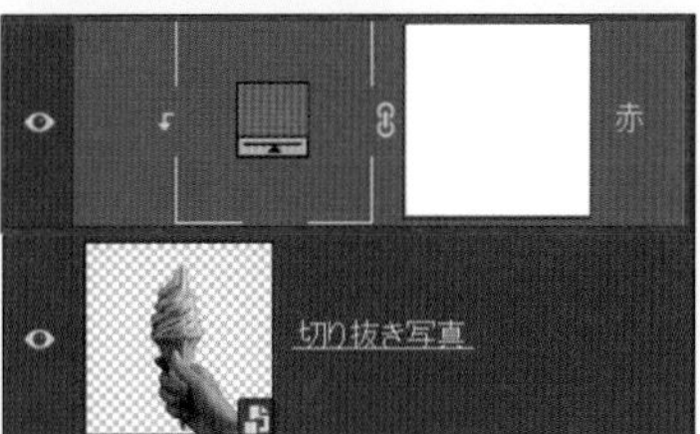

- 塗りつぶしレイヤー
- 調整レイヤー★
- 写真★
- 透明レイヤーにツールを使ったレイヤー★（例．ブラシ、塗りつぶし、グラデーション、コピースタンプ、修復ブラシなど）

★はよく使うもの

お～！　土台となるもの、クリッピングマスクできるもの、それぞれから選んで組み合わせて使えばいいんだね！

そうそう！　あとはクリッピングマスクの応用テクニックも見ていこうか！

クリッピングマスクの使い方【応用編】

①複数のレイヤーをクリッピングマスク

●文字のレイヤーを土台に写真と白黒の調整レイヤーをクリッピングマスクする

白黒になった空の写真が文字と背景を隠している

●2枚のレイヤーが土台となるレイヤーに反映される

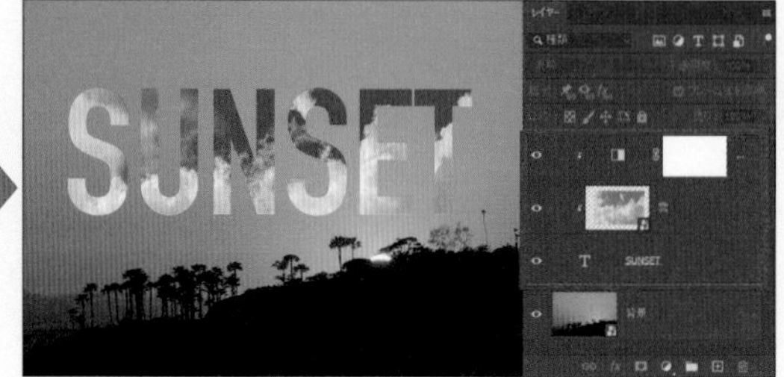

白黒と空が文字だけに反映される

POINT

複数のレイヤーをクリッピングマスクするときは、レイヤーの順番も効果のかかり方に関係し、上にあるレイヤーが優先される！

②グループレイヤーを土台に他のレイヤーをクリッピングマスク

●被写体のグループの上でトーンカーブのレイヤーをクリッピングマスクする

トーンカーブがキャンバス全体にかかって全体が明るい

●グループの中のすべてのレイヤーにトーンカーブが反映される

トーンカーブがグループにだけかかって背景は元の明るさ

1枚1枚別々に効果をかけなくていいから、グループは積極的に使おう！

グループにするとひと手間省けるんだね！

クリッピングマスクで気を付けること

①グループレイヤーをクリッピングマスクすることはできない

グループレイヤーを別のレイヤーにクリッピングマスクすることはできません。

同じ効果をかけたい場合は、土台となるレイヤーに１枚１枚クリッピングマスクをする必要があります。

●グループレイヤーをクリッピングマスクできない

Alt（option）を押しても下矢印が出てこない

●レイヤーを１つずつクリッピングマスクする必要あり

上のグループを解除すれば1つ1つできる

②レイヤーの順番を入れ替えるときは一緒に動かす必要あり

クリッピングマスクされた土台となる写真のレイヤーを一緒に動かさないと、クリッピングマスクは外れてしまいます。

なので順番を入れ変える場合は、クリッピングマスクしているレイヤーと一緒に動かす必要があります。

●クリッピングマスクしているレイヤーをすべて選択

●ドラッグして置きたいところで離す

選択中のレイヤーすべてが一緒に移動する

SHORTCUTS

連続した複数レイヤーを選択

選択したい一番下のレイヤーをクリックし、
Shift を押しながら選択したい一番上のレイヤーをクリック

Act 6 レイヤースタイル

おしゃれって永遠のテーマよね！（キラキラ）

うっ！　まぶしいっ！　どうしたの急に！？　Photoshopと関係なくなってきた！？

『レイヤースタイル』は、人間にとっての洋服やアクセサリーのように、おしゃれになるための手助けをしてくれるんだよ！　Photoshopでは写真・文字・シェイプなどのレイヤーに“彩り”を与えてくれるよ！

へ～、おしゃれになれるレイヤースタイル気になる～！　教えて～！

レイヤースタイルとは？

「レイヤースタイル」とは、レイヤーに様々な効果を与えることができるものです。

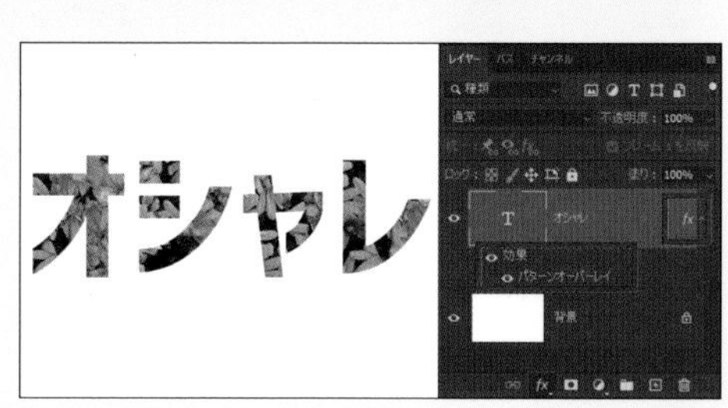

fxが目印

レイヤースタイルの使い方

●レイヤーをクリックして「fx」をクリック

●レイヤースタイルを選ぶ

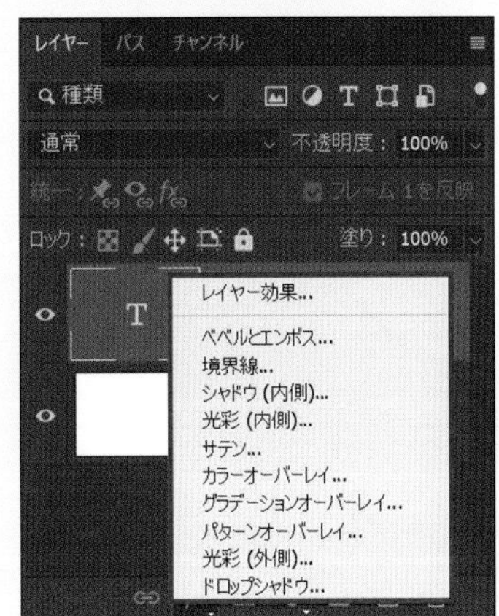

●またはレイヤーの右側をダブルクリック

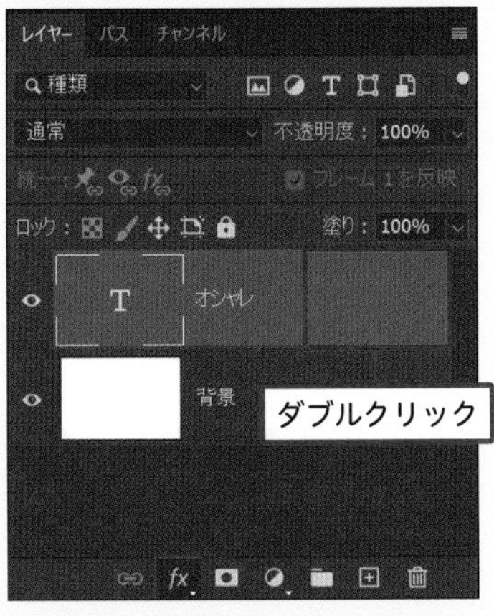

CAUTION

必ずレイヤーの右側の空いているところでダブルクリック。名前の上でダブルクリックすると名前変更になってしまうので注意。

●レイヤースタイルを選んで「OK」をクリック

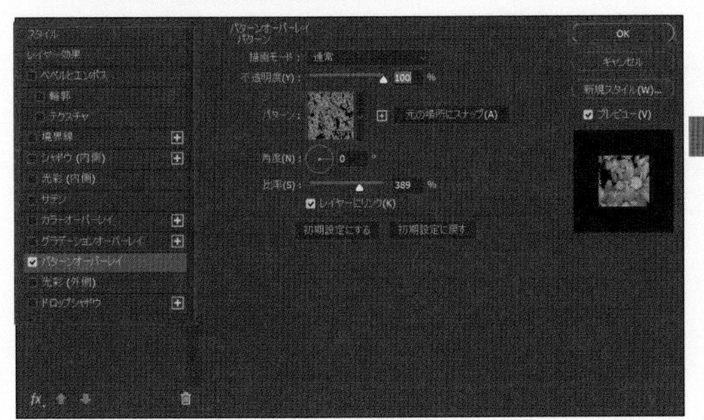

●文字にレイヤースタイルがかかる

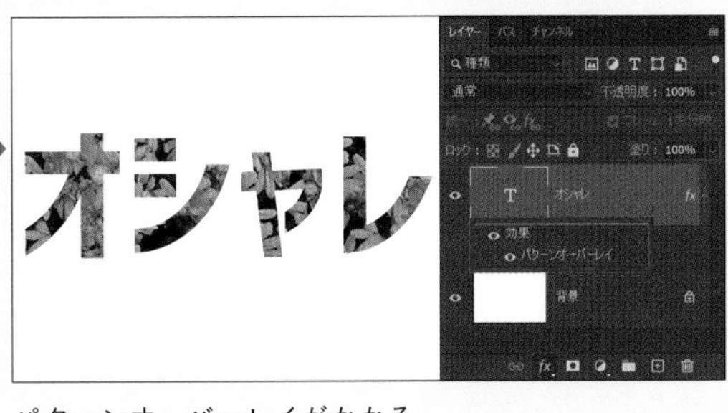

パターンオーバーレイがかかる

また、レイヤースタイルの効果は、複数組み合わせて付けることもできます。

●加えたいレイヤースタイルをクリック

クリック

右側が変わった！

●チェックマークが入っている効果が加わる

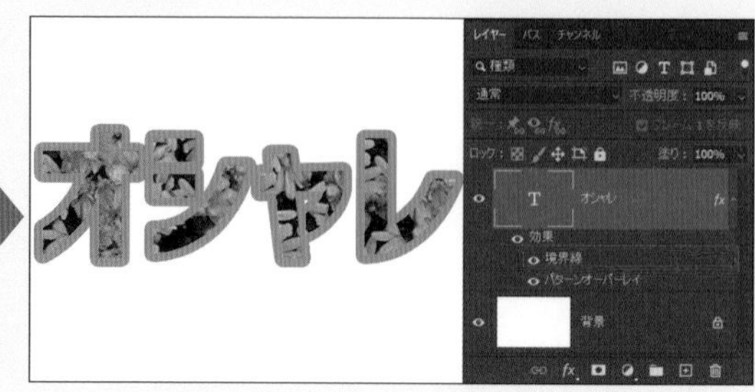

境界線もかかる

CAUTION

左側のチェックマークのボックスをクリックすると、チェックマークだけ付いて、右側は変わらないので注意！　効果名の真ん中をクリックすると、うまく切り替えられる！

レイヤースタイルをかければ、お店の看板とかで見る、縁が付いた文字とか作れるんだね！

そうそう！　レイヤースタイルの組み合わせ次第でいろんな文字が作れるよ！　じゃあ、次はどういうものにレイヤースタイルの効果を加えられるのか、あとはレイヤースタイル1つ1つの特徴も見てみよう！

MEMO

レイヤースタイルの全10種類が表示されない場合は、「fx」をクリックして「すべての効果を表示」をクリックすると表示される。
※「初期設定のリストに戻す」は付け加えた効果がすべてリセット

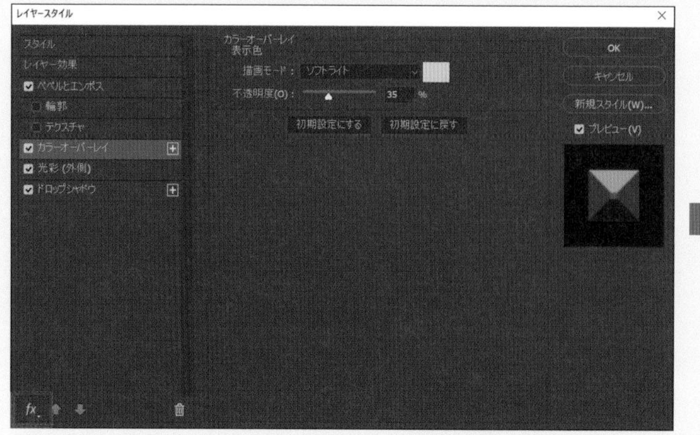

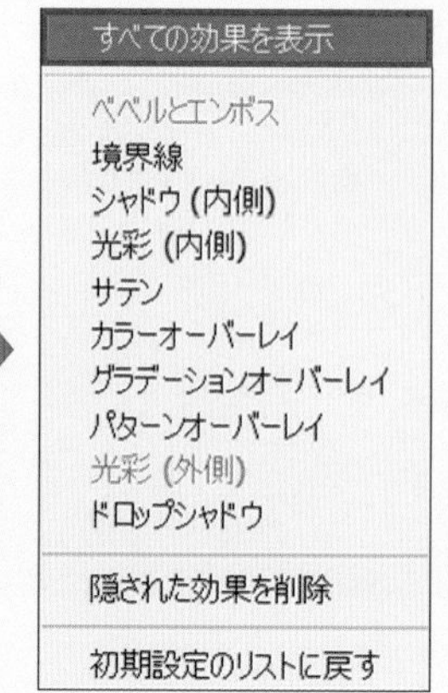

レイヤースタイルがかけられるもの

レイヤーの中に何か存在していれば、レイヤースタイルをかけることができます。

写真

切り抜き写真

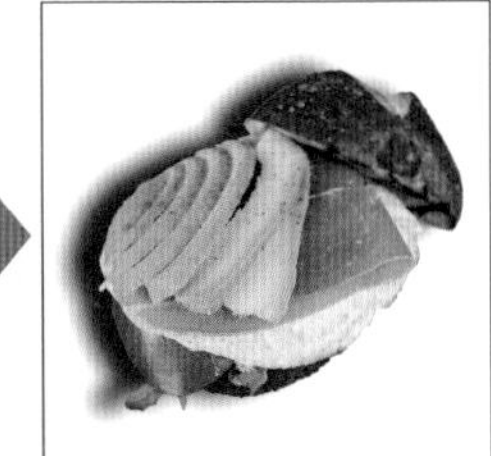

文字

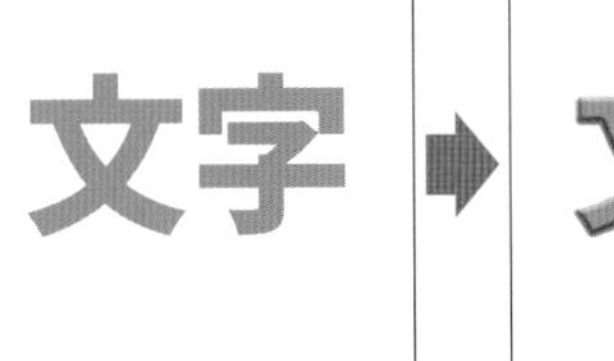

シェイプ

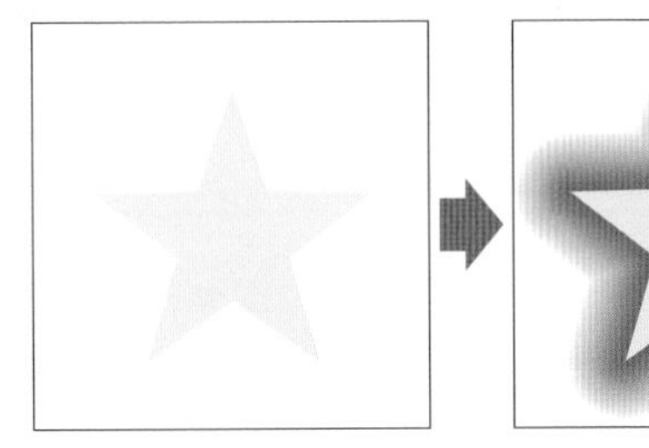

イラスト

塗りつぶしレイヤー

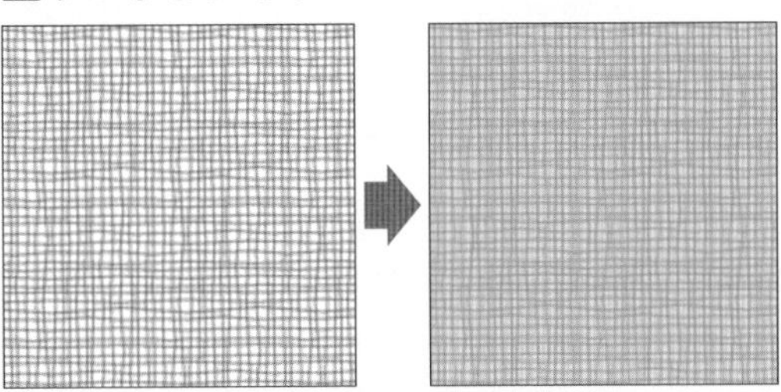

グループ

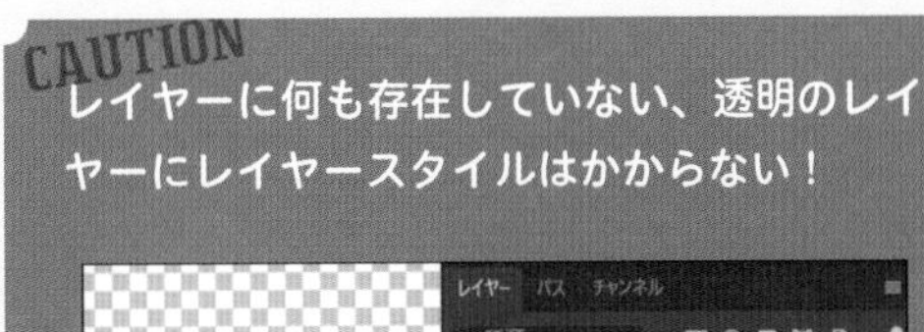

CAUTION

レイヤーに何も存在していない、透明のレイヤーにレイヤースタイルはかからない！

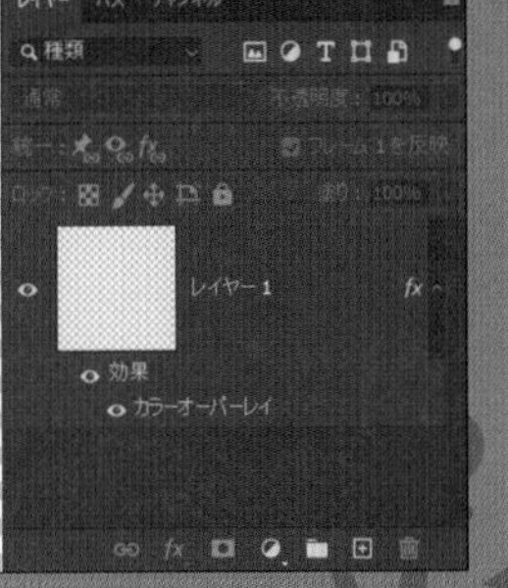

効果が反映されない！

レイヤースタイルの種類

レイヤースタイルは全部で10種類あります。

『レイヤー効果』はレイヤースタイルの1つではないけど入れとくね！

通常

レイヤースタイルなし

レイヤー効果

レイヤー自体のブレンド加減を変える

ベベルとエンボス

立体的にする

境界線

縁取りを付ける

シャドウ（内側）

内側に角度を付けて影を付ける

光彩（内側）

内側にキラキラ輝きを付ける

サテン

ツヤツヤ・光沢・立体感を出す

カラーオーバーレイ

色を付ける

グラデーションオーバーレイ

グラデーションを付ける

パターンオーバーレイ

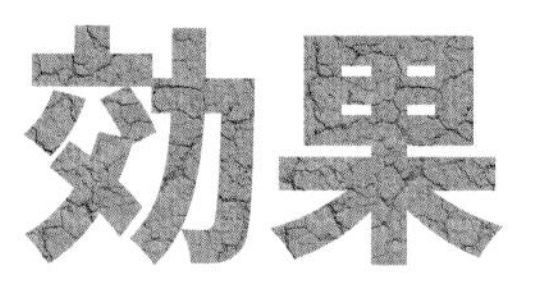

パターンを付ける

光彩（外側）

周りをキラキラ輝かす
※光彩（内側）の逆

ドロップシャドウ

周りに角度を付けて影を付ける
※シャドウ（内側）の逆

レイヤースタイルの効果を増やす

プラスマークが付いているレイヤースタイルは、同じ効果を複数付けることができます。

プラスマークをクリック

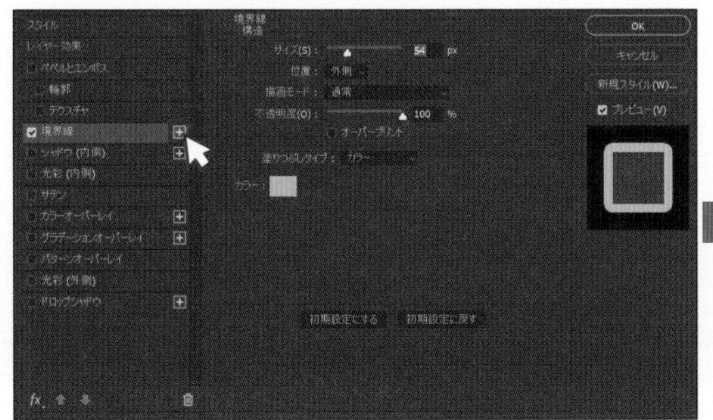

下に増えた境界線の色やサイズを変える

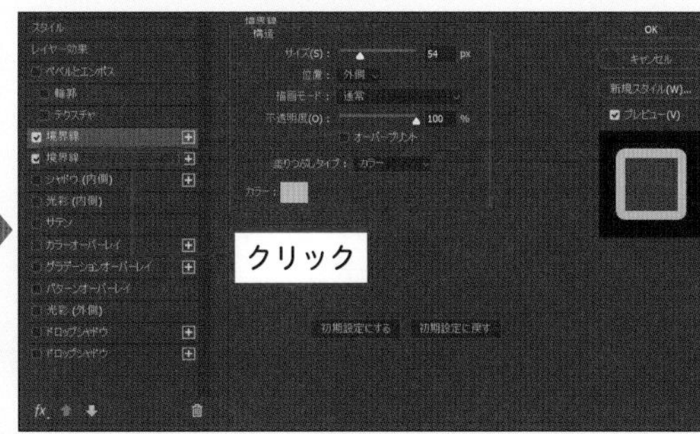

増やしただけだと効果が同じなので見た目はわからない

2つ境界線の効果が反映される

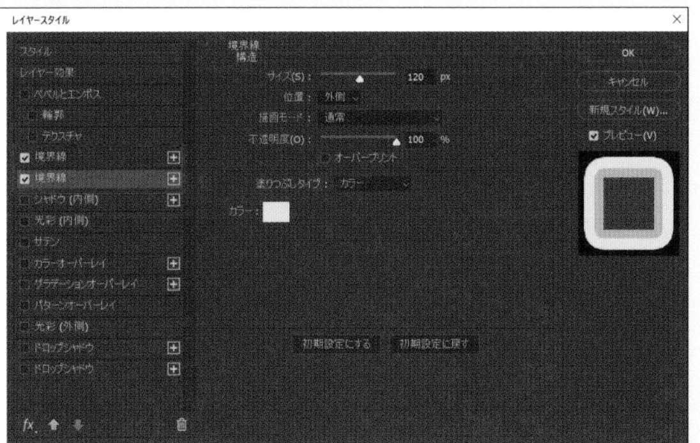

同じレイヤー効果が複数あるときは、その中で順番を変えられる。
レイヤースタイル画面の左下の矢印マークで順番を入れ替えられ、上にあるものが優先して見える！

レイヤースタイルの組み合わせ次第でいろんな表現ができるから、アイディアは無限大だよ！

でもさ……これ1回いいものが作れたとして、次やるときもまた一から作り直さなきゃいけないの……？

レイヤースタイルを組み合わせたものを『スタイル』と言って、実は自分で作ったスタイルを保存できるし、Photoshopに元からあるものもあるよ！

レイヤースタイルのスタイルの使い方

「スタイル」は、レイヤースタイルの組み合わせを１クリックで反映させることができます（元から入っているスタイルが少ない場合はP.291）。

スタイルをクリック

出てきたスタイルをクリックすると反映される

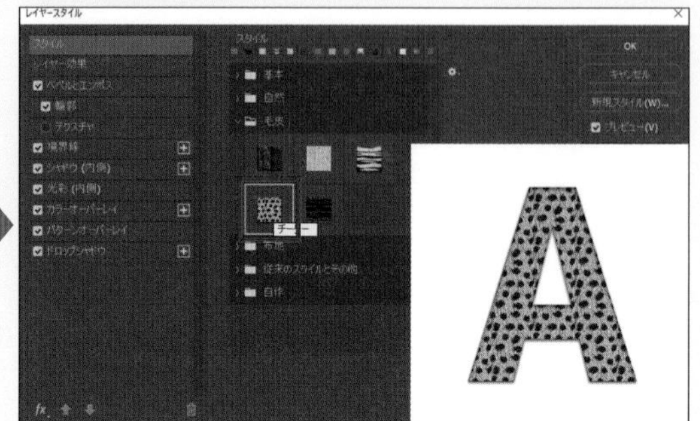

スタイルを反映させたあとにも、アレンジを加えることはできます。

fxから「すべての効果を表示」をクリック

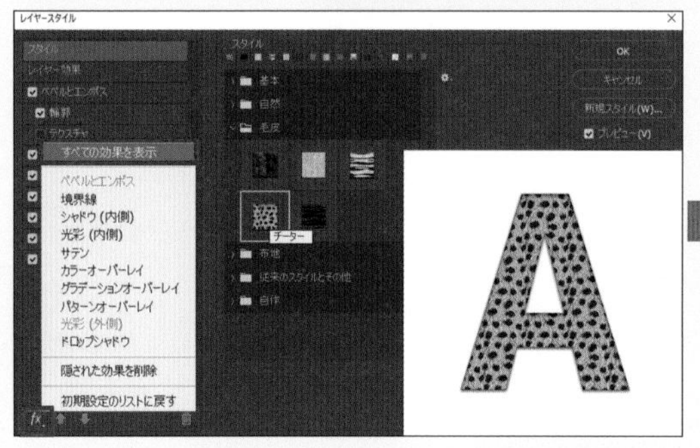

1つのスタイルを選ぶと、そのスタイルが使っているレイヤースタイルしか表示されない

他の効果を加えられる

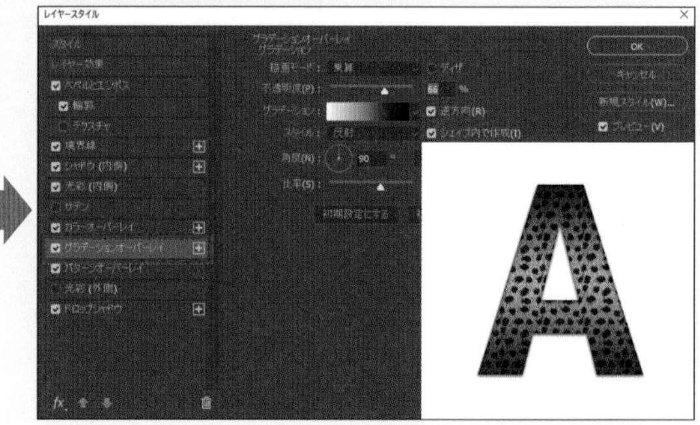

表示されていなかったレイヤースタイルも表示される

自分で作ったスタイルの登録方法

「新規スタイル」をクリック

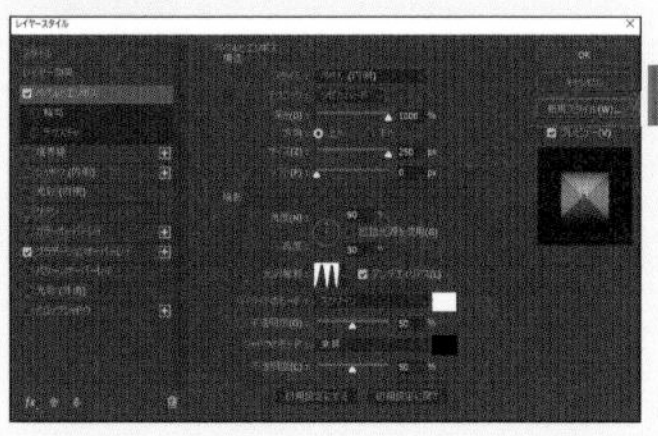

名前を入れて、「OK」をクリック

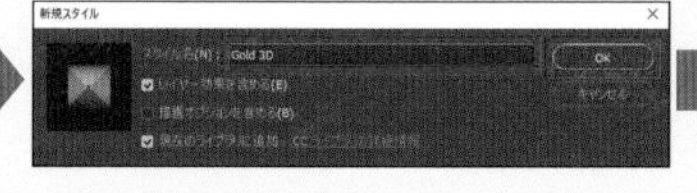

一番下に自分のスタイルが入る

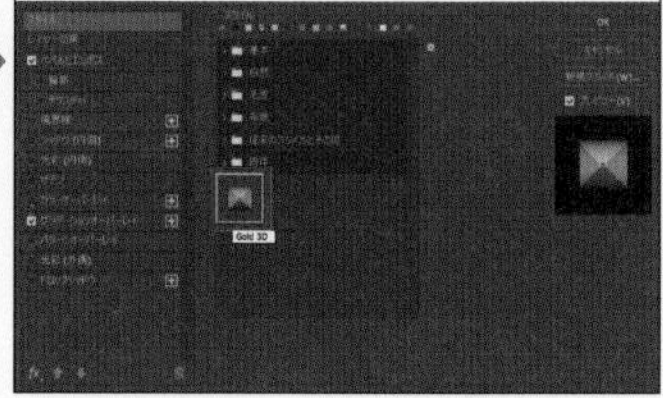

レイヤースタイルのレイヤーパネルでの操作

●目のマークがあると表示

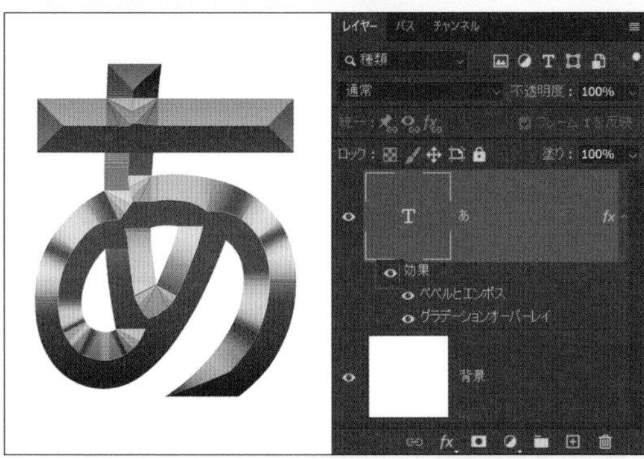

●クリックして目のマークを消すと非表示

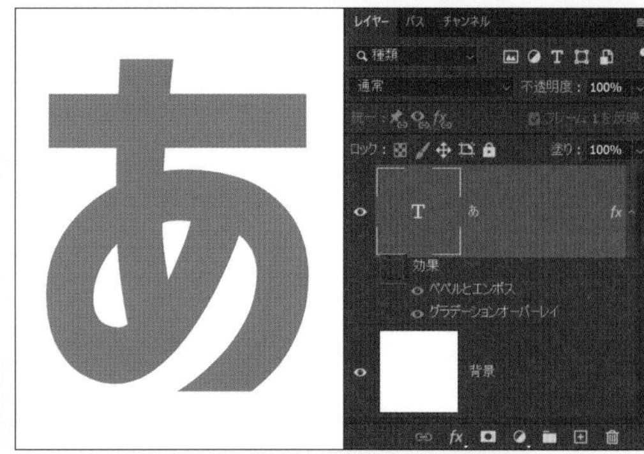

●レイヤースタイルの効果すべてを削除

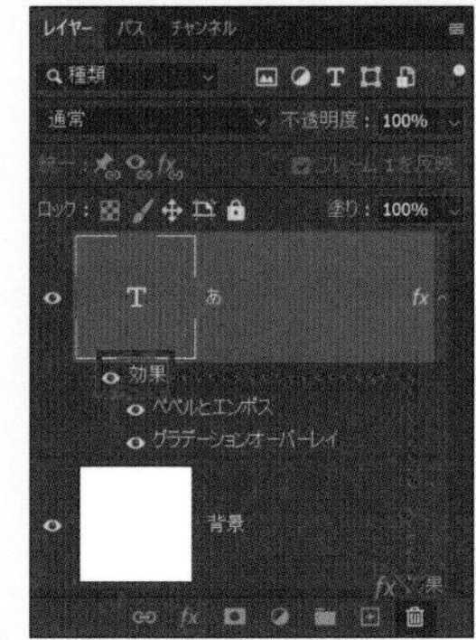

「効果」をクリック＆ドラッグしてゴミ箱にドロップ

●レイヤースタイル1つだけを削除

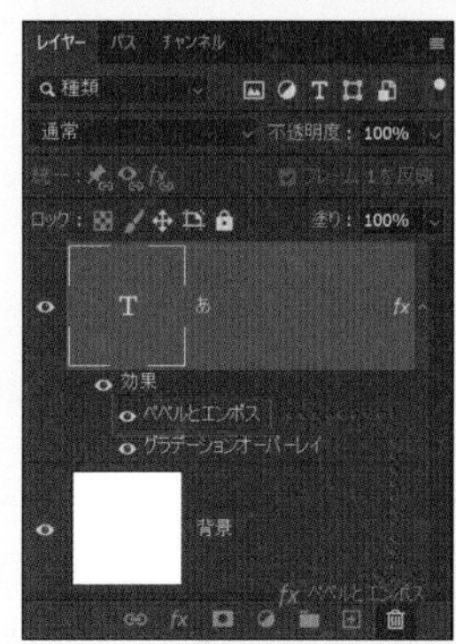

1つだけをクリック＆ドラッグしてゴミ箱にドロップ

●他のレイヤーにコピー＆ペースト

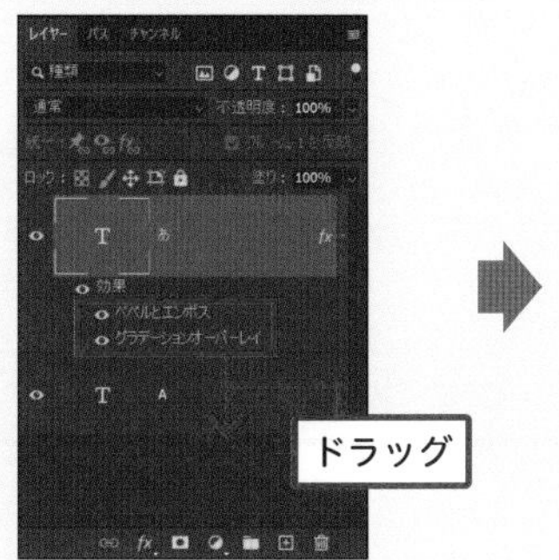

Alt（option）を押しながら効果をドラッグ

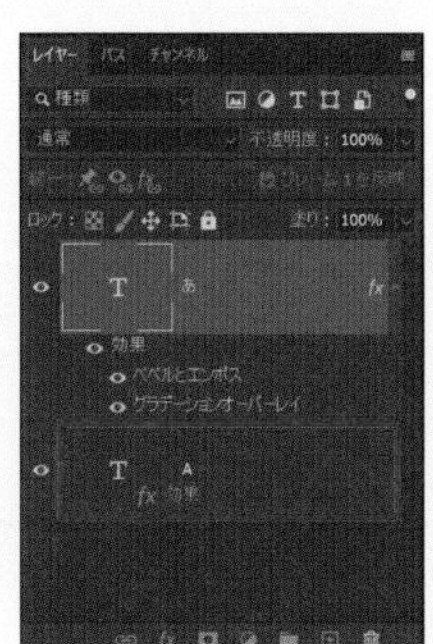

ペーストしたいレイヤーの上で離す

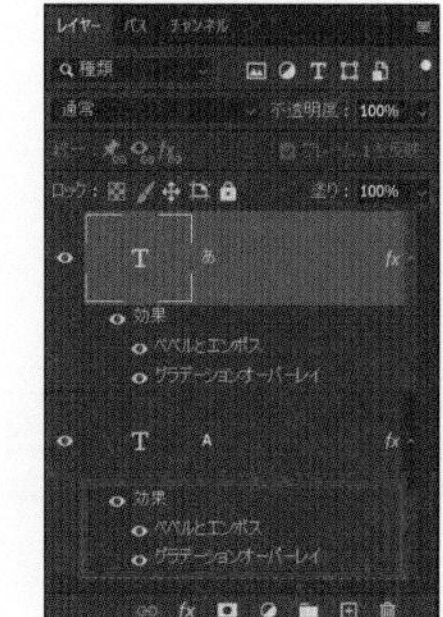

レイヤースタイルがコピーされる

1つの効果だけコピペしたいときは、その効果だけ同じように Alt（option）＋ドラッグでできるよ！

レイヤースタイルの効果を単品のレイヤーにする方法

レイヤーにかけたレイヤースタイルを切り離して、単品のレイヤーにすることもできます。例えば、ドロップシャドウを単品レイヤーにします。

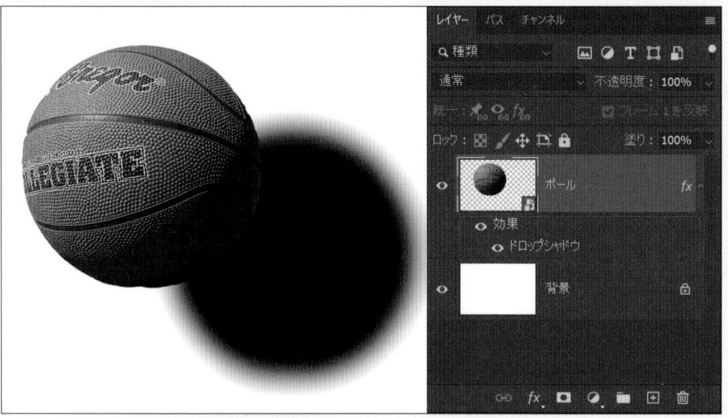

● レイヤーパネルの効果の上で右クリック

● 「レイヤーを作成」をクリック

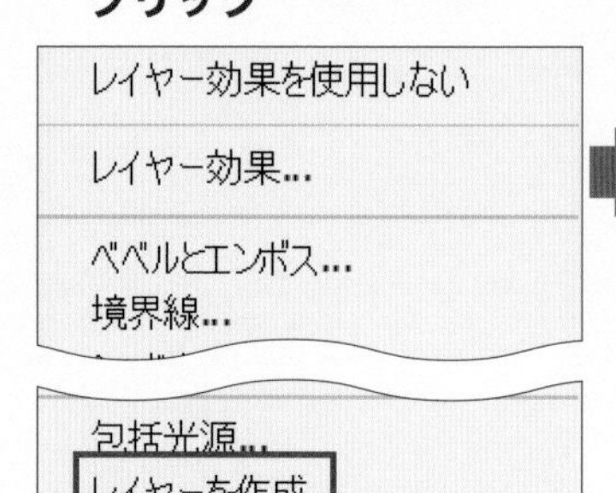

● 「OK」をクリック

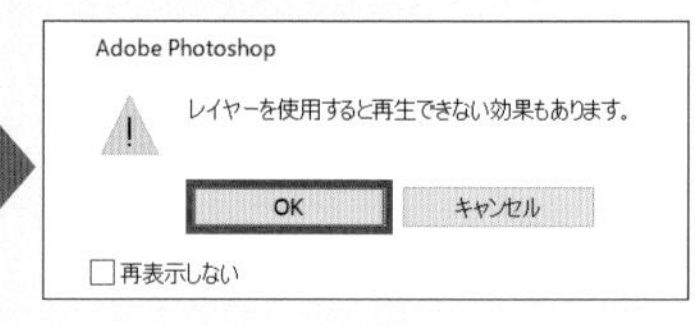

● 単品のレイヤーができる

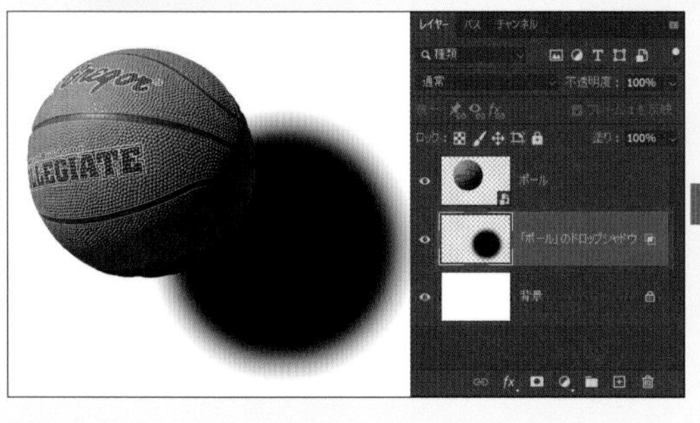

● 単独で変形したりできるようになる

別のレイヤーにすることによって、ドロップシャドウのレイヤーだけをゆがませたり、レイヤーマスクをかけたりすることもできて、表現の幅が広がるよ！

レイヤー効果のブレンド条件

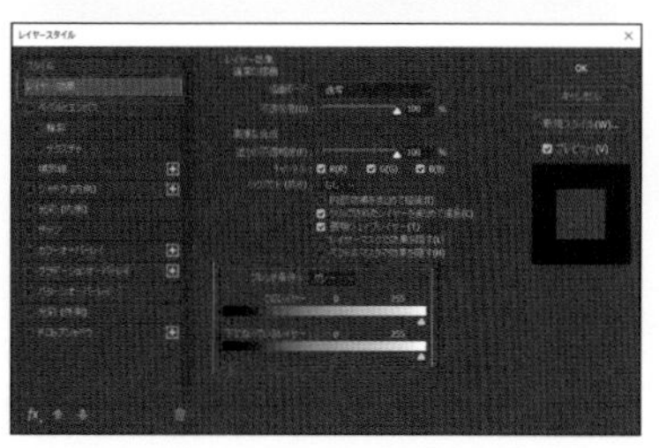

ブレンド条件はレイヤー効果の中にあり、
画像の明るさによって差し引くことができます。
合成で複数のレイヤーをなじませるときに使います。

「このレイヤー」を使う場合

「このレイヤー」では選んだレイヤーの明るさによって差し引けます。

●暗いスライダーを右に動かすと暗いところが消える

●明るいスライダーを左に動かすと明るいところが消える

「下になっているレイヤー」を使う場合

2枚レイヤーがあり、下の画像の明るさによって上のレイヤーを差し引けます。

●明るいスライダーを左に動かすと、下のレイヤーの明るいところから上のレイヤーが消える

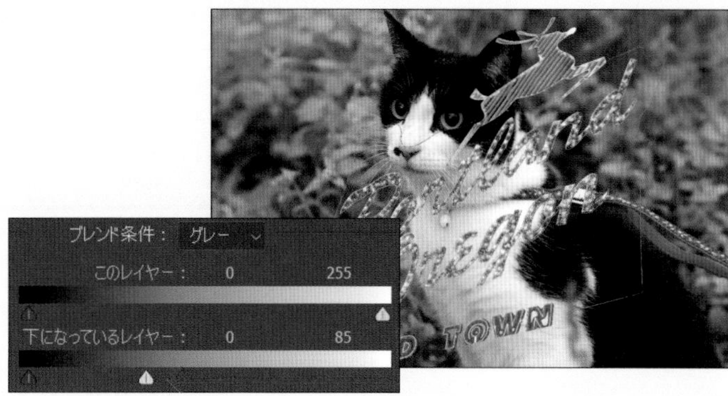

ネオンの明るいところの上にあるくろこ（猫）が差し引かれたから、下のネオンが見える。くろこの明るさは関係しない

境界線がふわふわした雲を切り抜きたいときに、ブレンド条件を使って青い空を差し引いて切り抜いたりできそう！

描画モード

いよいよ27種類もあるレイヤーの大物『描画モード』の時間がやってきました！

大物とか脅してきて、そんなクイズ番組みたいなテンション……ついていけるだろうか……？

大丈夫！　ここは全部覚える必要はなくて、グループ分けがなんとなくわかれば上出来だよ！

そう言われると気が楽だね！　で、『描画モード』って何なの？

描画モードは、2枚以上のレイヤーを混ぜるとかブレンドするものって感じ！　それによって、色合いが変わったり、コントラストがはっきりしたり、合成やアート作りに使えるよ！

へ～！　なんか大物感がヒシヒシと伝わってくる～！　細かく教えて～！

オッケー！　じゃあ、そもそも描画モードとは何かを見ていこう！

描画モードとは？

「描画モード」は、複数のレイヤーのブレンド加減を変えてくれるものです。

２枚以上のレイヤーがある状態で描画モードを使うと、結果の見え方が変わります（通常とディザ合成を除く）。

「通常」と書かれたところが描画モード

クリックするとすべての描画モードが表示

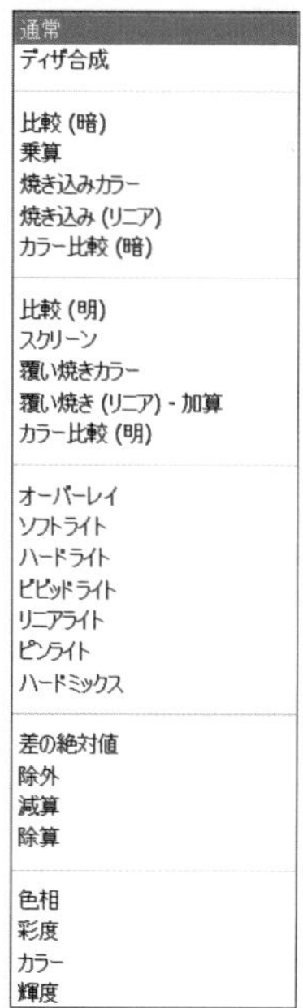

MEMO

描画モードを変えていないと「通常」になっていて、この場合は何もブレンドされず、レイヤーはそのままの状態で見える！

描画モードを変えると見え方が変わります（詳しくはP.103から）。

通常

乗算

スクリーン

ハードミックス

描画モードの使い方

通常とディザ合成以外の描画モードを使う場合は2枚以上の画像を用意します。
レイヤーが1枚の場合は、描画モードを変えても何も変わりません。

●上のレイヤーをクリックして「通常」をクリック

●描画モードを選択

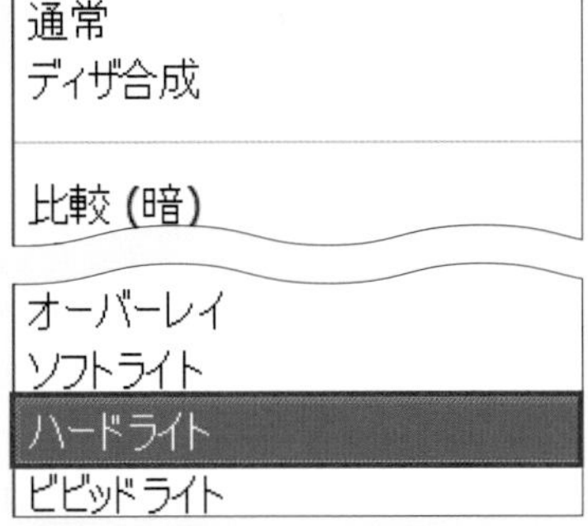

●2枚のレイヤーがブレンドされる

POINT

写真以外にも文字・イラスト・シェイプ、塗りつぶし／調整レイヤーなどにも使える。

MEMO

描画モードを言葉で計算式にすると、基本色＋合成色＝結果色と表される。

- 基本色とは下のレイヤー
- 合成色とは上の描画モードを変えたレイヤー
- 結果色とはキャンバスで見える結果

描画モードで気を付けること

①上のレイヤーに描画モードをかける

描画モードは上から下のレイヤーに向かってブレンドされます。
よって、2枚以上のレイヤーに描画モードを使う場合は、上のレイヤーにかける必要があります。

●上のレイヤーの描画モードを変えると変更される

●下のレイヤーの描画モードを変えても変更されない

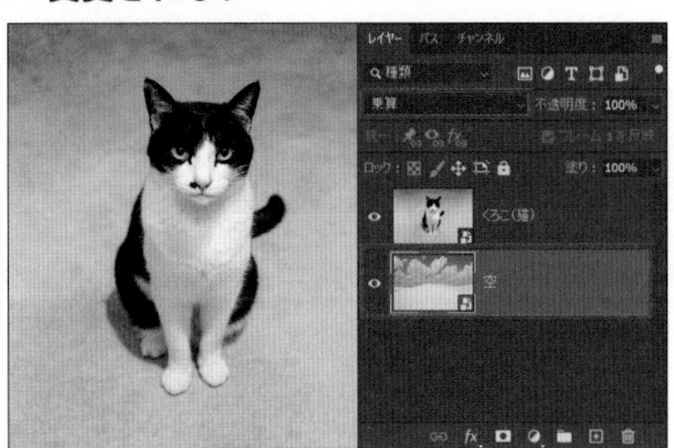

POINT

描画モードをかけるときは、上のレイヤーの描画モードを変える必要あり！

②複数枚のレイヤーがある場合はかかり方に違いあり

複数枚レイヤーがある場合、描画モードを変えたレイヤーと重なっているところのみ反映します。逆に、写真がないところは、何もブレンドするものがないので反映しません。

通常かディザ合成があったら行き止まり、透明部分は通過

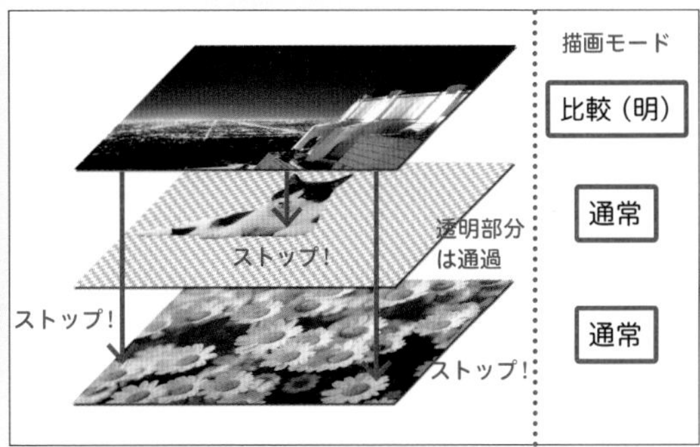

くろこがいるところは展望台とくろこが混ざり、くろこがいないところは展望台とお花が混ざる

描画モードの種類（グループ分け）

描画モード、なんとなくわかってきたよ！　でもさ、実際27種類すべての描画モードって使うの？　覚えるの大変だよ……。

全体をざっくりグループ分けで理解して、その中でもよく使うものを覚えておけばバッチリだよ！　本当は計算式がそれぞれあるけど、とりあえず今は描画モードの近道しましょ！

ふう～、よかった！　いざ、描画モードの近道へ～！

描画モードは、6つのグループに分けることができます。

❶1枚のレイヤーでも成り立つグループ
❷ブレンドして暗くなるグループ
❸ブレンドして明るくなるグループ
❹コントラストが強くなるグループ
❺差に関するグループ
❻色の３属性に関するグループ

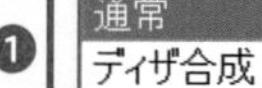

❶	通常 ディザ合成
❷	比較（暗） 乗算 焼き込みカラー 焼き込み（リニア） カラー比較（暗）
❸	比較（明） スクリーン 覆い焼きカラー 覆い焼き（リニア）- 加算 カラー比較（明）
❹	オーバーレイ ソフトライト ハードライト ビビッドライト リニアライト ピンライト ハードミックス
❺	差の絶対値 除外 減算 除算
❻	色相 彩度 カラー 輝度

２枚の画像で描画モードを変えてそれぞれ見てみます。

●下のレイヤー

●上のレイヤー

白は真っ白（#ffffff）
グレーは50%グレー（#808080）
黒は真っ黒（#000000）

よく使われる描画モードは★マークで単独で解説動画もあるよ！

①1枚のレイヤーでも成り立つグループ

通常とディザ合成は、1枚のレイヤーでも成り立つグループです。

通常

画像そのものの状態

ディザ合成

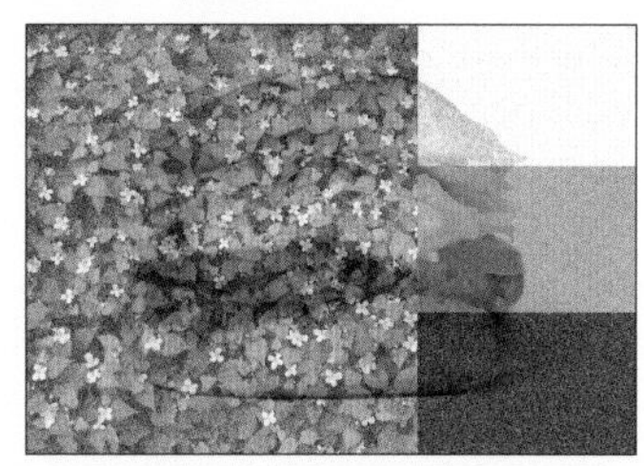

不透明度または塗りを下げるとざらざらとした感じに変化

②ブレンドして暗くなるグループ

この5つはブレンドして暗くなるグループです。

暗くなり方はそれぞれ違いますが、このグループの描画モードはどれを選んでも、ブレンドした結果暗くなり、画像の白は透過、黒は黒のまま表示されます。

比較（暗）

上と下のレイヤーそれぞれの色のRGBの小さい値を組み合わせた色が表示される

乗算★

上と下のレイヤーそれぞれのRGB同士を掛けて255で割った色が表示される

焼き込みカラー

下のレイヤーを暗くして上下のコントラストを強くしてブレンド

焼き込み（リニア）

下のレイヤーを暗くしてブレンド、全体的に暗くなる

カラー比較（暗）

それぞれのレイヤーを比べて暗い色が表示される

③ブレンドして明るくなるグループ

暗いグループと真逆の、ブレンドして明るくなるグループです。

ブレンドして暗くなるグループが５つあったように、明るくなるグループも５つあります。

明るくなり方はそれぞれ違いますが、このグループのどの描画モードを選んでもブレンドした結果明るくなり、画像の黒は透過、白は白のままになります。

比較（明）

上のレイヤー、下のレイヤーそれぞれの色のRGBの大きい値を組み合わせた色が表示される

スクリーン★

乗算の真逆。黒は透過、白は白のままそれ以外は明るくなる

覆い焼きカラー

下のレイヤーを明るくして上下のコントラストを弱くしてブレンド

覆い焼き（リニア）—加算

下のレイヤーを明るくしてブレンド、全体的に明るくなる

カラー比較（明）

それぞれのレイヤーを比べて明るい色が表示される

それぞれの詳しい説明意味わかんないよ～。

そこは気になる人だけ読んでくれればいいよ！

わ～い！　読み飛ばそう（笑）

読み飛ばすんかい！　それでもいいけど、このあとの使用例を見てみたり、実際に自分で手を動かして違いを見てね！

④コントラストが強くなるグループ

この７個の描画モードは、暗くなるグループと明るくなるグループの掛け合わせでコントラストが強くなるグループです。

明るいところをより明るく、そして暗いところをより暗くしてくれるので、画像をくっきりさせる効果があります。ハードミックス以外すべて50%グレーは透過します。

オーバーレイ★

下のレイヤーが50%グレーより明るいとスクリーン、暗いと乗算

POINT

50%グレーは白と黒のちょうど真ん中の灰色。他のグレーは透過しない。

ソフトライト

上のレイヤーが50%グレーより明るいと覆い焼きで明るく、暗いと焼き込みで暗くなる

ハードライト

上のレイヤーが50%グレーより明るいとスクリーンで明るく、暗いと乗算で暗くなる

ビビッドライト

上のレイヤーが50%グレーより明るいとコントラストを弱くして明るく、暗いとコントラストを強くして暗くなる

リニアライト

上のレイヤーが50%グレーより明るいとより明るく、暗いとより暗くなる

ピンライト

上のレイヤーが50%グレーより明るいと上より暗い下の色は置換、暗いと上より明るい下の色は置換される

ハードミックス

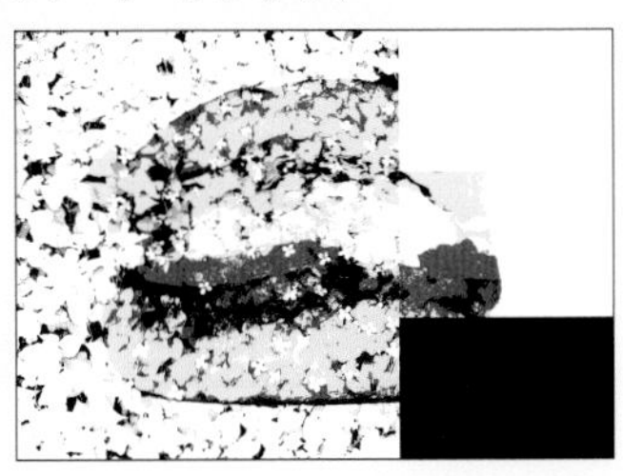

それぞれのRGBを足して、合計値が255以上は255、255未満は0の色を表示し、すべてが原色（白、黒、赤、緑、青、シアン、マゼンタ、黄色）になる

MEMO

コントラストとは、対比・差のこと。
コントラストが強い（高い）：明暗の差がはっきりし、くっきりした画像になる
コントラストが弱い（低い）：メリハリがなく、ぼんやりした画像になる

⑤差に関するグループ

RGBの値を上のレイヤーと下のレイヤーで引いたり、割ったり、計算してブレンドするグループです。

"差"という特性を活かして道具として使います。

差の絶対値★

大きい値から小さい値を引いた色が表示。
同じ色の場合、黒になる

除外

差の絶対値のコントラストを低くした色が表示される

減算

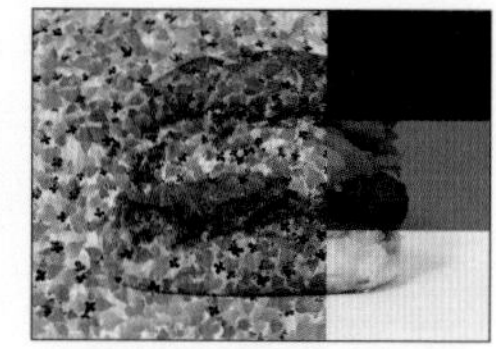

下のレイヤーから上のレイヤーを引いた色が表示される。
マイナスの値は0になる

除算

下のレイヤーを上のレイヤーで割って255をかけた色が表示される。
255以上は255になる

このグループは差の絶対値以外はほとんど使わないかな～。
差の絶対値はレイヤーをぴったり重ね合わせるときに使えるよ！

⑥色の３属性に関するグループ

すべての色は色相・彩度・輝度（明度）の３つの要素から成り立っています。

３つの要素を別々に分けて考えて、ブレンドに使ったのがこのグループです。

色相

上のレイヤーの色相、下のレイヤーの輝度と彩度を合わせた色が表示される

彩度

上のレイヤーの彩度、下のレイヤーの輝度と色相を合わせた色が表示される

カラー

上のレイヤーの色相と彩度、下のレイヤーの輝度を合わせた色が表示される

輝度

上のレイヤーの輝度、下のレイヤーの色相と彩度を合わせた色が表示される

ふ～、これで終わり？！　と言いつつ結構飛ばしちゃった！　てへっ。

まあいいさ！　ここからは使用例を見ていくから参考にしてね！

描画モードの使用例

左＝下のレイヤー、真ん中＝上のレイヤー（描画モード変更）、右＝キャンバスの結果

乗算

レンガ模様に人を合成。白は透過し黒はそのまま残り、それ以外は暗くなるので壁画のようになる

スクリーン

背景が暗い花火の写真を合成。黒は透過するので花火だけが残る

オーバーレイ

同じ写真2枚を合成。明るいところはより明るく、暗いところはより暗くなり、コントラストが強くくっきりする

差の絶対値

少し違う間違い探しの2枚を合成。違うところだけ色が変わるので間違いがわかる

うわ〜、カンニング〜！　でも答えがわからないときに使えるね！（笑）

私たちそれぞれのPhotoshop勉強法（たじ編）

「写真はありのままが一番、だから最低限の編集でLightroomが使えればいいや」

そんな気持ちでいたのですが、写真撮影ミスでどうしてもPhotoshopでの加工が必要となってしまいました。そのときは、必死でネット検索し何とかしのぐことができましたが、「Photoshopも使えるようになっておいた方がいいかもしれない」と考え直し勉強を決意しました。

細かいところが気になる性格なため、Adobeの公式チュートリアルやインターネットで検索して出てきた様々なサイト、そして本でとにかく基礎的な知識を詰め込みました。

けれど、そのあと自分で何か写真加工をしたいと思っても、そのたびに検索しないとできません。

今、思うと最初の肝心なところ、「Photoshopで何ができるのか、そして何をしたいのか」体系的に理解できていなかったのだと思います。知識がただ宙に浮いている状態でした。

その頃、えりながPhotoshopの勉強を本格化させていたので、「もう自分はPhotoshopはいいや」と、またしても投げ出してしまいました（笑）。

しかし、YouTubeを始め動画編集担当となったことで革命的な変化が訪れます。なんと、動画編集をしているうちにPhotoshopが身に付いたのです！　えりなが撮ったPhotoshopチュートリアル動画をどうしたらよりわかりやすくなるか考えて編集していたら、気が付けばPhotoshop苦手感がなくなり、自分の思ったものを自分で作れるようになっていました。

なので、私にとって何よりも一番の勉強法は私たちMappy PhotoのYouTubeということになります！（笑）

ちょこっと復習クイズ

Q1 レイヤーマスクを使ってくろこを消したい！ 何色で塗ればいい？

Q2 画質を劣化させることなくサイズを変えるには？

A. スマートオブジェクトに変換する

B. レイヤースタイルをかける

C. 描画モードをかける

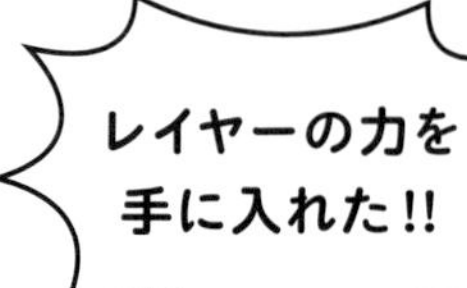

答え 1.黒　2.A

Step 3

３つの力を手に入れよう
～２つ目の力『ツール』～

Start
Goal
Practice
Basic
Designer
Photographer
Layer
Filter
Tool

２つ目の力はツールだよ！

ツール

フォーク、スプーン、お箸、手づかみ……何を使って食べる？

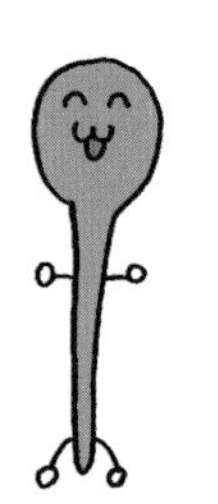
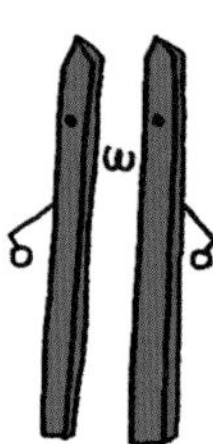

Photoshopの『ツール』ってよく聞くけど、どういうものなの？

ツールはレイヤーに対して直接手を加えたり、このあと見るフィルターを使う準備ができるものだよ！

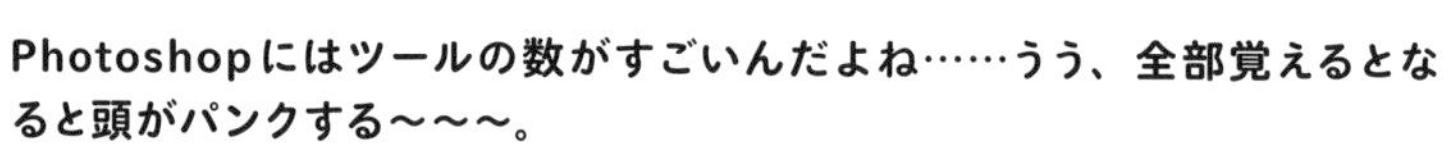

Photoshopにはツールの数がすごいんだよね……うう、全部覚えるとなると頭がパンクする〜〜〜。

大丈夫！　全種類使うわけでもないから、使うものだけ頭に入れておけばバッチリ！

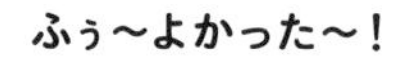

ふぅ〜よかった〜！

じゃあ、ツールについてよく使うものを中心に見ていこうか！

はーい！

ツールとは？

「ツール」とは、レイヤーに対して直接手を加えたり、フィルターの準備として使えるものです。ツールをクリックしてから、上のオプションバーで選んだツールの設定を変えることができます。

ツールバーに表示されているツール以外にも、Photoshopにはたくさんツールがあります。

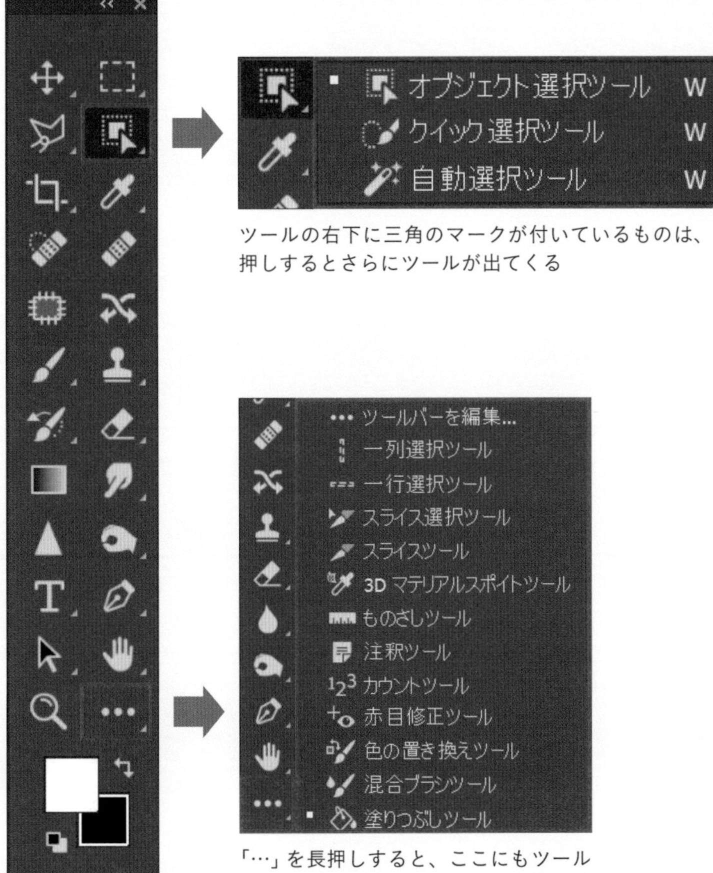

ツールの右下に三角のマークが付いているものは、長押しするとさらにツールが出てくる

「…」を長押しすると、ここにもツールバーには並んでいないツールが出てくる

ツールの使い方

●手を加えたいレイヤーをクリック

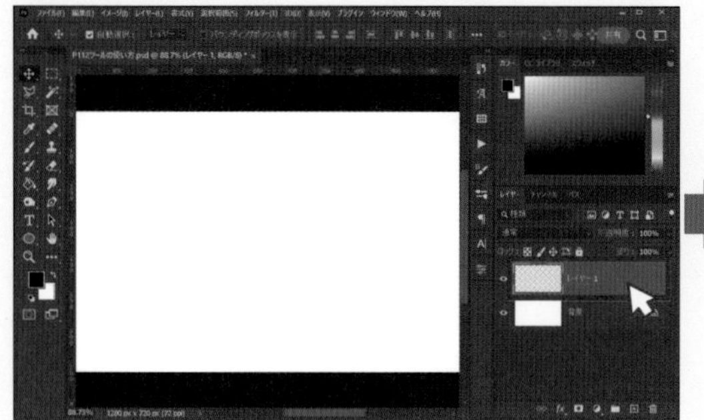

●使いたいツールをクリック

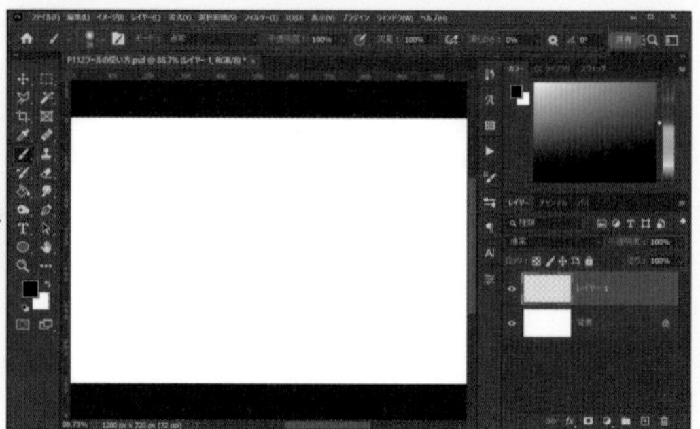

オプションバーもブラシツール仕様になる

●オプションバーでブラシの設定を変えて、ブラシツールを使う

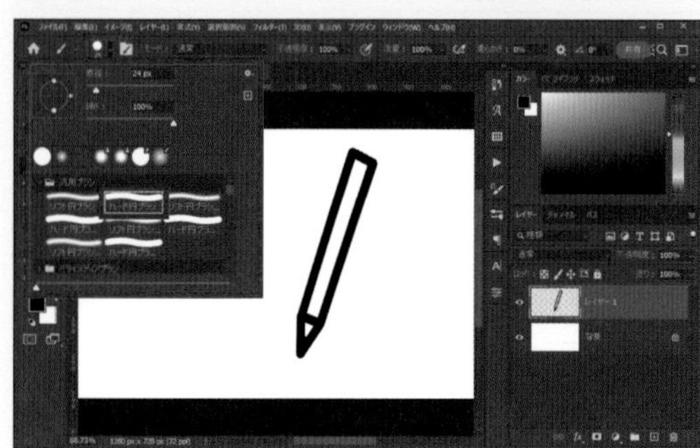

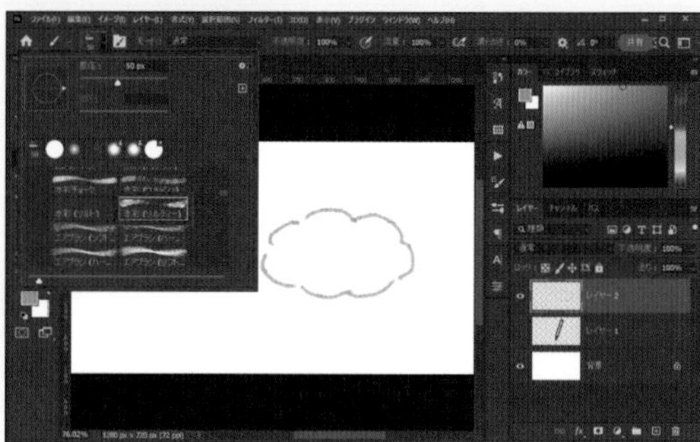

オプションバーで設定を変えると、同じツールでもできることの幅が広がるよ！

POINT

画像に直接手を加えるツールは、スマートオブジェクトのレイヤーに使えないので、新規レイヤーを加えて使う！（P.79）

例）ブラシツール、塗りつぶしツール、コピースタンプツール、修復ブラシツールなど

ツールバーをカスタマイズする方法

ツールの並び順は自由に変えることができ、よく使うツールを前面に置くこともできます。

●ツールバーにある「…」を長押しして、「ツールバーを編集」をクリック

ツールバーカスタマイズの画面が開き、カスタマイズできる

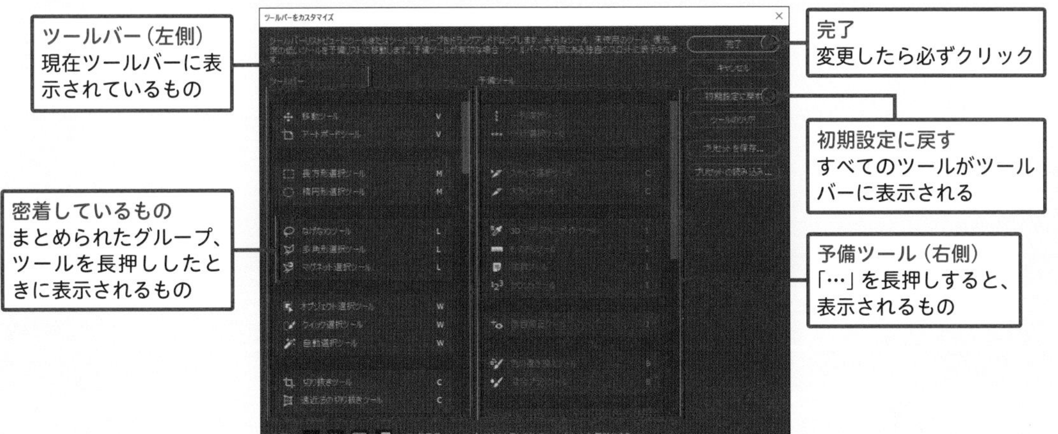

ツールバーに表示させる

右側からツールバーに表示したいツールをドラッグして左側で離す

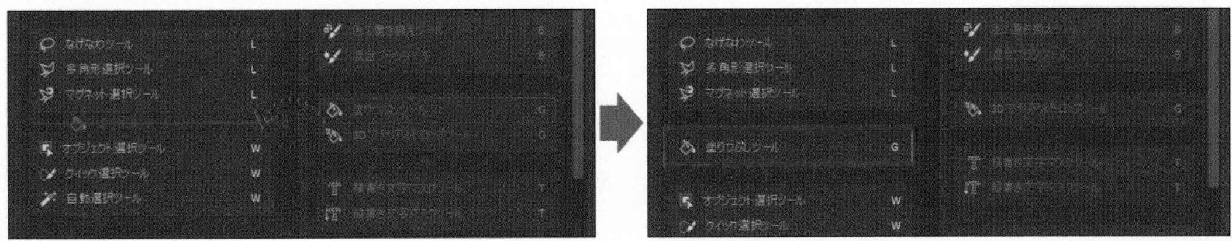

同じグループに入れる

ドラッグして離すときにグループにしたいものの上で離す

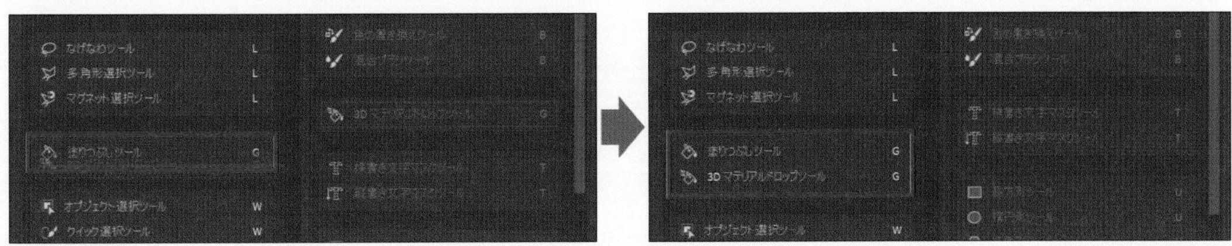

ここから先は、ツールのカスタマイズ画面の初期設定でやっていくよ！
設定によってツールが表示される場所が違うから気を付けてね！

■ツール一覧

グループ	アイコン	ツール名	ショートカット	特徴	ページ
移動系		移動	V	レイヤー、ガイド、グループ、選択範囲を移動	P.116
		アートボード	V	アートボードを追加	-
選択系(フリーハンド型)		なげなわ	L	フリーハンドで選択	P.122
		多角形選択	L	多角形で選択	P.122
		マグネット選択	L	マグネットのようにくっついて選択	P.122
切り抜き系		切り抜き	C	キャンバスをトリミング	P.117
		遠近法の切り抜き	C	傾き調整してトリミング	-
		スライス	C	Web用に画像を小さく分割	-
		スライス選択	C	スライスした画像を選択	-
測定系		スポイト	I	画像内の色を抽出	-
		3Dマテリアルスポイト	I	選択した物質を3Dオブジェクトから読み込み	-
		カラーサンプラー	I	画像内の色の値を表示	-
		ものさし	I	画像内の距離や角度を測定	-
		注釈	I	画像内に注釈を作成	-
		カウント	I	画像内にあるオブジェクトをカウント	-
ブラシ系		ブラシ	B	ブラシで描画	P.136
		鉛筆	B	鉛筆で描いたようなはっきりした線を描画	-
		色の置き換え	B	選択した色を別の色に置き換え	-
		混合ブラシ	B	色を混ぜるなど、絵画技法で描画	-
ヒストリー系		ヒストリーブラシ	Y	ヒストリーにある画像履歴のコピーで描画	-
		アートヒストリーブラシ	Y	ヒストリーにある画像履歴のコピーで絵画技法で描画	-
塗りつぶし系		塗りつぶし	G	クリックしたところと似た色を塗りつぶす	P.142
		グラデーション	G	グラデーションで塗りつぶす	P.139
		3Dマテリアルドロップ	G	3Dの物質を色で塗りつぶす	-
色調補正系		覆い焼き	O	なぞったところを明るくする	P.152
		焼き込み	O	なぞったところを暗くする	P.152
		スポンジ	O	なぞったところの彩度変更	-
文字系		横書き文字	T	横書きのテキストを作成・編集	P.144
		縦書き文字	T	縦書きのテキストを作成・編集	P.144
		横書き文字マスク	T	横書き文字の形をした選択範囲を作成	P.147
		縦書き文字マスク	T	縦書き文字の形をした選択範囲を作成	P.147
シェイプ系		長方形	U	長方形のシェイプ、パスを作成	P.119
		楕円形	U	楕円形のシェイプ、パスを作成	P.119
		三角形	U	三角形のシェイプ、パスを作成	P.119
		多角形	U	多角形のシェイプ、パスを作成	P.119
		ライン	U	直線のシェイプ、パスを作成	P.119
		カスタムシェイプ	U	様々な形のシェイプ、パスを作成	P.119

1列、2列の切り替え

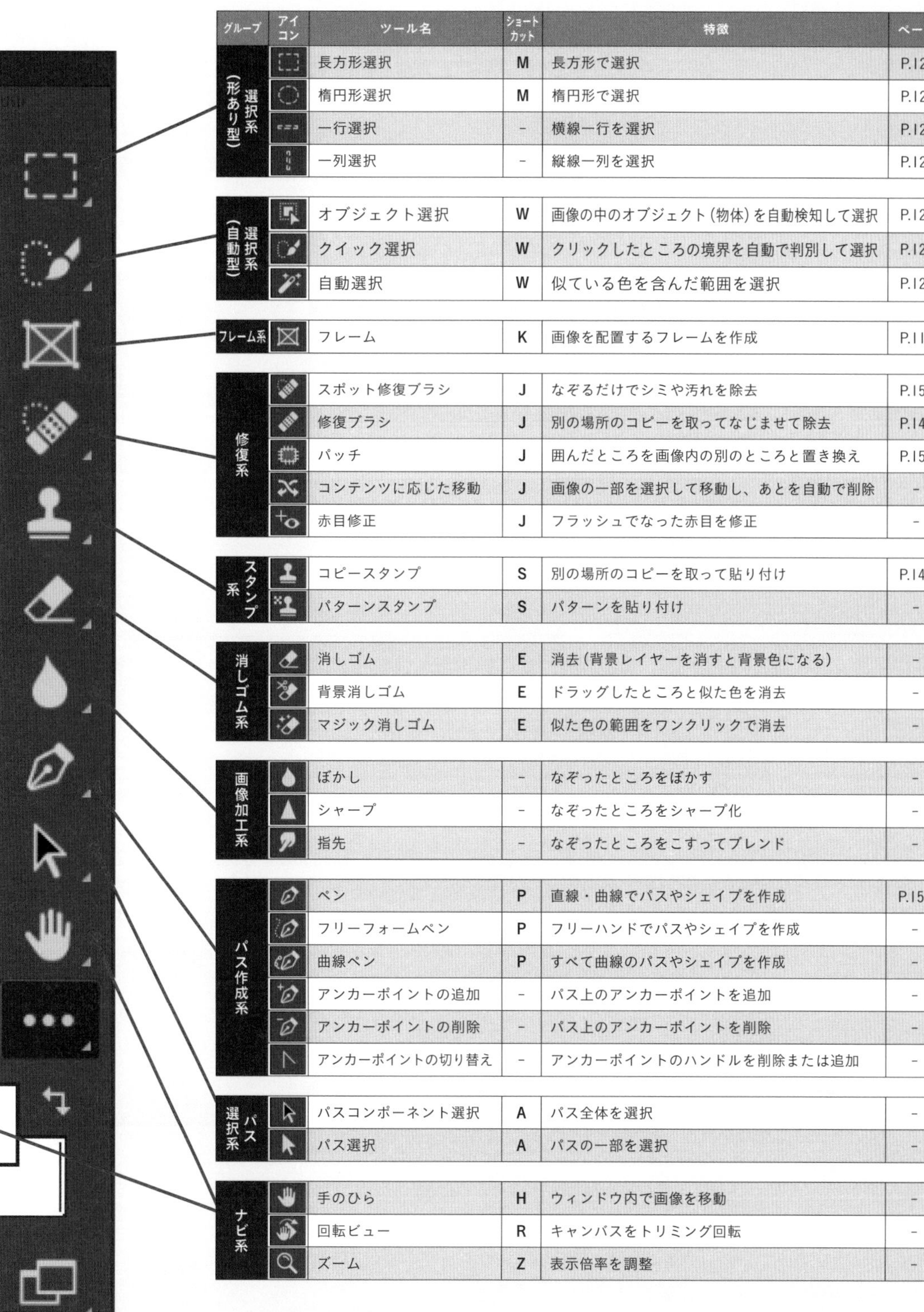

グループ	アイコン	ツール名	ショートカット	特徴	ページ
選択系（形あり型）		長方形選択	M	長方形で選択	P.121
		楕円形選択	M	楕円形で選択	P.121
		一行選択	-	横線一行を選択	P.121
		一列選択	-	縦線一列を選択	P.121
選択系（自動型）		オブジェクト選択	W	画像の中のオブジェクト（物体）を自動検知して選択	P.124
		クイック選択	W	クリックしたところの境界を自動で判別して選択	P.123
		自動選択	W	似ている色を含んだ範囲を選択	P.126
フレーム系		フレーム	K	画像を配置するフレームを作成	P.118
修復系		スポット修復ブラシ	J	なぞるだけでシミや汚れを除去	P.150
		修復ブラシ	J	別の場所のコピーを取ってなじませて除去	P.149
		パッチ	J	囲んだところを画像内の別のところと置き換え	P.151
		コンテンツに応じた移動	J	画像の一部を選択して移動し、あとを自動で削除	-
		赤目修正	J	フラッシュでなった赤目を修正	-
スタンプ系		コピースタンプ	S	別の場所のコピーを取って貼り付け	P.148
		パターンスタンプ	S	パターンを貼り付け	-
消しゴム系		消しゴム	E	消去（背景レイヤーを消すと背景色になる）	-
		背景消しゴム	E	ドラッグしたところと似た色を消去	-
		マジック消しゴム	E	似た色の範囲をワンクリックで消去	-
画像加工系		ぼかし	-	なぞったところをぼかす	-
		シャープ	-	なぞったところをシャープ化	-
		指先	-	なぞったところをこすってブレンド	-
パス作成系		ペン	P	直線・曲線でパスやシェイプを作成	P.154
		フリーフォームペン	P	フリーハンドでパスやシェイプを作成	-
		曲線ペン	P	すべて曲線のパスやシェイプを作成	-
		アンカーポイントの追加	-	パス上のアンカーポイントを追加	-
		アンカーポイントの削除	-	パス上のアンカーポイントを削除	-
		アンカーポイントの切り替え	-	アンカーポイントのハンドルを削除または追加	-
パス選択系		パスコンポーネント選択	A	パス全体を選択	-
		パス選択	A	パスの一部を選択	-
ナビ系		手のひら	H	ウィンドウ内で画像を移動	-
		回転ビュー	R	キャンバスをトリミング回転	-
		ズーム	Z	表示倍率を調整	-

SHORTCUTS

同グループのツールの切り替え

Shift ＋各ツールのショートカット

移動ツール

移動ツールは、画像上のものを移動するときや揃えたいときに使います。

基本の使い方

●写真上の動かしたいものをクリック

●ドラッグすると移動できる

MEMO

ショートカットのCtrl（⌘）+Tもレイヤーを移動させたいときによく使う！　ショートカットの場合は、レイヤーパネルでレイヤーをクリックしてからやる必要あり。

オプションバーの設定

❶ 自動選択：レイヤー　❷ バウンディングボックスを表示　❸ …

❶ レイヤーかグループをキャンバス上でドラッグで移動
❷ 写真の周りに出てくる四角の枠を表示（四隅をドラッグで大きさ変更可能）
❸ 位置を揃えたり、同じ間隔で配置（複数のレイヤーを選択したときクリックできるようになる）
※「…」を押すと整列・分布の種類がたくさん出てくる

POINT

❶にチェックが入っていれば、キャンバス上で写真を簡単に動かせるから、常に入れておくと便利！

切り抜きツール

使う頻度 ★★★★★
カメラマン デザイナー

切り抜きツールは、写真のいらないところを切り取るトリミングに使います。
1つのレイヤーのサイズではなく、キャンバス全体のサイズが変わります。

基本の使い方

●大きさを変える場合

カーソルを端に持っていき直線の矢印が出てきたらクリックしてドラッグして Enter で確定

●角度を変える場合

カーソルを端に持っていき、丸い矢印が出てきたらクリックしてドラッグして Enter で確定

オプションバーの設定

❶ ❷ ❸ ❹ ❺
比率 1 ⇄ 1 消去 角度補正 切り抜いたピクセルを削除 コンテンツに応じる

❶ キャンバスのサイズを比率や解像度を指定してトリミング
❷ 描いた直線に合わせて角度が変わる（1辺の始点をクリックし、そのままドラッグして終点で離すと自動で角度調整される）
❸ トリミング時に役立つ、分割グリッドの種類を変更
❹ トリミングする際、写真のはみ出た部分を完全に削除
❺ 画像より大きくトリミングした際に、透明になった部分をPhotoshopが自動で補正

POINT
❹で削除するとあとから戻すことはできないので、ここは常にチェックマークを外す！

●⑤のチェックを入れてトリミングした場合

3 2つ目の力『ツール』

フレームツール

使う頻度 ★★★☆☆
カメラマン デザイナー

フレームツールでは、四角または丸の形に写真をはめ込むことができます。
アルバムなどのレイアウトを作るときに便利です。

基本の使い方

●クリックしてドラッグして形を作る

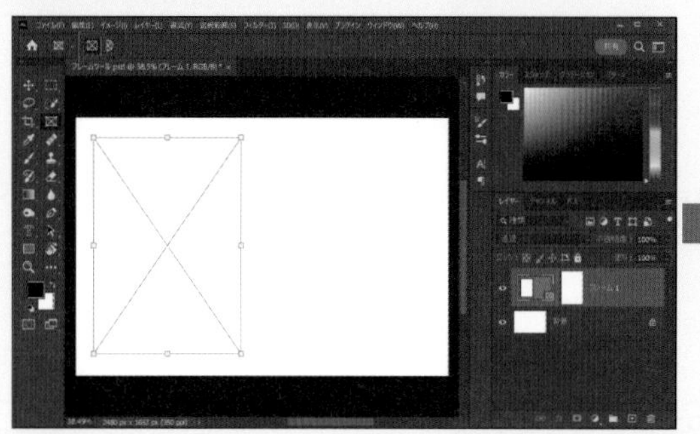

●はめたい写真をドラッグ＆ドロップ

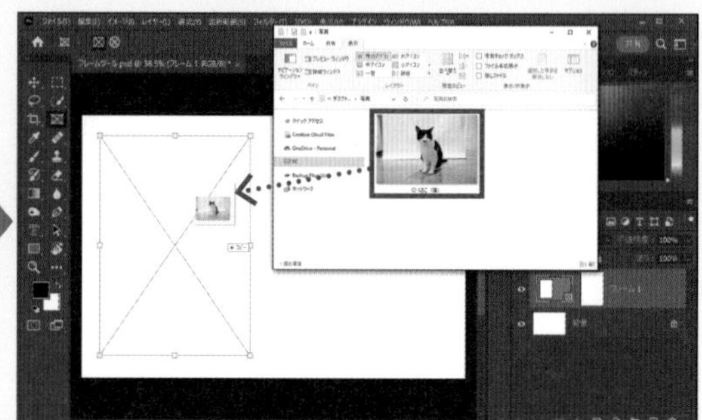

●フレームに写真がはまる

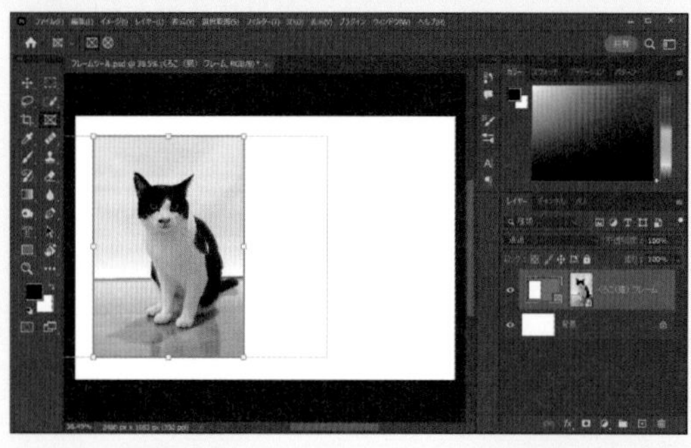

POINT
クリックしてからショートカットを使うと、
それぞれの大きさを変えられる。

●フレームの大きさを変える場合

フレームのサムネイルをクリック

●写真の大きさを変える場合

写真のサムネイルをクリック

●フレーム＆写真両方の大きさを変える場合

空いているところをクリック

オプションバーの設定

四角か丸のフレームを選ぶ

SHORTCUTS
自由変形

Win Ctrl + T
Mac ⌘ + T

シェイプ系ツール

使う頻度 ★★★☆☆
カメラマン デザイナー

シェイプ系ツールは、種類がいくつかあるので、作りたい形に合わせて選びます。

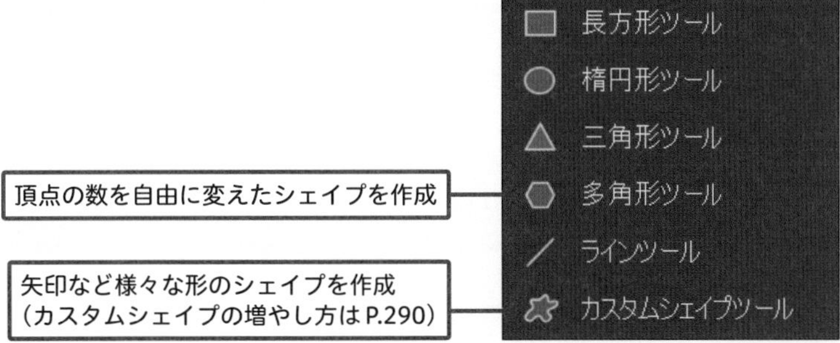

基本の使い方

●クリックしてドラッグ

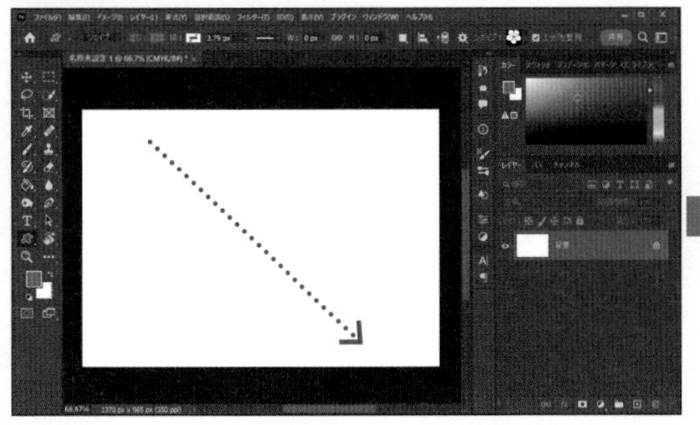

●シェイプができる

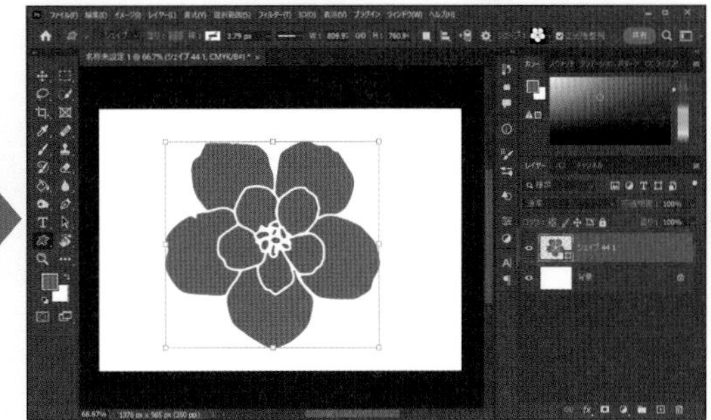

シェイプレイヤーも自動でできる

オプションバーの設定

すべてのシェイプツールの設定はほとんど同じです。

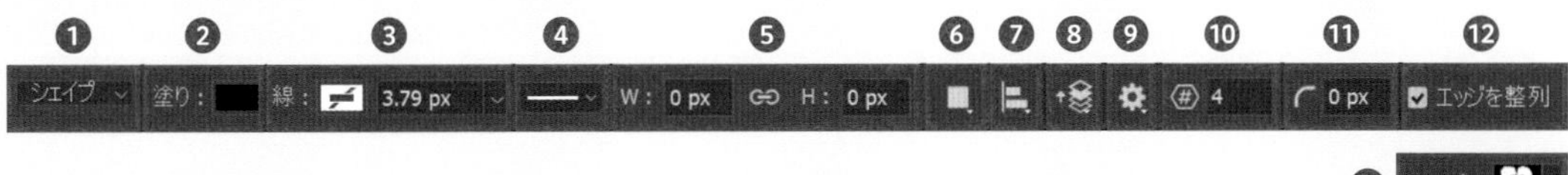

❶ シェイプやパスが選べる
❷ シェイプの中の色を変更
❸ シェイプの周りの線の色を変更
❹ 線の種類を変更
❺ シェイプの幅と高さを変更
❻ シェイプを加えたり、差し引いた形を作る
❼ シェイプを整列
❽ シェイプを前面や背面に移動できる
❾ パスの設定変更
❿ ※多角形ツールのみ（頂点の数を決める）
⓫ 角に丸みを付ける
⓬ シェイプの周りの線をくっきりさせる
⓭ ※カスタムシェイプツールのみ（登録された形から選ぶ）

選択系ツール

使う頻度 ★★★★★
カメラマン デザイナー

『選択系ツール』って名前のツールは実際ないんだけど、〇〇選択ツールはたくさんあるから、まとめて見ていくよ！

そんなにあるの！？　でも、そもそも選択ツールってなんで使うの？

どの選択ツールも画像の一部を点線で囲んで、その範囲の中の色も塗れるし、切り抜きもできるし、移動もできるし……って感じで一部だけに効果を反映させることができるんだよ！

へ〜、なんか選択ツールって偉大だね〜。でもさ、どの選択ツールをいつ使えばいいかわかんないよ〜！

じゃあ、選択ツールで囲んでからできることは追々見ていくとして、まずそれぞれの選択ツールの特徴を見ていこう！

Photoshopには**〇〇選択ツール**というツールが10種類あります。どれも囲みたいところを選択するという役割は同じです。囲みたいものの形によって、どの選択ツールにするか選びます。

●形あり型の選択ツール

長方形選択ツール
楕円形選択ツール
一行選択ツール
一列選択ツール

形を指定して選択する

●フリーハンド型の選択ツール

なげなわツール
多角形選択ツール
マグネット選択ツール

自由に手動で描くように選択する

●自動型選択ツール

オブジェクト選択ツール
クイック選択ツール
自動選択ツール

クリックしたところからPhotoshopが自動で判別し選択する

形あり型の選択ツール

使う頻度 ★★★☆☆
カメラマン デザイナー

選択ツール	長方形	楕円形	一行	一列
使用頻度	★★☆	★★☆	★☆☆	★☆☆
どんなものか				
用途	四角で囲む	丸で囲む	横線一行で囲む	縦線一列で囲む

基本の使い方

● クリックしてドラッグして、選んだ形の選択ができる

● Shift を押しながらドラッグで、正方形や正円として選択できる

オプションバーの設定

この設定は、他のほとんどの選択ツールと共通だよ！ ❽は重要だからP.128で詳しくやるよ！

❶❷❸❹ ❺ ❻ ❼ ❽

ぼかし： 0 px　アンチエイリアス　スタイル： 標準　幅：　高さ：　選択とマスク...

❶ 新規（通常）の選択範囲を作成、既に選択範囲があるときは選択範囲自体を移動
❷ 追加の選択範囲を作成
❸ 既にある選択範囲から一部削除
❹ 既にある選択範囲と共通範囲のみを選択
❺ 選択した範囲のエッジをぼかす　※選択範囲を作る前に数値を入れる
❻ 選択範囲の端をギザギザのままか、滑らかにするか　※選択範囲を作る前にチェック
❼ 選択範囲の形の大きさや比率を固定できる

フリーハンド型の選択ツール

使う頻度 ★★★★☆
カメラマン デザイナー

選択ツール	なげなわ	多角形	マグネット
使用頻度	★★★	★★☆	★☆☆
どんなものか			
特徴	自由に囲む	直線で囲む	ドラッグしたところのエッジにマグネットのように張り付いて囲む
用途	ざっくり囲む	カクカクとしたものを囲む	ほとんど使わないため解説省略

なげなわツールの基本の使い方

● クリック＆ドラッグで線を引く

● ざっくり囲む

● 離すと囲んだ範囲が選択範囲になる

多角形選択ツールの基本の使い方

● クリックして点を打ってドラッグすると白い線が出てくる

● 次の点を打つと点が直線で結ばれるので始点まで戻る

始点に戻るとカーソルに丸が付く

● 始点をクリックして選択範囲になる

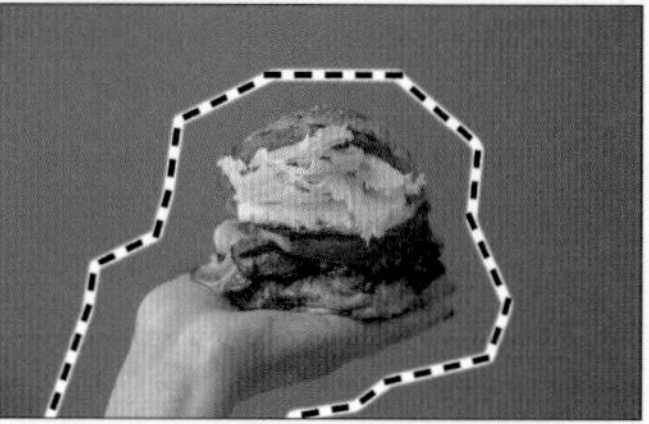

SHORTCUTS

選択範囲を加える

Shift を押しながら囲む

選択範囲を差し引く

Win Alt を押しながら囲む ／ Mac option を押しながら囲む

クイック選択ツール

使う頻度 ★★★★★
カメラマン デザイナー

選択ツール	クイック
使用頻度	★★★
どんなものか	
特徴	Photoshopが画像内の境界を認識して選択する
用途	写真の中の一部を囲む

基本の使い方

●囲みたいところをクリック＆ドラッグ

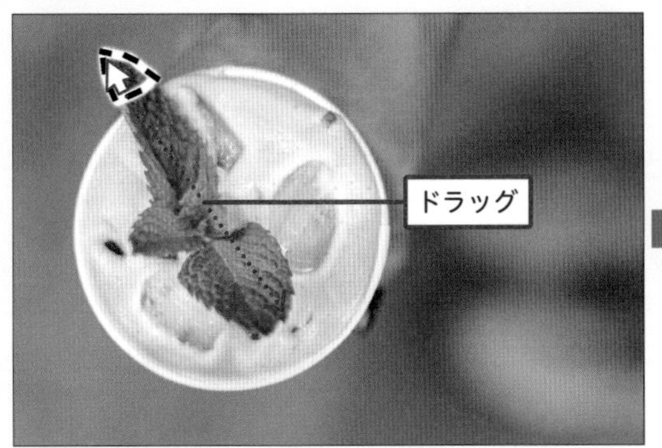

ミントの上をクリック＆ドラッグ

●自動で境界を認識して選択される

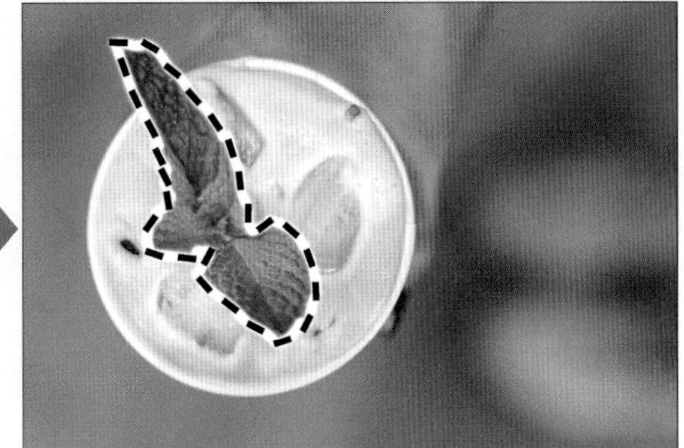

ミントだけ選択できる

被写体全体を囲みたいときは、次に見るオブジェクト選択ツールのほうがやりやすいけど、一部だけ選択するときにクイック選択ツールは便利だよ！

オプションバーの設定

❶ 新規　❷ 追加　❸ 一部削除
❹ ブラシのサイズ
❺ ブラシの角度
❻ 選択範囲を１枚のレイヤーの中から選ぶか、全部のレイヤーから選ぶか
❼ 選択した周りを自動で調整するかどうか

オブジェクト選択ツール

使う頻度 ★★★★★
カメラマン デザイナー

選択ツール	オブジェクト
使用頻度	★★★
どんなものか	
特徴	オブジェクトを検索して自動で選択する
用途	写真の中の一部の被写体や物体を囲む

基本の使い方

●選択したいものの周りをクリック＆ドラッグして囲む

長方形またはフリーハンドで選択できる

●囲んだ中からPhotoshopが物体を認識して選択される

オブジェクトファインダー利用時（チェックを入れる必要あり）

●選択したいものにカーソルを合わせると青色になる

●クリックするとそのオブジェクトを選択できる

CAUTION

写真によってはオブジェクトを認識できない場合もあり。そんなときは、オブジェクト選択ツールの長方形やなげなわで囲む従来のやり方でやる！

オプションバーの設定

左側のアイコン４つは形ありの選択ツールの設定と同じなので、P.121を見てね！

P.121 ❶ ❷ ❸ ❹ ❺ ❻ ❼

オブジェクトファインダー　モード：長方形ツール　全レイヤーを対象　ハードエッジ

❶ ワンクリックで写真の中のオブジェクトを選択できる
❷ オブジェクト検索中マーク。回転している間はワンクリックで選択できない
❸ 写真の中のオブジェクトとして認識されるものすべてを青色で表示
❹ オブジェクトファインダーの色や線の設定
❺ 囲む方法を長方形または、なげなわから選ぶ
　長方形ツール：ドラッグで長方形で囲む
　なげなわツール：フリーハンドで囲む
❻ 選択範囲を１枚のレイヤーの中から選ぶか、全部のレイヤーから選ぶか
❼ チェックあり：はっきりした境界で選択
　チェックなし：少しあまい境界で選択

●ハードエッジあり

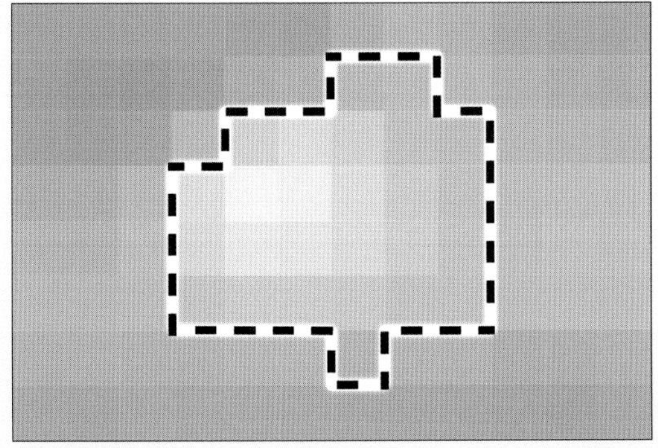

●ハードエッジなし

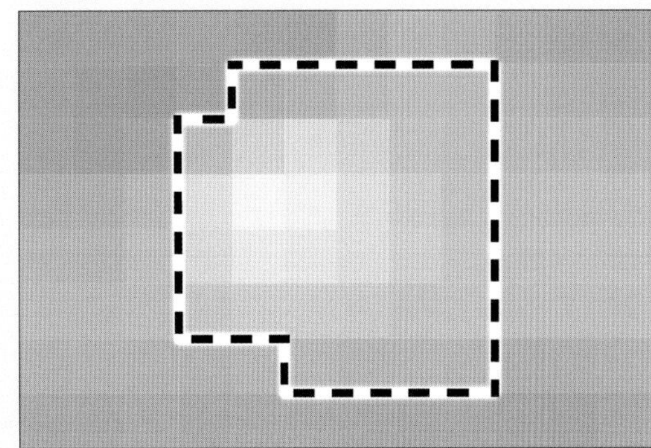

ハードエッジは拡大しないとわからないくらいだから、デフォルトのチェックありにしておいてOK！

自動選択ツール

使う頻度 ★★☆☆☆
カメラマン デザイナー

選択ツール	自動
使用頻度	★★☆
どんなものか	
特徴	クリックしたところの色に基づいて選択
用途	透明、同じ色の場所を囲む

基本の使い方

●選択したい色のところをクリック

空の青いところを選択したい

●クリックしたところと近い色が選択される

空の青いところだけ囲まれる

オプションバーの設定

P.121

❶ クリックしたところの周りの何ピクセル分まで色の平均を取るか
❷ クリックしたところの色からどのくらい近くの色まで選択するか
（数字が小さいとその色により近い色、大きいほど離れた色まで選択）
❸ 選択範囲の端をギザギザのままか、滑らかにするか　※選択範囲を作る前にチェック
❹ チェックなし：近い色なら隣り合っていなくても選択
チェックあり：クリックしたところと隣り合っている色の範囲のみ選択
❺ 選択範囲を１枚のレイヤーの中から選ぶか、全部のレイヤーから選ぶか

「被写体を選択」と「選択とマスク」

使う頻度 ★★★★★
カメラマン デザイナー

選択系ツールのオプションバーにあった『被写体を選択』と『選択とマスク』って何なの？

『被写体を選択』は被写体をパッと選択したいときに使えて、『選択とマスク』は髪の毛とか細かく選択したいときに使えるよ！　じゃあ、どっちも詳しく見ていこうか！

被写体を選択

クイック選択、オブジェクト選択、自動選択ツールのどれか１つを選びます。

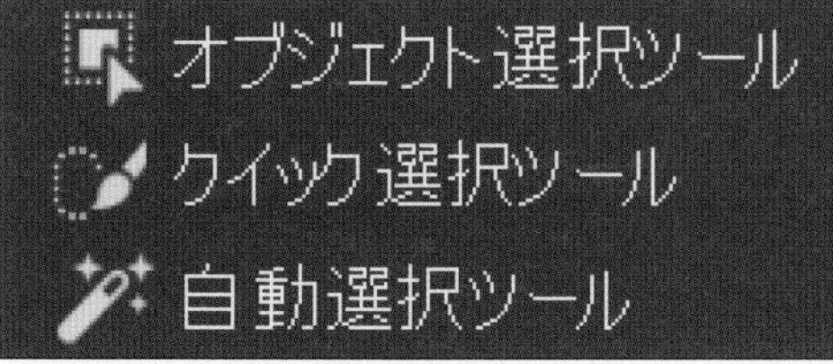

● 「被写体を選択」をクリック

● Photoshopが写真の中の被写体を認識して選択される

たった１クリックで写真の中の被写体がどれかわかるなんてすごいね！

シンプルな写真の場合、的確に被写体を選んでくれるから選択範囲を決めるときの時短にもなるよ！

よっしゃー！　使いまくろう！

選択とマスク

選択系ツールを１つ選び、オプションバーで「選択とマスク」をクリックします。

別の画面に移り、選択範囲を決めることができます。

選択とマスク...

ツールを使って選択範囲を囲むことができる

表示方法、選択の境界線、選択したあとどうするかなど設定ができる

実際ツールバーにあるツールもあって、この中でよく使うのが上から３つのツールだよ！

アイコン	ツール名	説明	使い方
	クイック選択ツール	ツールバーにあるクイック選択ツールと同じ／クリックしたところの境界に沿って自動で選択	被写体を塗る
	境界線調整ブラシツール	髪の毛などの細かいところの境界線を調整できる	髪の毛の細かいところのみを塗る
	ブラシツール	ガッツリ塗って選択できる	絶対に塗りたいところを塗る

POINT

右側の設定でよく使うのは、

- **表示モード（写真によって見えやすいように変える）**
- **不透明度（写真を見ながら選択する場合は不透明度を下げる）**
- **出力先（この画面で選択した範囲を元の画面でどう表すか選ぶ）**

例えば、下の写真の中の被写体を選択して、右の写真のように切り抜きます。

●まず、ざっくり被写体を選択するために、「被写体を選択」をクリック

●または、クイック選択ツールで被写体を塗って選択

●はみ出た場合は、上のマイナスをクリックしてから塗ると、はみ出たところを直すことができる

●髪の毛などの細かいところは、境界線調整ブラシツールで、毛の周りをなぞるように塗っていく

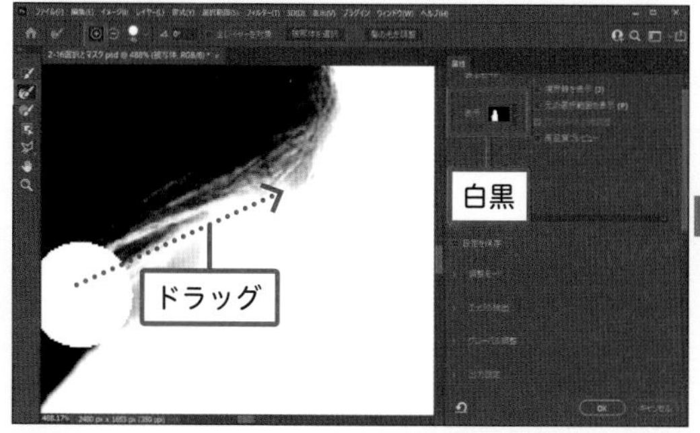

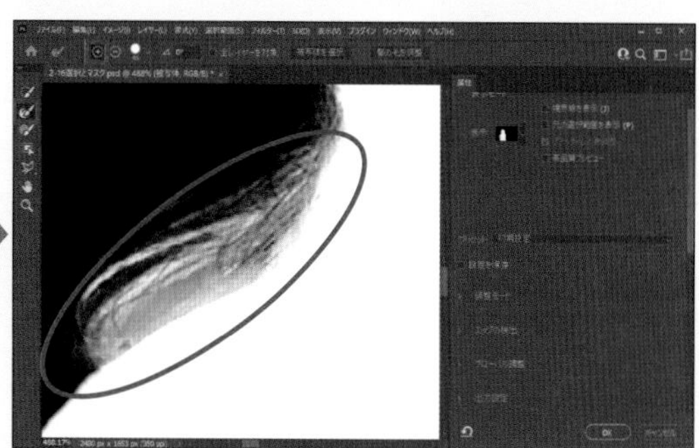

●選択できたら、右下の出力先をレイヤーマスクにして「OK」をクリック

●レイヤーマスクを使った切り抜きができた

Act 4 選択範囲について

選択したあとにできること

選択系ツールはわかったけど、選択したあとは切り抜きができるだけなの？

実は選択したあとにできることはたくさんあるよ！　まとめて見てみよう！

ひまわりを選択した状態

このあとにできることを見ていきます。

①コピー

Win Ctrl ＋ C ／ Mac ⌘ ＋ C でコピー

Win Ctrl ＋ V ／ Mac ⌘ ＋ V で貼り付け

※画像はわかりやすいように移動済み

②複製

Win Ctrl ＋ J ／ Mac ⌘ ＋ J

元の画像と同じ位置に複製

※画像はわかりやすいように移動済み

③切り抜き（レイヤーマスク）

レイヤーマスクをクリック

④作業用パスを選択

画像上で右クリック▶「作業用パスを作成」

パスについてはP.157

⑤切り取って移動

移動ツールに変えてドラッグ

⑥境界線を描く

画像上で右クリック▶「境界線を描く」

⑦描画色で塗りつぶし

⑧消す（塗りつぶしのコンテンツに応じる）

「コンテンツに応じる」についてはP.194

⑨ツールを使用

ブラシや塗りつぶしツールを使用

選択範囲内しか反映しない

CAUTION

⑤〜⑨はスマートオブジェクトではできないので、ラスタライズする必要あり！（P.77）

右クリックする④と⑥は、選択系のツールを選んでいないとできないよ！

⑩フィルターの使用

フィルターから好きなフィルターを選択

フィルターについてはP.162

⑪塗りつぶし／調整レイヤーへ反映

塗りつぶし／調整レイヤーを選択

選択範囲内に効果が反映し、レイヤーマスクが付く

POINT

選択範囲を使った作業が終わったら必ず選択を解除（Ctrl／⌘＋D）する。
解除しないとその後の操作が選択範囲内にしか反映しない！

選択範囲を作れば、こんなにいろんなことができるんだー！

そうそう、だからこそPhotoshopは選択系ツールがたくさんあるよ！　これをどんどん活かしていこう！

MEMO

作った選択範囲自体の位置やサイズ、境界線のぼかし具合は調整できる。

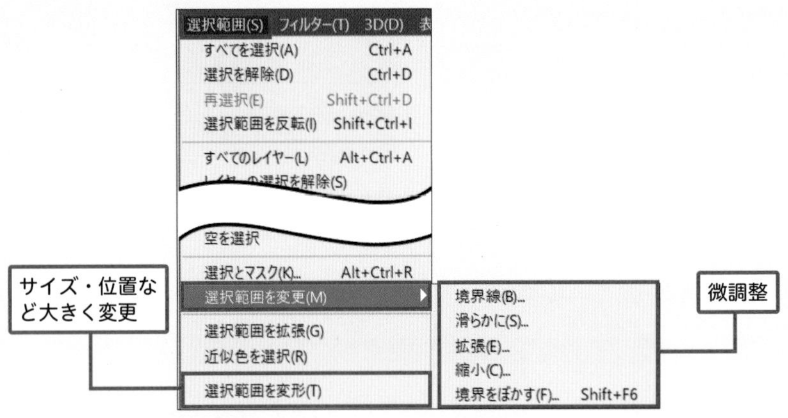

ツール以外の選択方法

実は選択系ツール以外にも選択方法はあるんだよ！

え……まだあるの……！？

場合によって使うこともあるから、とりあえず紹介していくね！
必要になったときにまた見返す程度でOK！

色域指定

色域指定は、写真の色情報を基に選択します。
一色に染まった背景から何か選択するときに使います。

元写真

青い空を選択する

「選択範囲」▶「色域指定」をクリック

選択範囲(S) フィルター(T) 3D(D) 表

すべてを選択(A)	Ctrl+A
選択を解除(D)	Ctrl+D
再選択(E)	Shift+Ctrl+D
選択範囲を反転(I)	Shift+Ctrl+I
すべてのレイヤー(L)	Alt+Ctrl+A
レイヤーの選択を解除(S)	
レイヤーを検索	Alt+Shift+Ctrl+F
レイヤーを分離	
色域指定(C)...	
焦点領域(U)...	
被写体を選択	
空を選択	

色域指定のウィンドウが表示

選択範囲のプレビューを黒マットにする

「選択」からどの色を選択するか決める

選ぶと画像の色が変わる

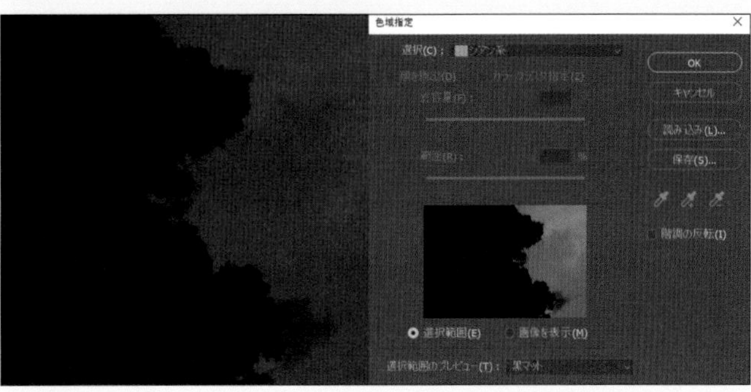

選択範囲のプレビューが黒マットだと黒いところが選択範囲外

●または「指定色域」を選ぶ

●スポイトツールで選びたい色をクリック

許容量0なのでクリックしたところと完全に同じ色しか選択されない

「許容量」または「プラス・マイナスのスポイト」で選択範囲を調整できるよ！

●許容量を上げる

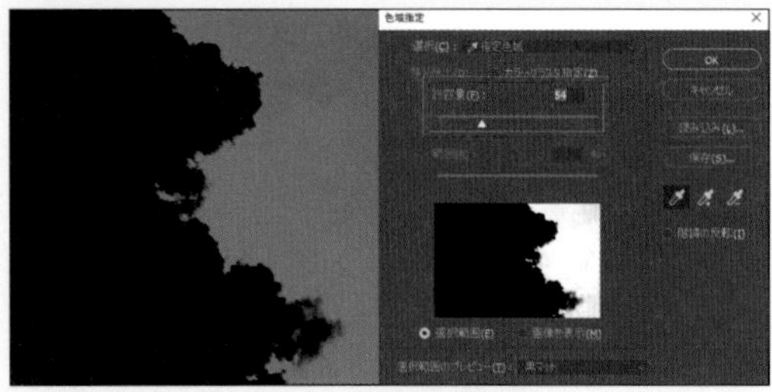

許容量を上げると似た色も範囲に含まれる

●プラスのスポイトで加えたい色をクリック

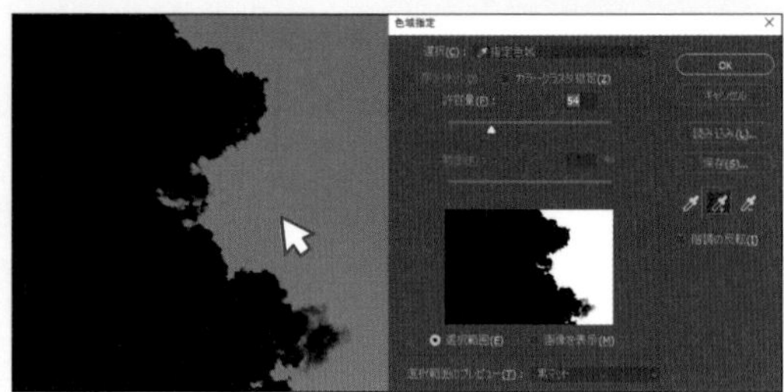

逆に範囲を狭める場合はマイナスを使用

●選択範囲が選べたら「OK」をクリック

白が選択中、黒が選択範囲外

●色から選択範囲が選べた

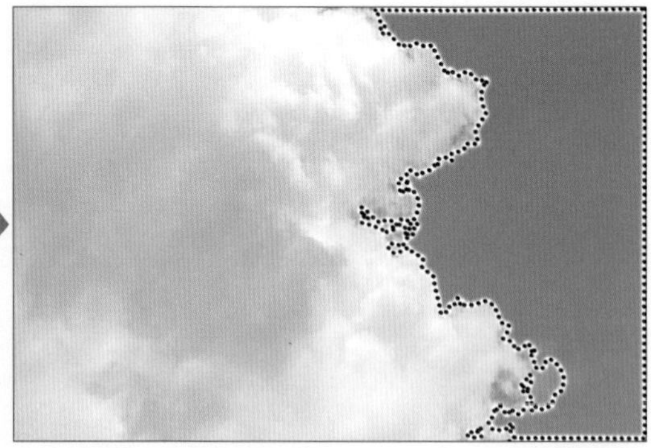

青い空が選べた

空を選択

写真に写った空の部分をワンクリックで選択してくれます。

「選択範囲」▶「空を選択」をクリック

空を選択できる

空だけ選択したいときに便利だね～！

あとは逆に空以外のところを選択したいときにも「選択範囲の反転」をすれば使えるよ！

選択範囲を反転

空以外のところが選べる

SHORTCUTS

選択範囲を反転

Win Shift + ctrl + I ／ Mac shift + ⌘ + I

空を他の空と置き換えたいときは、別のやり方があるからP.195で見てみてね！

ブラシツール

使う頻度 ★★★★★
カメラマン デザイナー

ブラシツールは、何か描いたりするときやレイヤーマスクを塗るときに使います。
（レイヤーマスクについてはP.66）

基本の使い方

●**描く**

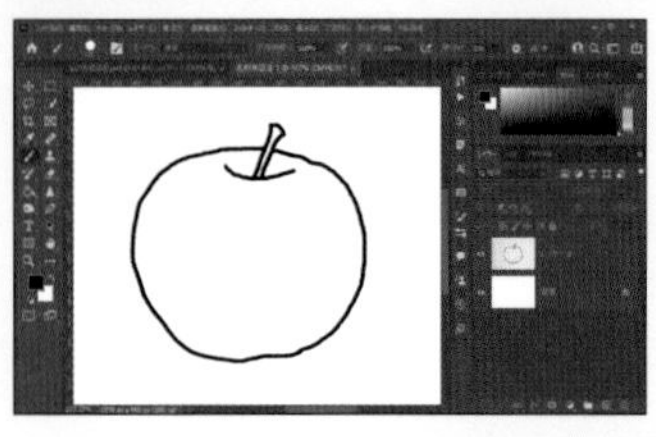

●**塗る**

●**レイヤーマスクを塗る**

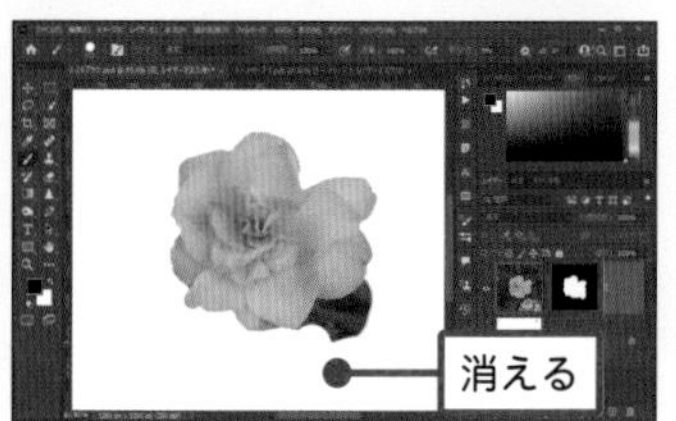

色を変えたいときは、描画色で設定します。（P.69）

●**描画色をクリック**

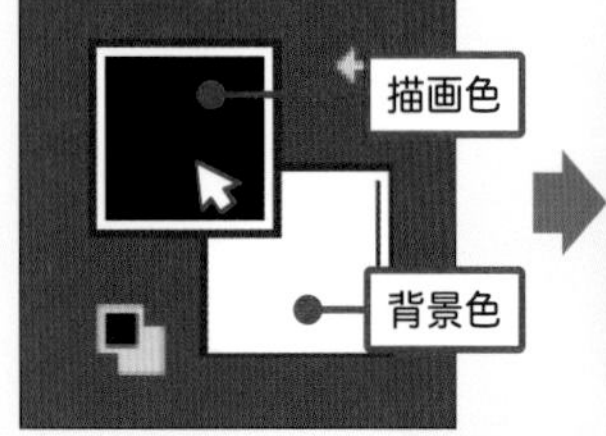

●**色を選ぶ**

●**色が変わる**

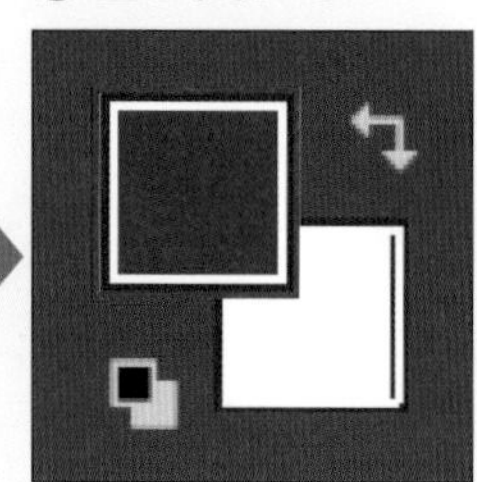

描画色の色で塗れる

オプションバーの設定

❶ ブラシの種類、大きさ、硬さを設定
❷ ブラシの間隔など細かい設定
❸ 描画モードの変更
❹ 透明感の割合
❺ インクの量を調整
❻ 滑らかさの割合（反応が遅くなるので注意）
❼ ブラシの角度

ブラシの設定

オプションバーの❷のアイコンをクリックすると、ブラシの細かい設定パネルが開きます。

ここではよく使う設定を見ていくよ！

●ブラシ先端のシェイプ▶「間隔」

シェイプの先端と間隔を空ける
※先端は「チョーク」

●シェイプ▶「サイズのジッター」

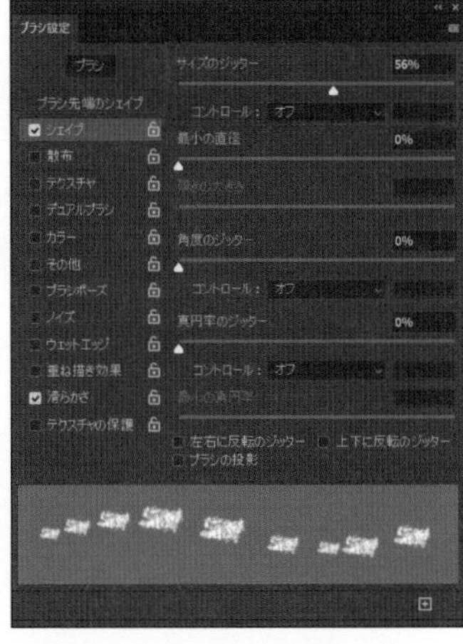

先端のサイズがバラバラになる

●シェイプ▶「角度のジッター」

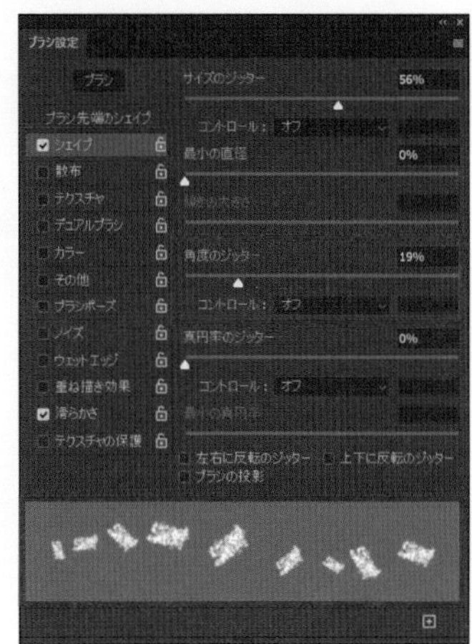

先端がバラバラに回転する
※コントロールを「進行方向」で進行方向に揃ったブラシになる

●シェイプ▶「真円率のジッター」

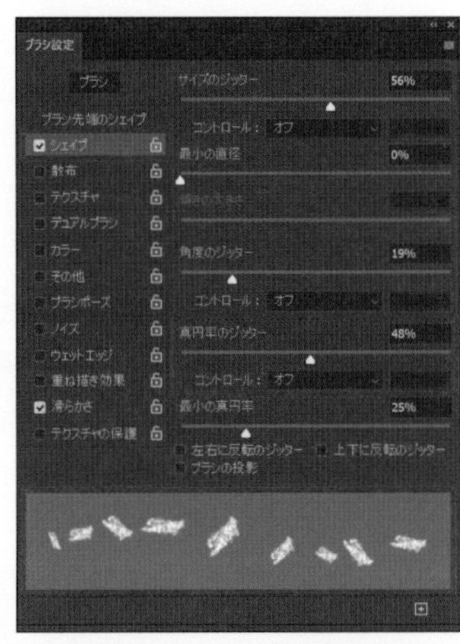

先端が遠近感あるように回転する

●散布▶「散布」

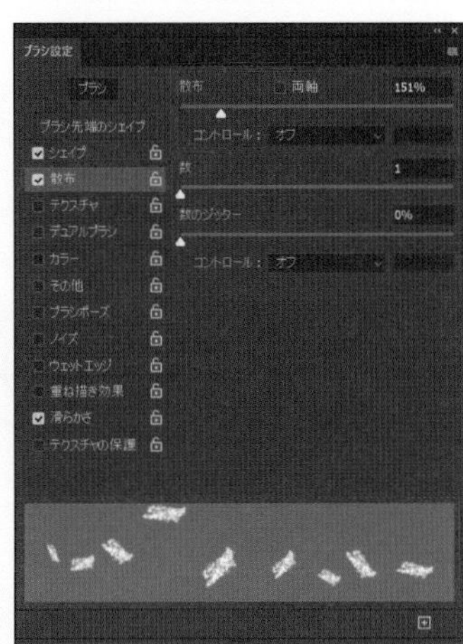

先端が上下バラバラに散らばる

●散布▶「数」

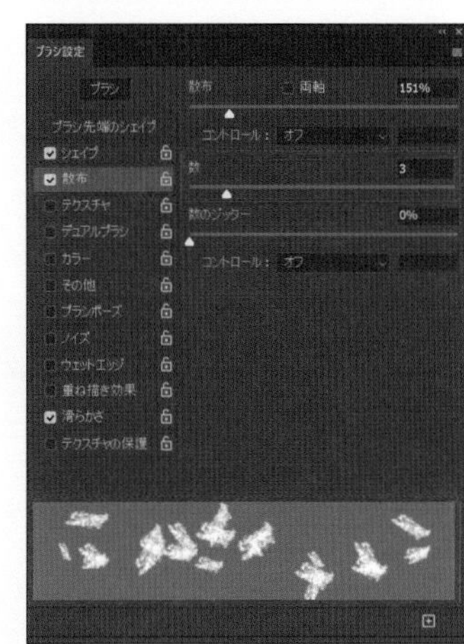

バラバラになる先端の数を増やす

カスタムブラシの登録と使い方

ブラシを自分で作って、登録することもできます。

カスタムブラシを作成・登録

●新規作成で1000x1000pxで作る

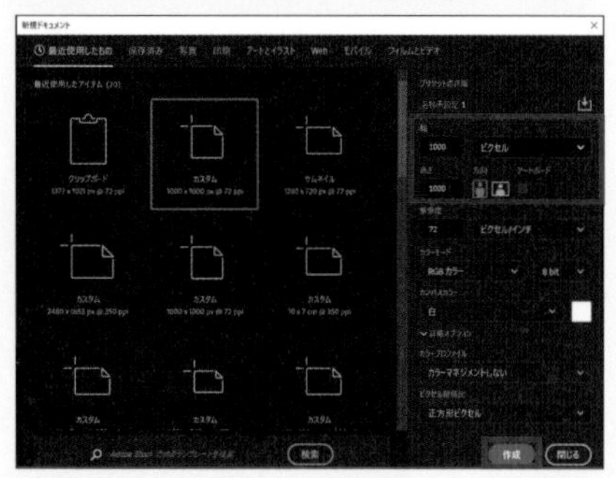

●黒でブラシの先端を作る

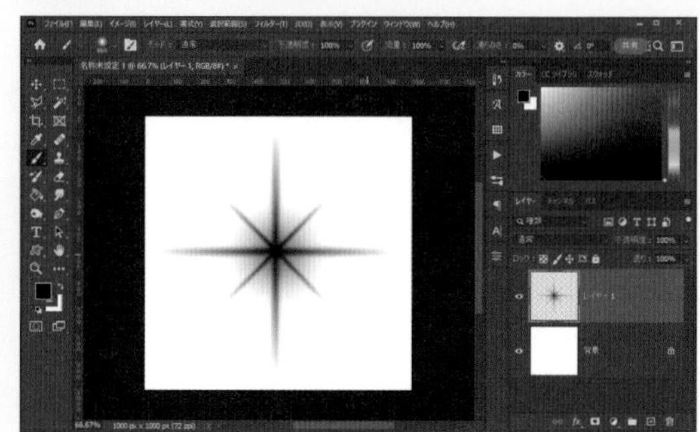

●「編集」▶「ブラシを定義」をクリック

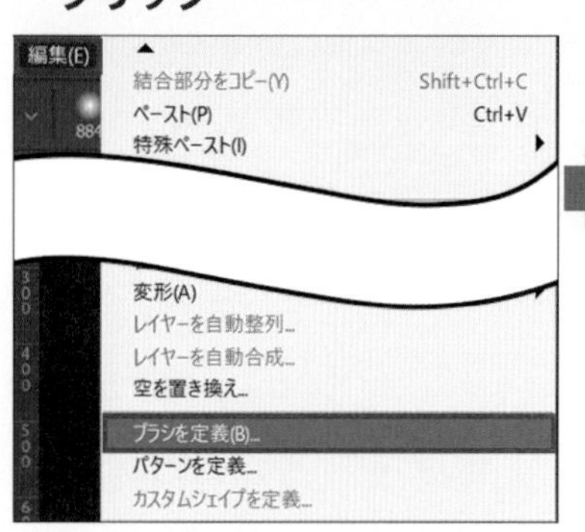

●ブラシ名を入れて「OK」をクリック

POINT

黒で作ると、使うときに色を入れられる。

カスタムブラシを使うとき

●ブラシツールで▼をクリック

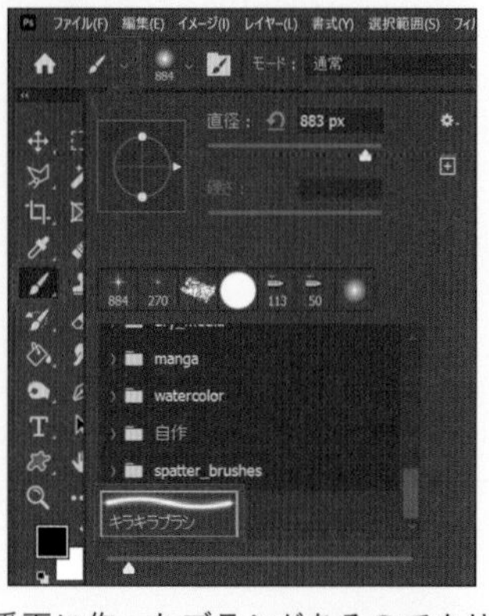

一番下に作ったブラシがあるのでクリック

●色を変え、自分で作ったブラシを使う

ブラシで描くときは新しいレイヤーを追加して使う

グラデーションツール

使う頻度 ★★★☆☆
カメラマン デザイナー

グラデーションツールでは、色のグラデーションで塗ることができます。

基本の使い方

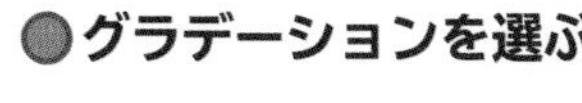

●グラデーションの をクリック　●グラデーションを選ぶ　●クリック＆ドラッグでグラデーションができる

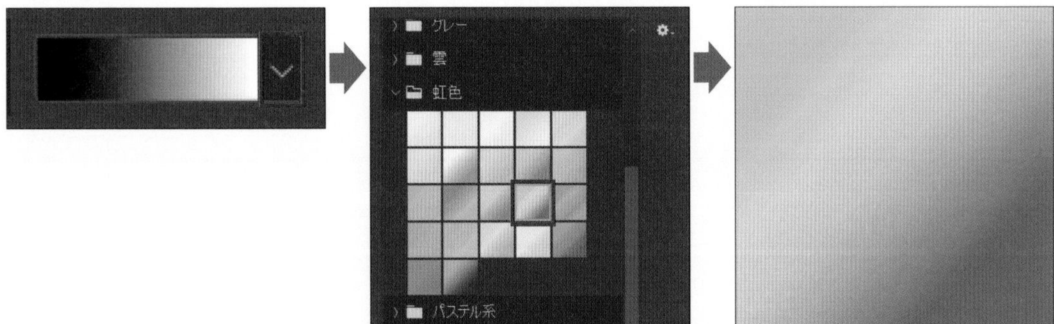

オプションバーの設定

❶ ❷ ❸ モード：通常 ❹ 不透明度：100% ❺ 逆方向 ❻ ディザ ❼ 透明部分 ❽ 方法：クラシック

❶ グラデーションの色変更
❷ グラデーションの形を決める（線形・円形・円錐形・反射形・ひし形）
❸ 描画モードの変更
❹ 全体の透明感の割合
❺ チェックありでグラデーションの色の向きが逆方向になる
❻ チェックありでグラデーションを滑らかにできる
❼ チェックあり：グラデーションに透明の色を設定していれば透明感が反映される
　チェックなし：透明の色を設定していても、不透明のはっきりした色になる
❽ 知覚的：現実世界の自然な見た目のグラデーション（デフォルト）
　リニア：自然界で人の目に映る光に近いグラデーション
　クラシック：Photoshop2021以前のグラデーション

●知覚的　●リニア　●クラシック

グラデーションの変え方

POINT

グラデーションの変え方は他のすべてのグラデーション機能で共通。

オプションバーのグラデーションの上をクリック

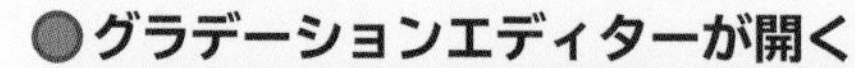

●グラデーションエディターが開く

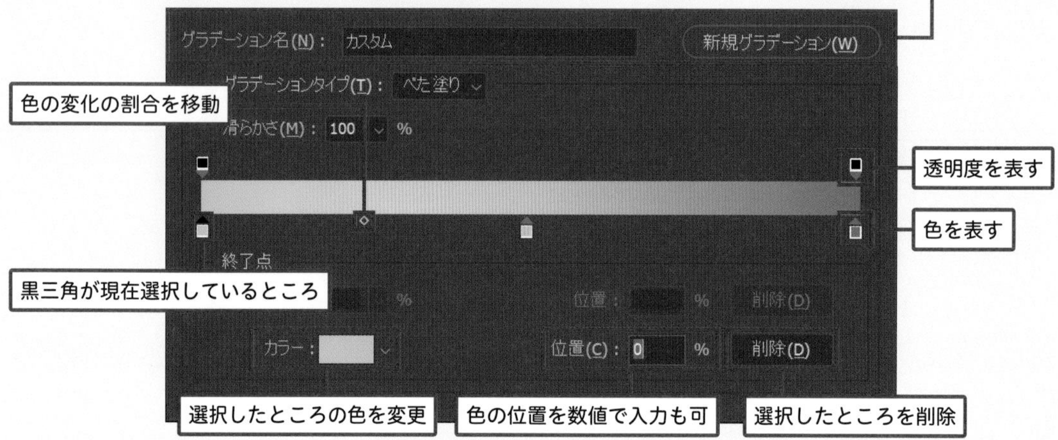

色の変え方

●色を変えたい□をダブルクリック

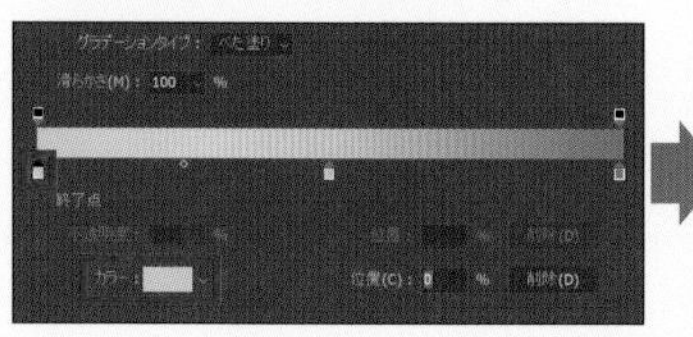

□をクリック▶下の「カラー」をクリックでも可

●色を選ぶ

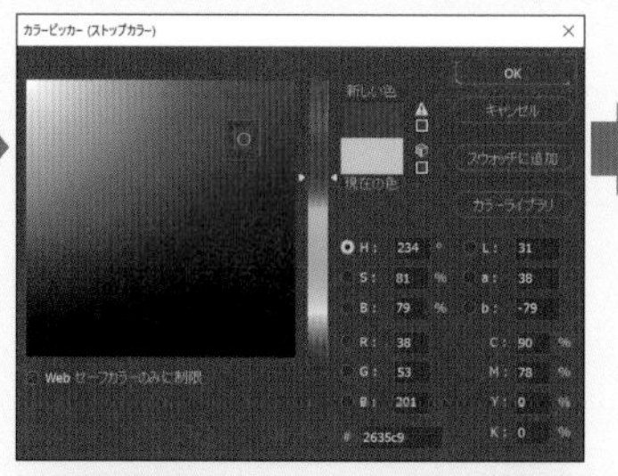

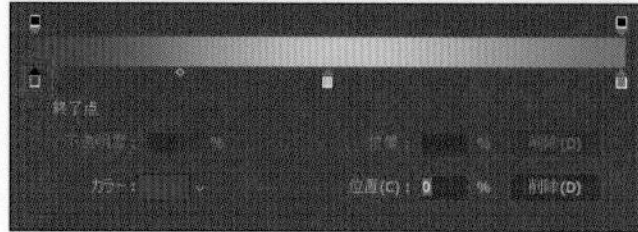

□の色が変わってグラデーションの色が変わる

●□をスライドさせる

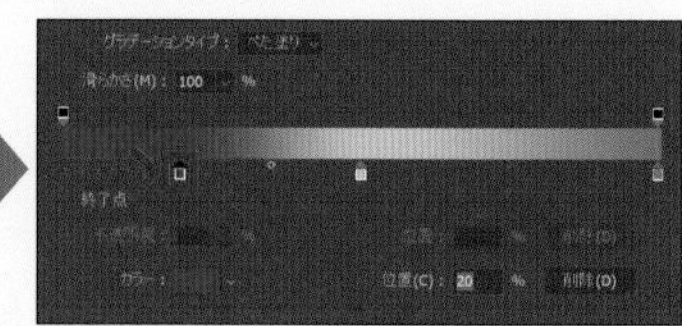

グラデーション全体の色の雰囲気が変わる

不透明度の変え方

●バーの上の□をクリック

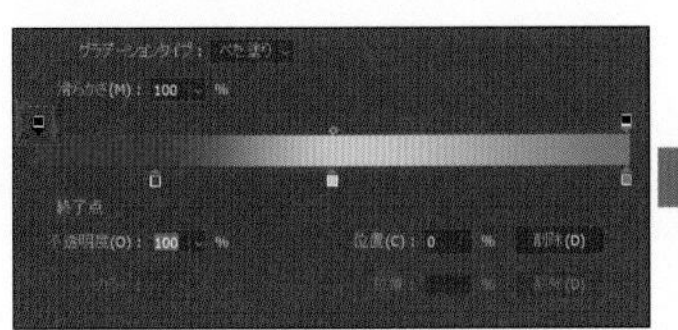

●不透明度を変える

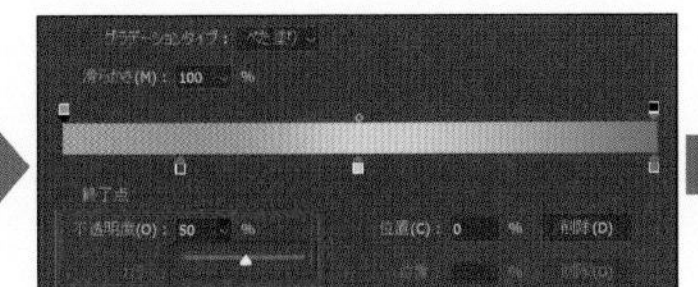

●下げると透明感が出て下の画像が見える

色・不透明度の□の増やし方

●バーの下側で指マークが出たらクリック

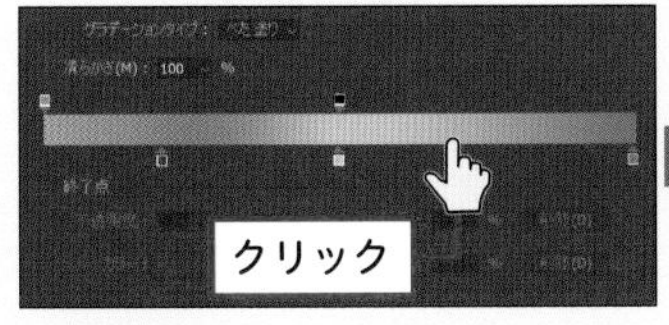

●増えた□をクリック

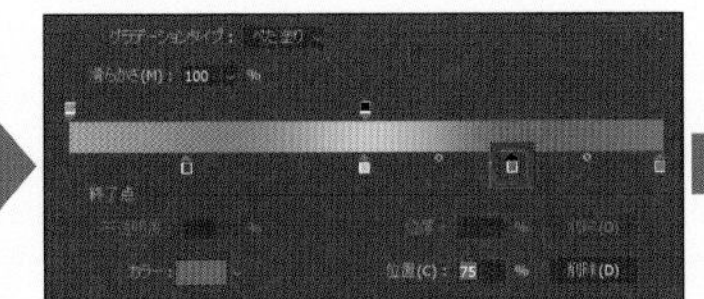

●色を変える

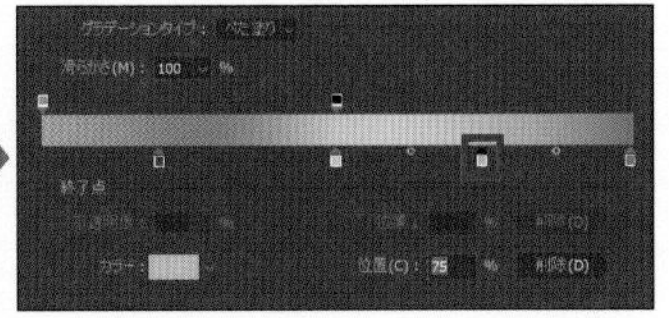

不透明度の場合は、バーの上側にカーソルで指マークが出るよ！

SHORTCUTS

同じ場所に同じ色のボックスを増やす

Alt（option）を押しながらボックスをクリック

色・不透明度の□の消し方

●バーの□をクリックし、バーから離れるようにドラッグ

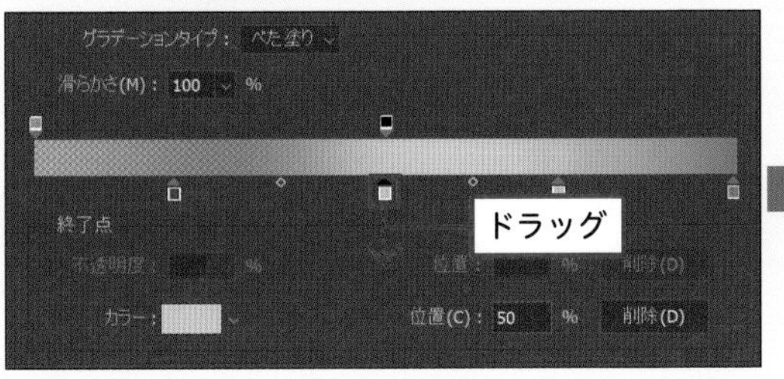

右下の「削除」をクリック でも可

●□が消える

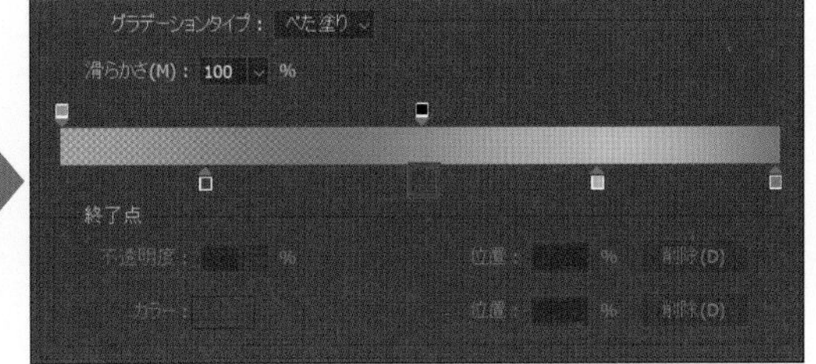

塗りつぶしツール

塗りつぶしツールでは、選択範囲の中を塗りつぶすことができます。

基本の使い方

●色を選ぶ

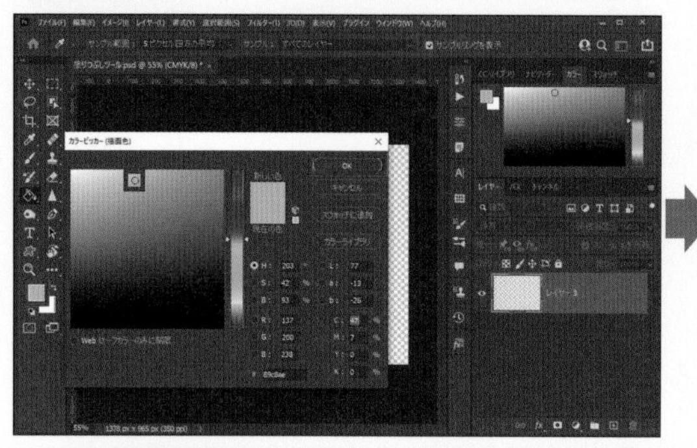

●クリックして塗りつぶすことができる

SHORTCUTS

描画色で塗りつぶし

Win Alt + Back space (Delete) ／ Mac option + delete

CAUTION

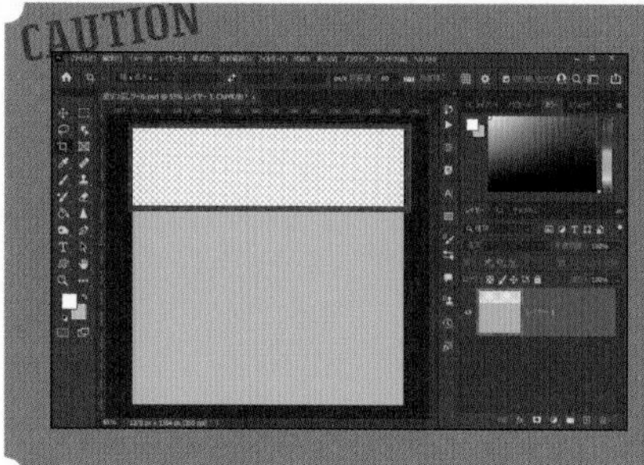

塗りつぶしツールでキャンバス全体を塗りつぶしたあとに、キャンバスの大きさを変えた場合は隙間ができてしまう。
あとからキャンバスの大きさを変える場合は、塗りつぶしレイヤーを使う！
（塗りつぶしレイヤーについてはP.50）

オプションバーの設定

❶ 塗りつぶしを描画色かパターンかどちらにするか選択
❷ 描画モードの変更
❸ 透明感の割合

MEMO

④〜⑦は、他のツールでも同じ意味。

❹ クリックしたところの色からどのくらい近くの色まで選択するか決める
数字が小さいとその色により近い色、大きいほど離れた色まで塗れる

●元

●許容値：8

●許容値：50

❺ 境界線を滑らかにするか、ギザギザにするか
❻ 隣り合いを考慮するか

●元

●隣接にチェックあり

線や他の色で囲まれた中だけ塗れる

●隣接にチェックなし

離れていてもクリックしたところと同じ色のところを塗れる

❼ どのレイヤーの色を認識するか

●すべてのレイヤーにチェックあり

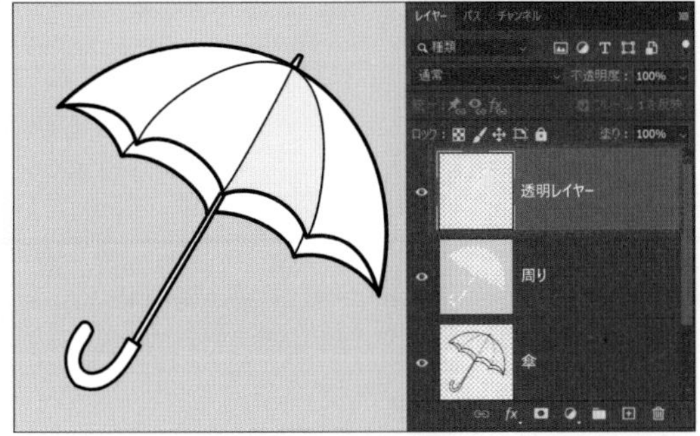

すべてのレイヤーの色を認識して塗りつぶす
※新規レイヤーを使うときに便利

●すべてのレイヤーにチェックなし

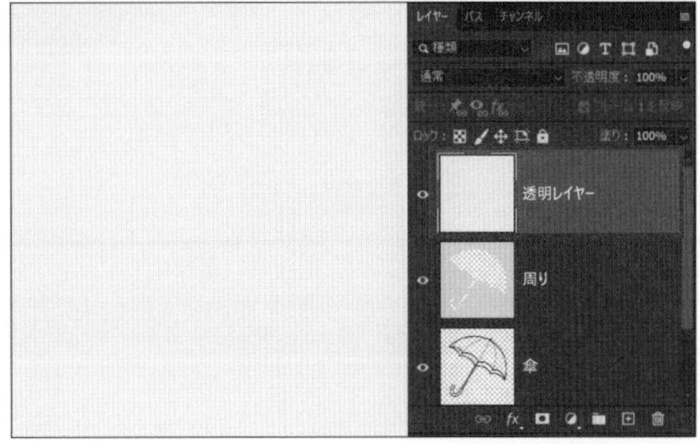

選択しているレイヤーだけを認識して塗りつぶす
※選択していたレイヤーは傘がないので一面塗りつぶされる

横（縦）書き文字ツール

使う頻度 ★★★★★
カメラマン デザイナー

横書き文字ツールでは横書きの文字が書け、**縦書き文字ツール**では縦書きの文字が書けます。

基本の使い方

●キャンバスをクリック

●文字をタイピングして〇をクリックで確定

他のレイヤーをクリックしても確定できる

●文字が書ける

文字レイヤーも自動でできる

あとからの文字変更

●文字ツールで文字の上をクリック

●変更したい文字をドラッグ

●タイピングで変更して確定

オプションバーの設定

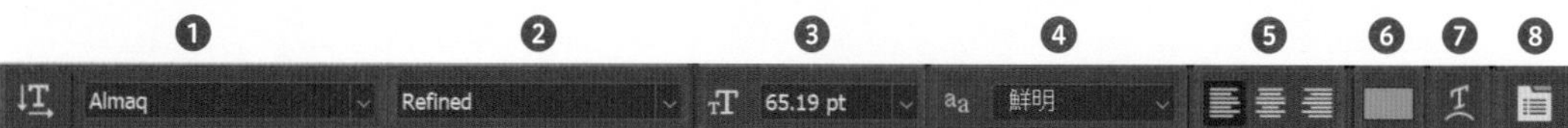

❶ フォント変更
❷ フォントの種類を細かく変更
❸ サイズ変更
❹ フォントのエッジ変更
❺ 整列
❻ 色変更

MEMO

文字の入力をして確定したあとに、文字レイヤーを選択し、フォントなどの設定を変更すると、文字全体のフォントを変更できる。

❼ 文字の変形

●変形方法を選ぶ

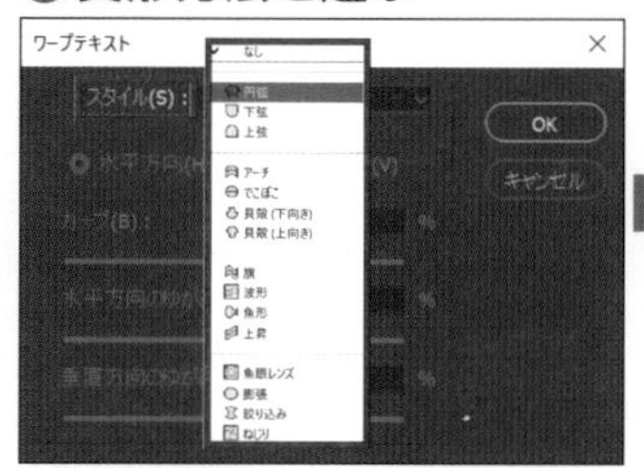

●変形の詳細設定をする

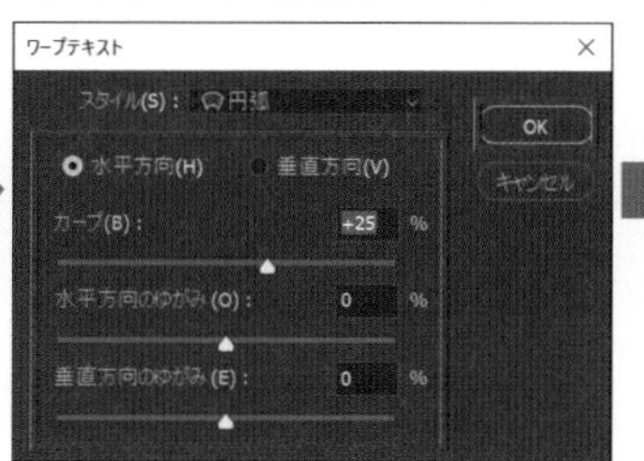

●文字が変形される

MEMO

文字の変形方法は他にもあり！

●文字をゆがませる

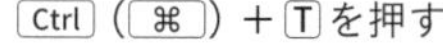

Ctrl（⌘）＋T を押す

文字の上で右クリック▶「ゆがみ」をクリック

端をクリックしてドラッグする

●文字に遠近感を出す

文字レイヤーをスマートオブジェクトにする

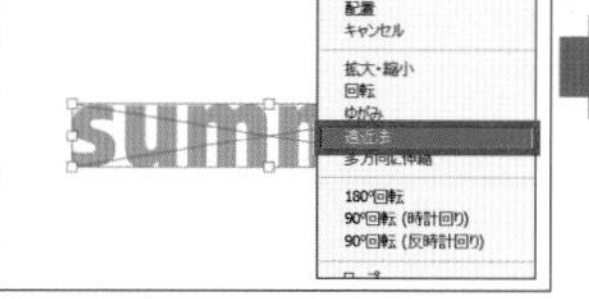

Ctrl（⌘）＋T▶右クリック▶「遠近法」をクリック

端をクリックしてドラッグする

❽ 文字パネルと段落パネルの切り替え

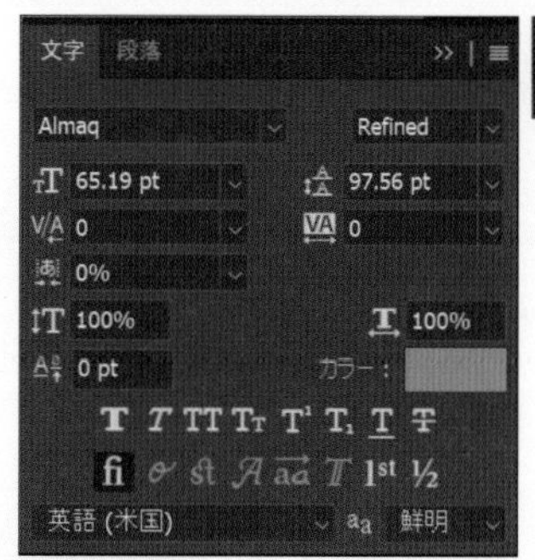

クリックするとパネルがすべて開くので文字パネルを開くときは、「メニューバーのウィンドウ」▶「文字」で開く

文字パネルでもオプションバーのように、文字の設定ができるよ！

Adobe Fontsでフォントを追加する方法

フォントを増やしたい場合は、Adobe Fontsで簡単に追加することができます。
Adobe Fontsは、Photoshopを使っていれば無料で使えます。

●フォントをクリック

●Adobeマークをクリック

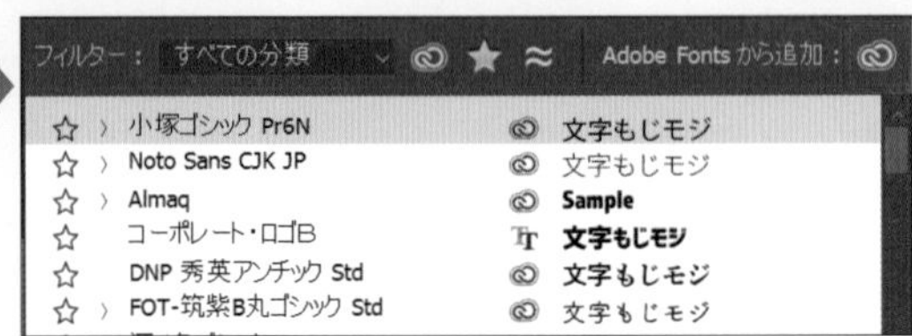

●言語を選び、フィルターでフォントの種類を絞る

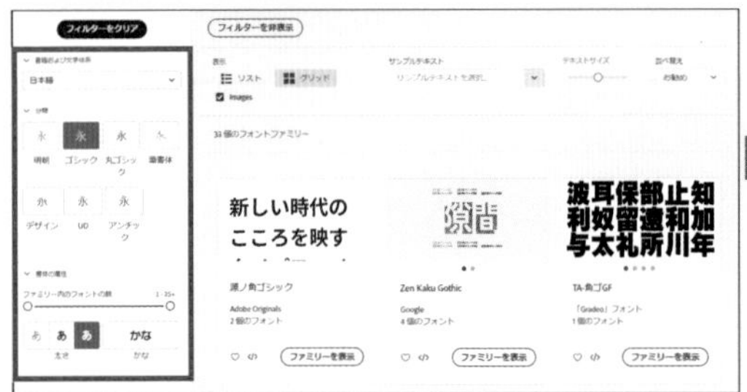

●使いたいフォントの「ファミリーを表示」をクリック

●アクティベートをオンにする

青になっていればオン

●Photoshopに入り、使うことができる

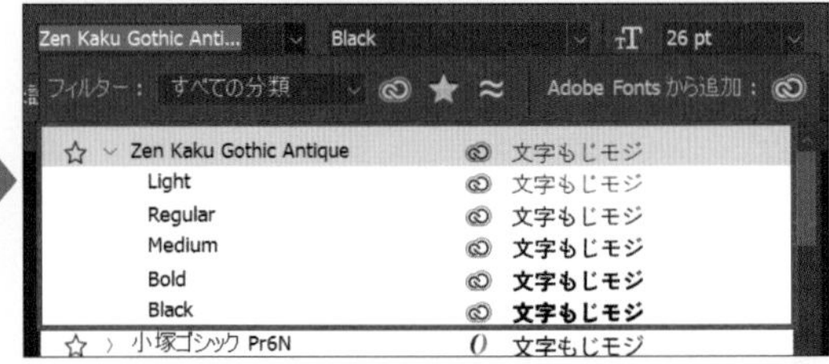

ネット環境によっては、すぐに入らないこともあるので時間を置いて開く

MEMO

Adobe Fontsは
- 2万種類以上のフォントを収録
- 使用フォント数無制限
- 商用にも個人用にも利用可能

楽しくてフォント
増やしすぎちゃった！！

使わないフォントはオフ
（ディアクティベート）にすれば、
逆に使えなくなるよ！

横（縦）書き文字マスクツール

使う頻度 ★☆☆☆☆
カメラマン デザイナー

横書き文字マスクツール、縦書き文字マスクツールでは文字の形の選択範囲を作れます。

基本の使い方

●切り抜きたい写真を置く

●文字マスクツールで文字を書き、○をクリック

確定するとキャンバス全体が赤くなる

●書いた文字の選択範囲ができる

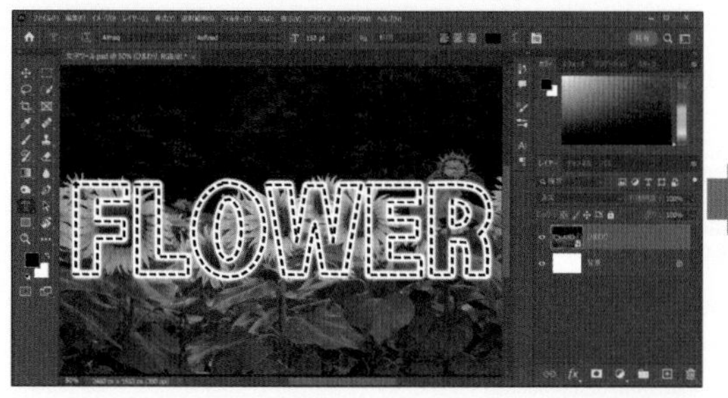

●レイヤーマスクをクリックすると切り抜いた文字ができる

POINT

文字マスクツールの場合、あとから文字を変えることはできず、1からやり直す必要あり！
横（縦）書き文字ツールとクリッピングマスクを使えば、同じように写真を文字で切り抜くことができ、あとからでも文字を簡単に変えられる！（P.82）

オプションバーの設定は横書き文字ツールと一緒だよ！

OK！！

ただし、文字マスクツールはあとから変更できないから、サイズもフォントも文字を書く前に必ず設定してね！

3
2つ目の力『ツール』

修復系ツール

コピースタンプツール

使う頻度 ★★★★★
カメラマン　デザイナー

コピースタンプツールでは、写真の一部をコピーして、スタンプのように塗って、くっきりペーストすることができます。

写真の一部を増やしたいときに使ったり、逆に写真の一部を消したいときにも使います。

基本の使い方

● Alt（option）を押しながらコピーしたいところをクリック

レイヤーを1枚加え、サンプルを「現在のレイヤー以下」にする

● ペーストしたいところに塗る

加えたレイヤーにペーストされる

オプションバーの設定

❶ 140　❷　❸ モード：通常　❹ 不透明度：100%　❺ 流量：100%　❻　❼ 0°　❽ 調整あり　❾ サンプル：現在のレイヤー以下　❿　⓫

❶ ブラシのサイズと種類
❷ ブラシの設定
❸ 描画モードの変更
❹ 透明感の割合
❺ インクの量を調整
❻ インクの量の出方の変更
❼ ブラシの角度変更
❽ チェックあり：マウスを離すと、ブラシの動きに合わせてコピーするところも動く
　チェックなし：マウスを離しても、コピーするところの場所は変わらない
❾ どのレイヤーからコピーするか決められる
「現在のレイヤー以下」をよく使う
❿ オンにすると、コピーに調整レイヤーの効果は含めない
⓫ タブレットを使う場合の筆圧の変更

修復ブラシツール

使う頻度 ★★★★★
カメラマン デザイナー

修復ブラシツールでは、写真の一部をなじませながら消したいときに使います。
コピースタンプツールと違って、なじませながら消すというのが大きな違いです。
特に肌修正などの細かい修正が必要なときによく使います。

基本の使い方

● Alt（option）を押しながら消したいものの近くをクリック

レイヤーを1枚加え、サンプルを「現在のレイヤー以下」にする

●消したいところを塗る

加えたレイヤーに、なじませながらペーストされて消える

なじませながら消すから、自然に仕上がるよ！　逆に、なじませずに消したい場合はコピースタンプツールを使ってね！

オプションバーの設定

❶ ❷ ❸ ❹ ❺ ❻ ❼ ❽ ❾ ❿ ⓫

モード：通常　ソース：サンプル　パターン　調整あり　従来方式を使用　サンプル：現在のレイヤー以下　0°　調整拡散法：5

❶ ブラシのサイズと種類
❷ ブラシの設定
❸ 描画モードの変更
❹ コピーを画像の他の場所から取って塗るか、パターンを塗るか
❺ チェックあり：マウスを離すと、ブラシの動きに合わせてコピーするところも動く
チェックなし：マウスを離しても、コピーするところの場所は変わらない
❻ Photoshop2014以前の従来の方式でなじませる
❼ どのレイヤーからコピーするか決められる
「現在のレイヤー以下」をよく使う
❽ オンにすると、コピーに調整レイヤーの効果は含めない
❾ ブラシの角度変更
❿ タブレットを使う場合の筆圧の変更
⓫ ペーストのなじませ方（数値は1～7で、小さいほど周囲と区別し、大きいほど滑らかになる）

スポット修復ブラシツール

使う頻度 ★★★★☆
カメラマン　デザイナー

スポット修復ブラシツールでは、塗ったところをPhotoshopが認識して消してくれます。

特にシンプルな写真の中で何か消すときは、Photoshopが認識しやすいのできれいに消せます。

基本の使い方

写真の中の消したいところを塗る

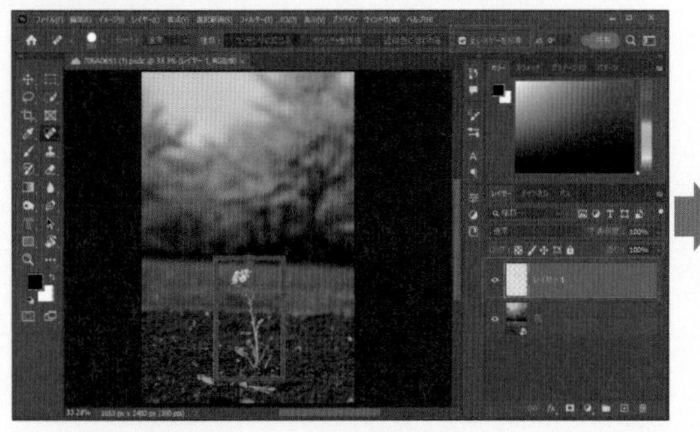

レイヤーを1枚加え、全レイヤーを対象にチェックを入れる

Photoshopが認識して消してくれる

Photoshopが自動で別の場所からコピーを取って消す

CAUTION
Photoshop任せということもあり、簡単な写真しかうまくいかない！
もしうまくいかない場合は、修復ブラシツールなど別のツールを使う必要あり！

オプションバーの設定

❶ 30　❷ モード：通常　❸ 種類：コンテンツに応じる　テクスチャを作成　近似色に合わせる　❹ 全レイヤーを対象　❺ 0°　❻

❶ ブラシのサイズと種類
❷ 描画モードの変更
❸ 消し方の種類
　コンテンツに応じる：オブジェクトの端などディテールは保持しなじませながら消す
　テクスチャを作成：テクスチャ（質感）を作成しながら消す
　近似色に合わせる：塗った端の色から近い範囲の色を選択し消す
❹ 全レイヤーを対象にするか、現在選択しているレイヤーのみか
❺ ブラシの角度変更
❻ タブレットを使う場合の筆圧の変更

パッチツール

使う頻度 ★★★☆☆
カメラマン デザイナー

パッチツールでは、囲んだ範囲を別の場所と置き換えることができます。
写真に写る小さな傷やホコリを消すときに使います。

基本の使い方

●写真の中の消したいところを囲む

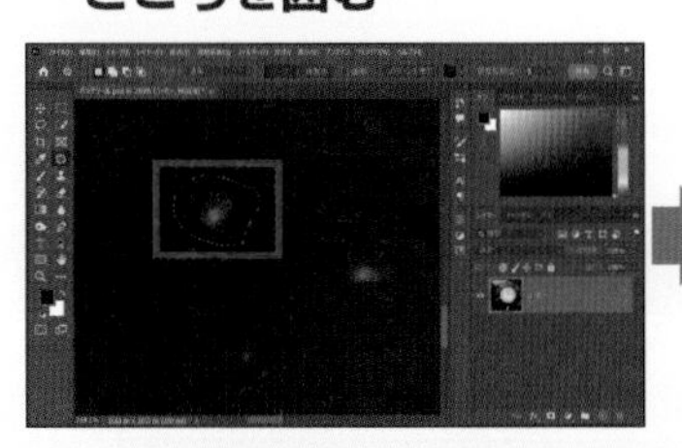

●囲んだところを置き換えたいところまでドラッグ

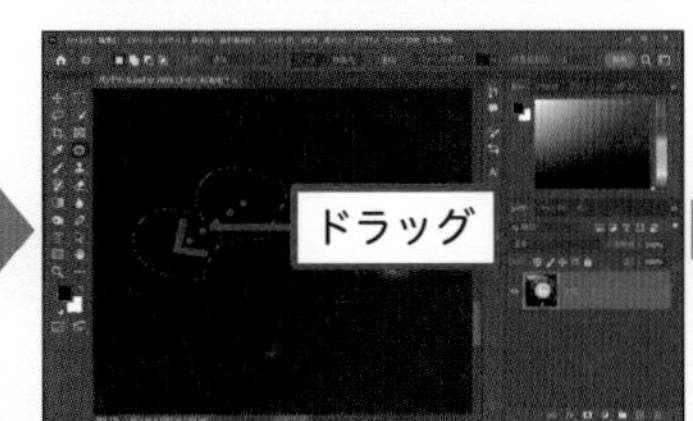

●離すと周りとなじませながら置き換えられる

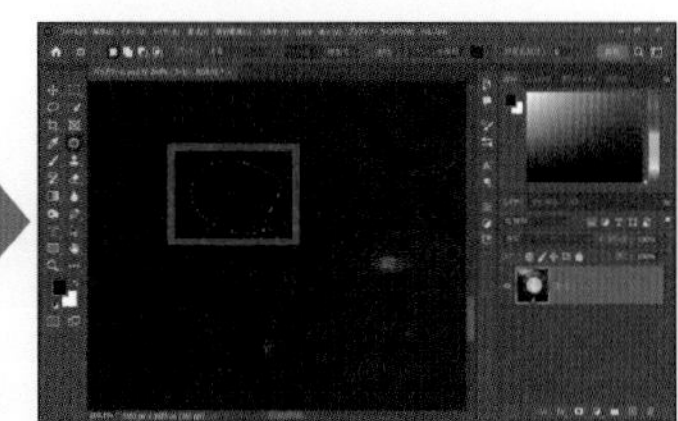

CAUTION
修復ブラシツールに似ているが、修復ブラシツールの場合は透明レイヤーにペーストできる。パッチツールの場合はレイヤーを足すことはできず、ラスタライズした画像を直接編集してしまう。あとからのやり直しもできないので注意！

オプションバーの設定

❶❷❸❹ パッチ：通常 ❺ ソース 複製先 ❻ □透明 ❼ パターンを使用 ❽ 誤差拡散法：5 ❾

❶ 新規
❷ 追加
❸ 一部削除
❹ 重なった範囲
❺ 通常：ドラッグした場所の範囲の色などに合わせて消す
コンテンツに応じる：Photoshopに任せてドラッグした場所の範囲に合わせて消す
❻ ソース：消すことができる
複製先：複製できる
❼ 透明感を出すかどうか
❽ パターンで塗りつぶすかどうか
❾ ペーストのなじませ方（数値は1～7で小さいほど周囲と区別し、大きいほど滑らかになる）

覆い焼きツールと焼き込みツール

使う頻度 ★★☆☆☆
カメラマン デザイナー

覆い焼きツールは塗ったところを明るく、**焼き込みツール**は塗ったところを暗くするツールです。

写真の中のハイライト（明るい）やシャドウ（暗い）にしたいところに使います。

どちらも同じように写真の上を塗って使うことができます。

基本の使い方

●写真レイヤーをクリック

●ハイライト／シャドウにしたいところを塗る

塗った範囲が明るくなる・暗くなる

POINT

元から写真の明るいところを覆い焼きで明るく、元から暗いところを焼き込みで暗くすると立体感が出せる。

オプションバーの設定

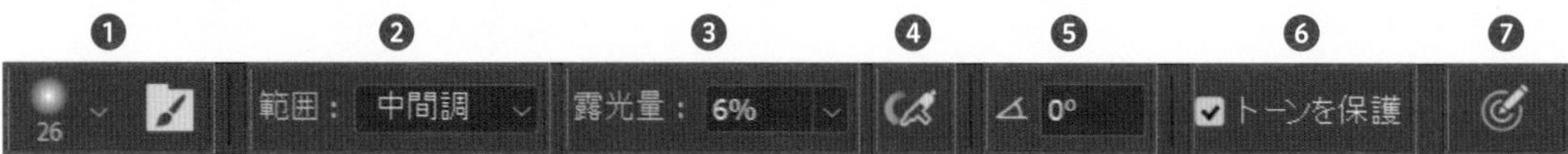

❶ ブラシのサイズと種類
❷ どこの明るさの範囲に反映させるか（シャドウ、中間調、ハイライト）
❸ どれくらい明るくするか
❹ インクの量の出方の変更
❺ ブラシの角度
❻ チェックあり：色を変えずに明るくする
　チェックなし：色がなくなる
❼ タブレットを使う場合の筆圧の変更

実際の使い方

覆い焼きツールと焼き込みツールの弱点は、写真自体に直接手を加えるため、やり直しが困難なことです。その対策としては、描画モードのオーバーレイ（P.105）の特徴を活用することでやり直しできるようになります。

● レイヤーを足して50%グレー（#808080）で塗りつぶす

● 描画モードをオーバーレイにする

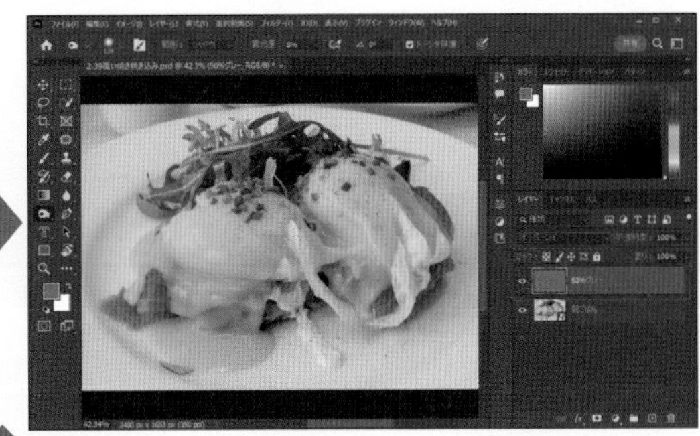

● 作成したレイヤーに覆い焼きツールと焼き込みツールを使う

● 直したいところは50%グレーのブラシを使って塗る

50%グレーのブラシで塗れば消せるって斬新！！

こうすればやり直しできるから、写真に直接塗るのはできるだけ避けよう！

- 真っ白　R：255、G：255、B：255
- 真っ黒　R：0、G：0、B：0
- 中間の灰色（50%グレー）　R：128、G：128、B：128

ペンツール

ペンツールは、点と線で囲んでパスやシェイプを作ることができます。（パスについてはP.157）
きれいな直線や曲線が描けるので、ズバッと切り抜きたいときや合成、新しいシェイプを作るときに使えます。

直線の描き方

●クリックして点を打つ

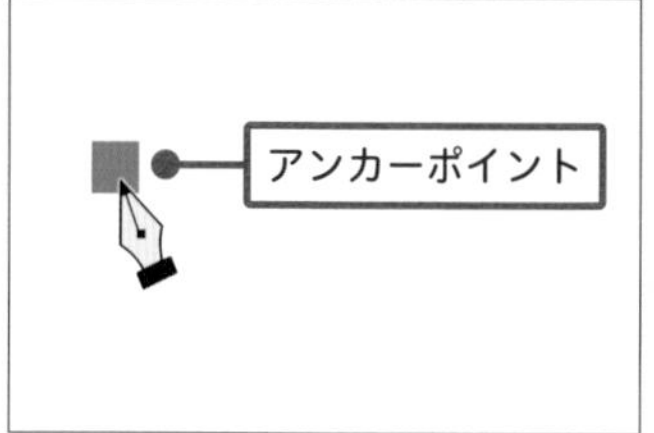

点はよく見ると□になっている

●もう1ヵ所クリックすると線が出てくる

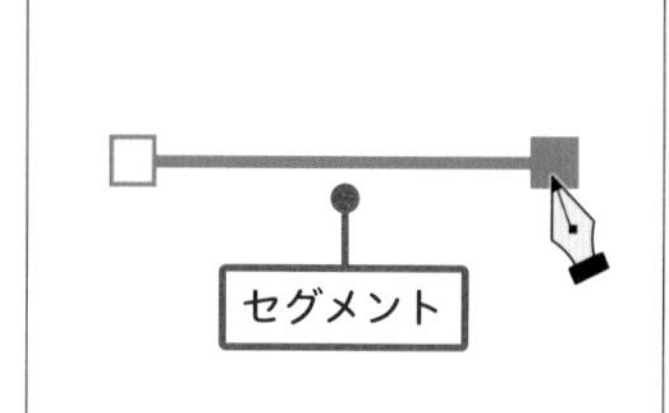

●もう1ヵ所クリックし始点にカーソルを持っていく

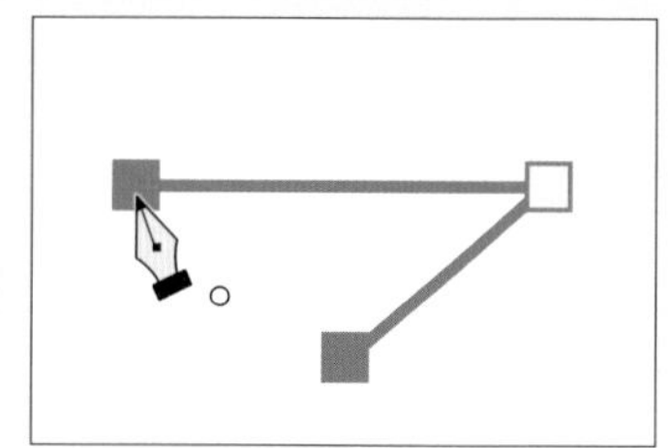
始点に戻るとカーソルに○が付く

●○が付いた状態でクリックするとパスができる

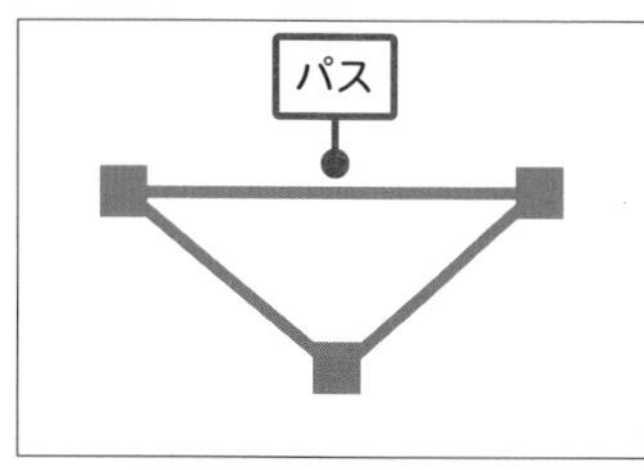

MEMO

点（□）：アンカーポイント
線：セグメント
両端が○の線：ハンドル（次ページ）
点と線全体：パス

SHORTCUTS
1つ前の点を消す
Back space／Delete

SHORTCUTS
すべての点を消す
Back space／Delete を2回

SHORTCUTS
45度、90度、180度の直線を描く
Shift を押しながら2つ目の点を打つ

点と線は囲まれていなくてもパスって言うよ！

曲線の描き方

●クリックして点を打つ

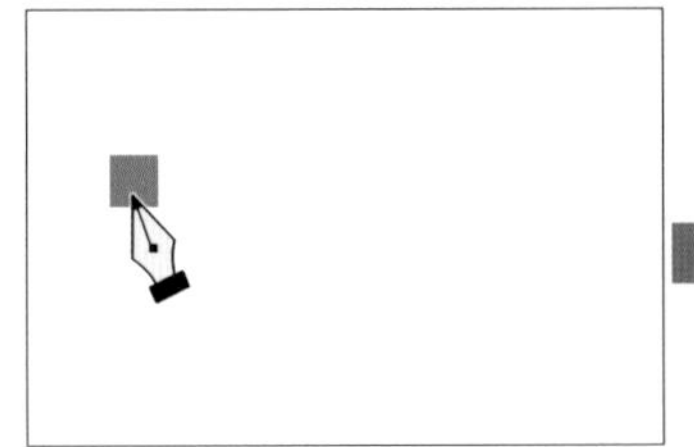

●次の点を打つときクリックしたままホールド

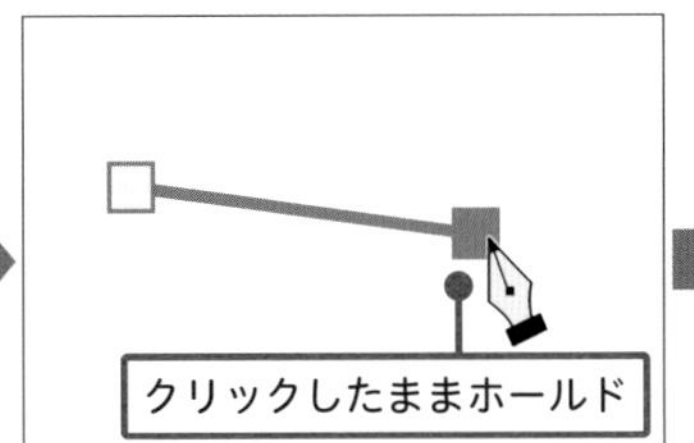

※長押しし続けながら操作

●ドラッグするとハンドルが出てくる

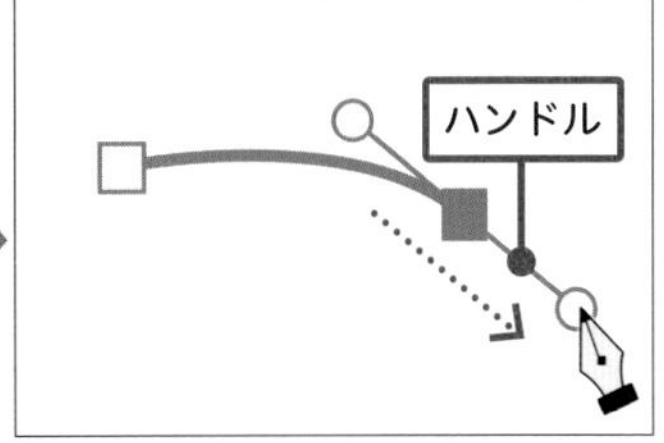

両端に○が表示される線がハンドル

CAUTION
ハンドルは、ただ曲線の形を決めるだけの補助線。
点（アンカーポイント）ではないので注意！

ハンドルの角度や長さを調整することによって、線の曲がり具合を決められるよ！

点とハンドルの動かし方

● Ctrl（⌘）を押しながら、動かしたいところをクリックしてドラッグする

点（アンカーポイント）の場合

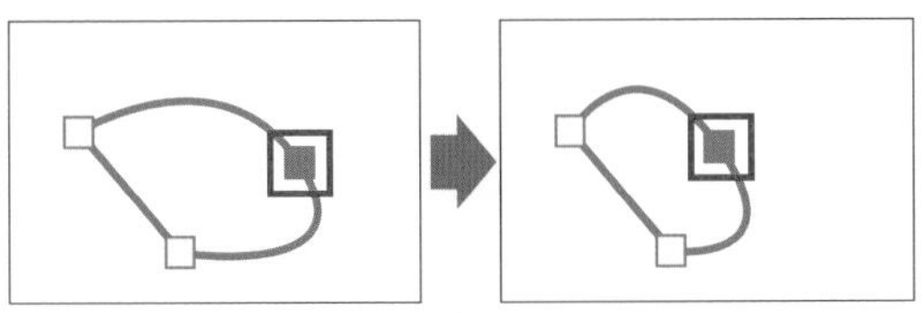

点の位置が変わって形も変わる

ハンドルの場合

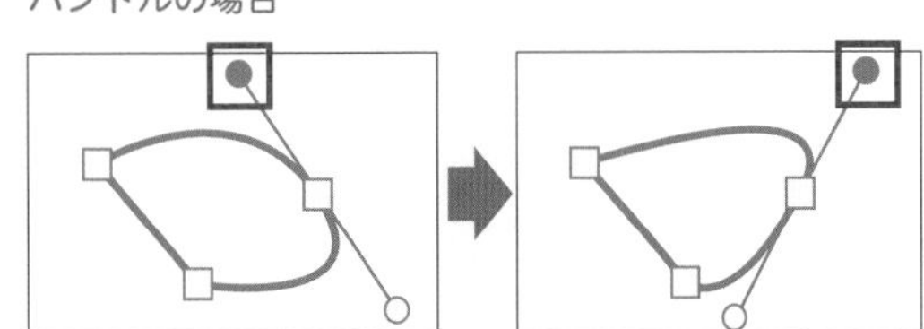

点はそのまま曲線の曲がり具合が変わる

POINT

□：点（アンカーポイント）
■：選択中の点（アンカーポイント）
○：ハンドルの端
●：選択中のハンドルの端

細かく点を打つと、最終的にカクカクしたパスになってしまうので、なるべく点は少なくするべし！

直線＋曲線の描き方

●例えばこのシェイプをペンツールでなぞる

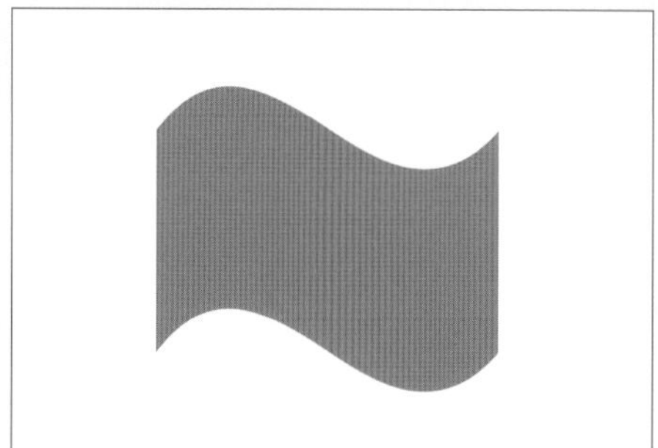

●曲線から直線に移るときにハンドルを折る必要がある

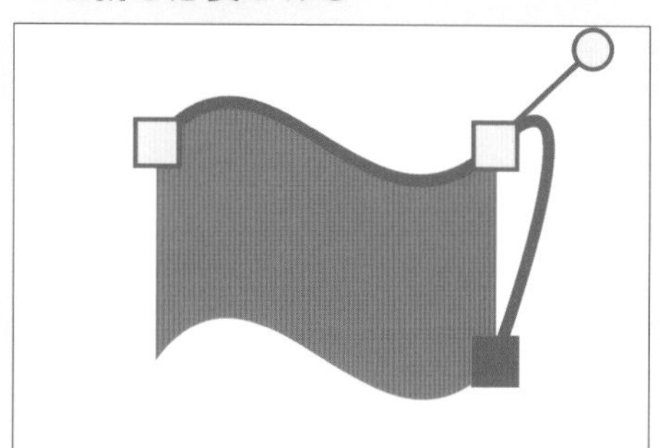

曲線が終わって直線にいこうとしたら、ぐにゃっと曲がっちゃうよ〜！

曲線から直線にするときは、ハンドルを折って進行方向を変える必要があるよ！

●２つ目の点を打ってドラッグして、ハンドルを出す

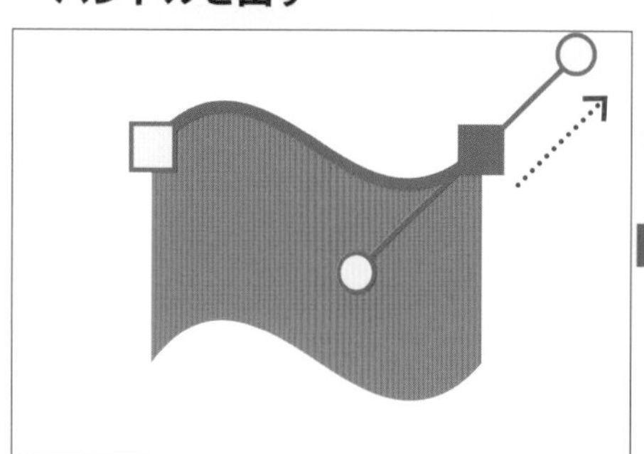

●Alt（option）を押しながらハンドルを進行方向にクリック＆ドラッグ

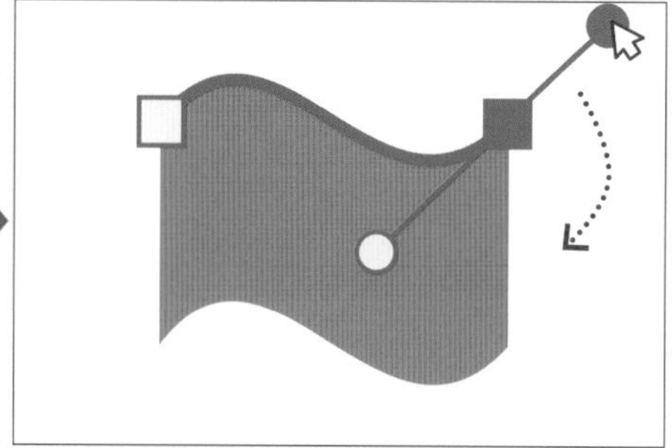

●ハンドルが折れる

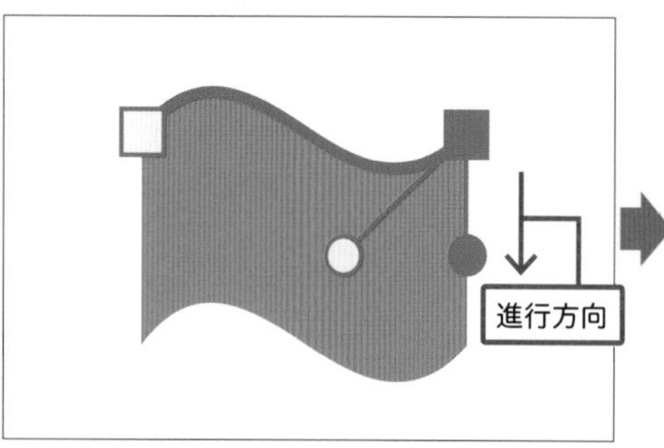

●次の点を進行方向に打つ

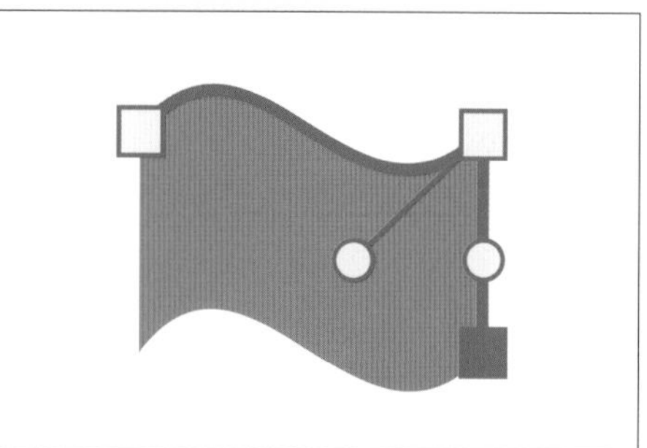

SHORTCUTS

ハンドルを折る

Alt（option）を押しながらハンドルをクリック＆ドラッグ

SHORTCUTS

ハンドルを足す／なくす

Alt（option）を押しながら点をクリック

パスとは？

「**パス**」とは、他に利用するための線だけの情報で、画像には書き出されない作業用の線です。

基本はペンツールで作りますが、シェイプツール（P.119）や選択範囲（P.131）からも作れます。パス自体を保存することも可能で、パスを使ってできることもたくさんあります。

パスの保存方法

●ペンツールでパスを描く

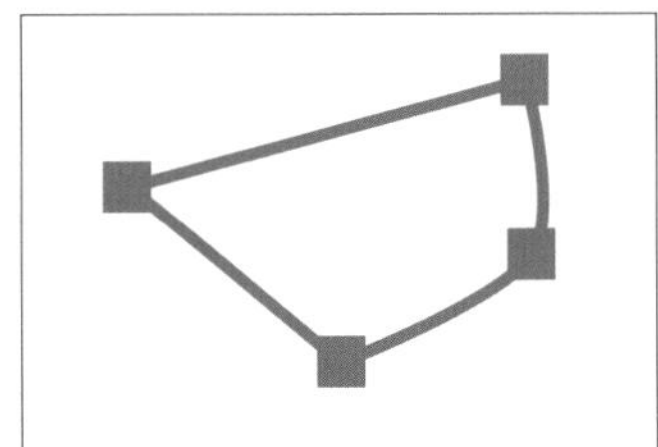

パスは囲んでも、囲まなくてもOK

●パスパネルにいくと作ったパスがある

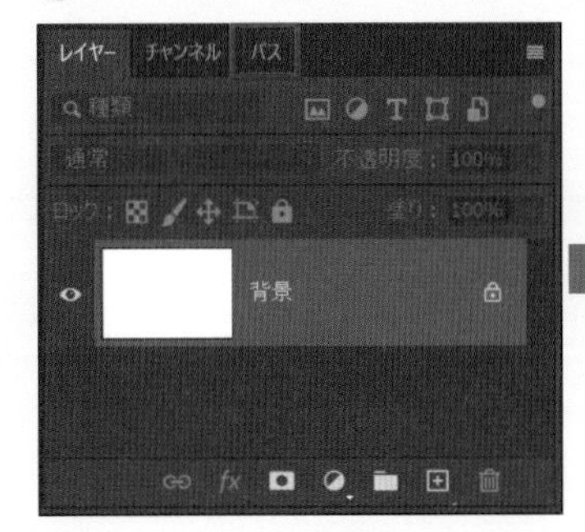

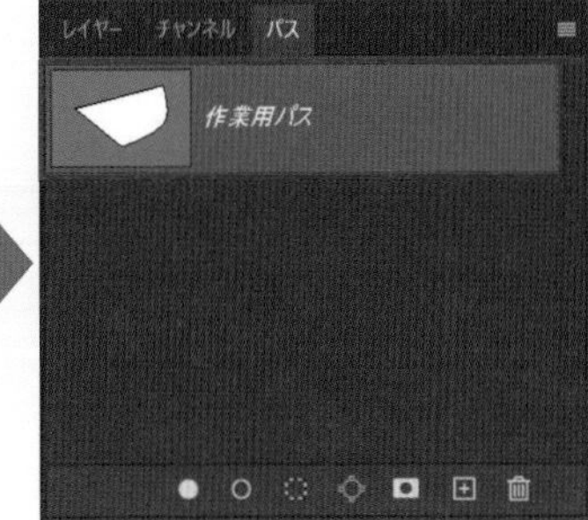

作ったパスは「作業用パス」となっている

●ダブルクリックして名前を変更する

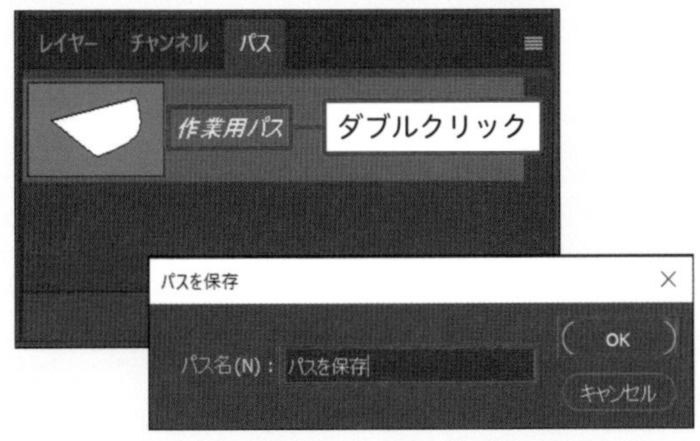

●パスとして保存される

パスを非表示／表示にする方法

●パスパネルで何もないところをクリック

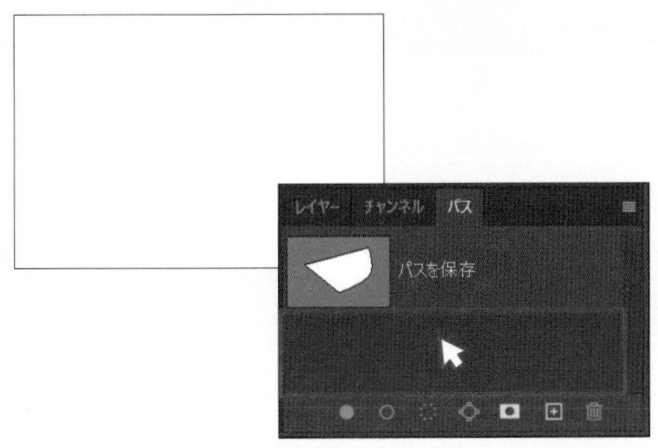

キャンバス上のパスは消えるがパスパネルには残る

●パスパネルで表示したいパスをクリック

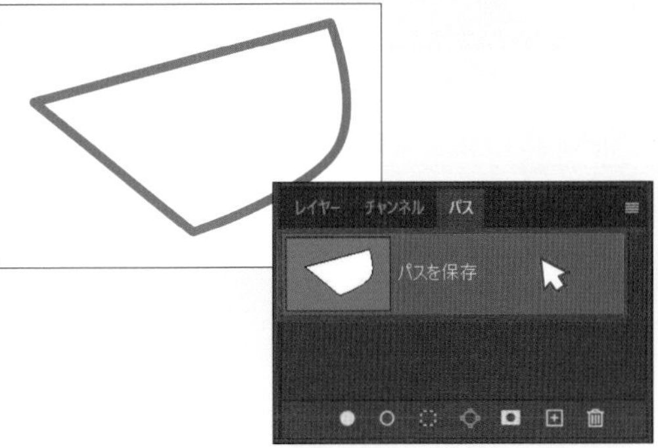

いったん非表示にして再表示しただけでは、点（アンカーポイント）は表示されない

保存したパスを直す方法

●パスパネルでパスをクリック

●ペンツールで Ctrl (⌘) を押しながらパスをクリック

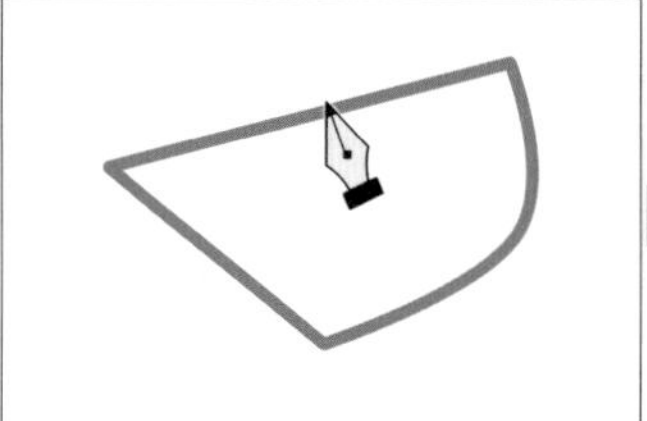

●点（アンカーポイント）が表示されるので直せる

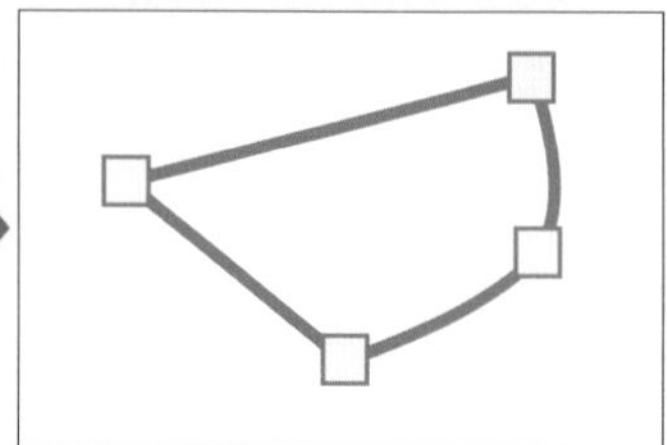

点を Ctrl (⌘) を押しながらクリックすれば、動かせる (P.155)

パスでできること

パスを使ってできることはたくさんあるので、ここでは代表的なものを見ていきます。

切り抜き

●作ったパスの上で右クリックして「選択範囲を作成」をクリック

●ぼかしの調整をして、「OK」をクリック

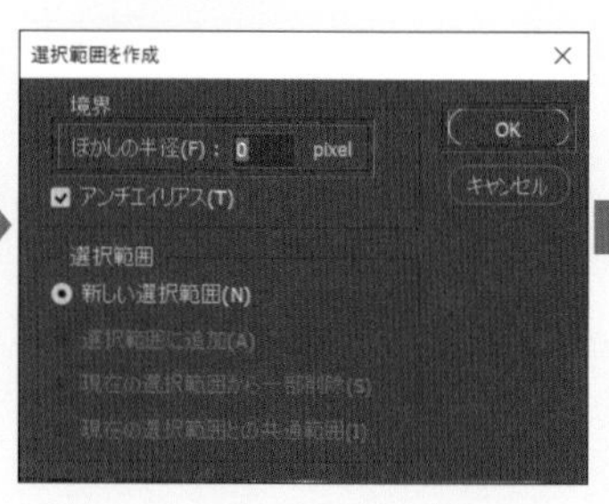

ぼかしたくないときは0にする

●レイヤーマスクをクリック

切り抜きができる

CAUTION
髪の毛や動物の毛をペンツールで囲むのは大変なので、ペンツールは使わない！
輪郭をぼやっとさせたくないものだけペンツールで切り抜く！

パスから選択範囲に変えられるから、選択範囲でできること(P.130) はすべてできるよ！

線の上にブラシの効果をかける

●反映させたいブラシの色やサイズに設定する

●効果を反映させるためにレイヤーを1枚足す

●ペンツールに戻る

●パスの上で右クリックして「パスの境界線を描く」をクリック

●ツールをブラシにして「OK」をクリック

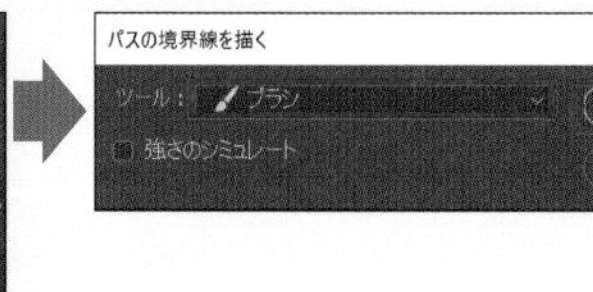

●設定したブラシがパスに反映する

MEMO

その他パスパネルでできること

❶描画色で塗りつぶす
❷ブラシの効果をかける
❸選択範囲を作る
❹選択範囲から作業用パスを作る
❺レイヤーマスクを作る
❻新規パスを作る
❼現在のパスを消す

ペンツールがちょっと難しいと感じたら最初のうちは飛ばしてOK！
Photoshopに慣れて使う必要が出てきたら戻ってきてね！

Photoshopの作業を効率化しよう!

効率化する方法はいくつかありますが、その中でも今すぐ効率化が進む2つをご紹介します！

①ショートカットキーを使う

この本でもShortcutsを入れていますが、ショートカットを使うだけで、効率的に進みます。

ここでよく使うショートカットのランキングを発表するよ！

第1位　Ctrl（⌘）＋T　移動・拡大縮小
第2位　Ctrl（⌘）＋J　レイヤーを複製
第3位　Ctrl（⌘）＋I　レイヤーマスクを反転

②ツールバーのカスタマイズをする

写真系とデザイン系でよく使うツールをランキングにしてみました。自分がよく使うツールは見やすいところに配置して、すぐ使えるようにすると効率化アップ！

（ツールバーのカスタマイズ方法はP.112）

写真編集・加工編

第1位　ブラシツール
第2位　切り抜きツール
第3位　クイック選択ツール

デザイン編

第1位　横書き文字ツール
第2位　移動ツール
第3位　オブジェクト選択ツール

ちょこっと復習クイズ

Q1 ツールが見つからないときはどこを探す？ 2つ選んでね！

A.右下に三角があるツールを長押し
B.ツールをダブルクリック
C.「…」を長押し
D.色を長押し

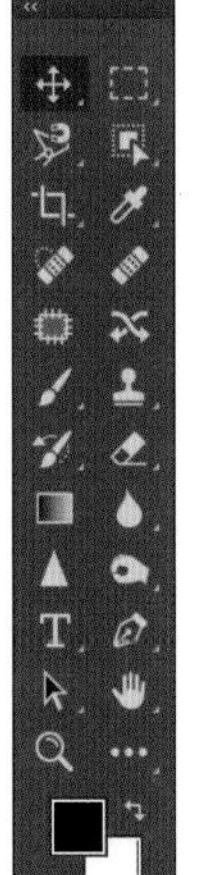

Q2 選択範囲を使い終わった後に必ずすることは？

A.Photoshopを閉じる
B.保存する
C.選択範囲を解除する

答え　1.A,C　2.C

Step 4

３つの力を手に入れよう

～３つ目の力『フィルター』～

Start
Goal
Practice
Basic
Designer
Photographer
Layer
Filter
Tool

３つ目の力は雰囲気を変えられるフィルターだよ！

フィルター

フィルターって、SNSで写真を加工するときみたいに雰囲気をガラリと変えられるの？

イメージはそんな感じなんだけど、Photoshopの場合もっと細かく、ボケ具合だったり、ゆがみ加減など変えることができるよ！　写真をさらに良くするための味付けみたいなイメージ！

なるほどね！　写真編集するときに使えそうだね！

そうそう！　フィルターは種類も多くて、いくつも重ねてかけられるから、できることは無限大だよ！

えっ、また覚えることたくさんあるの?！

覚えなくても大丈夫！　自分が使いそうなものだけをチェックしてね！

フィルターとは？

フィルターとは写真に対してボケ、ゆがみなどの効果をかけることができるものです。
写真全体や選択範囲を作ってその中にフィルターをかけることができます。

●フィルターなし

●フィルターあり（ぼかしガウス）

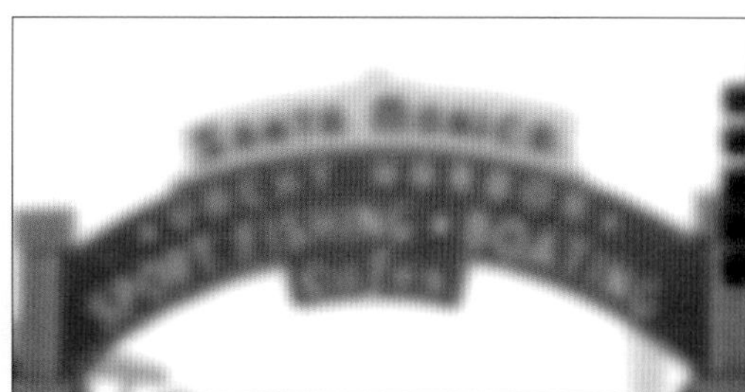

フィルターのかけ方

①写真全体にかける場合

●写真のレイヤーをクリック

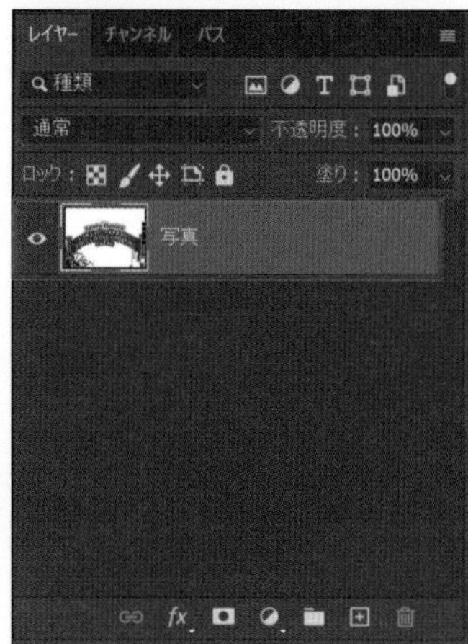

●フィルターを選ぶ

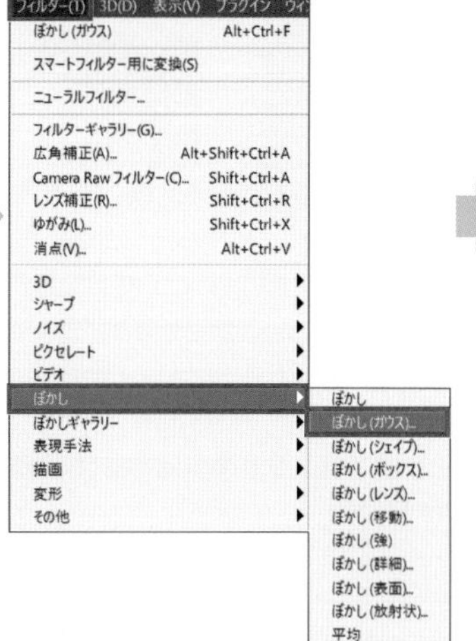

●フィルターの詳細設定

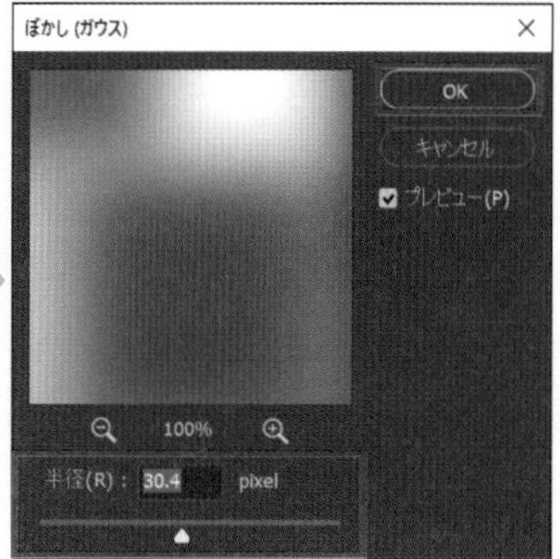

●フィルターがかかる（ラスタライズのレイヤーの場合）

レイヤーが直接編集される

●フィルターがかかる（スマートオブジェクトのレイヤーの場合）

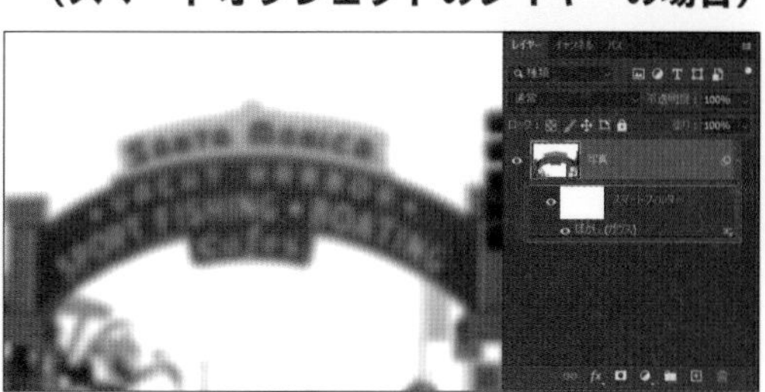

スマートフィルターがレイヤーに付く

②写真の一部にかける場合

選択系ツール（P.120）と組み合わせてフィルターを使うことで、写真の一部だけにフィルターをかけることができます。

●選択系ツールで囲む

レイヤーパネルでレイヤーをクリックするのも忘れずに

●フィルターを選ぶ

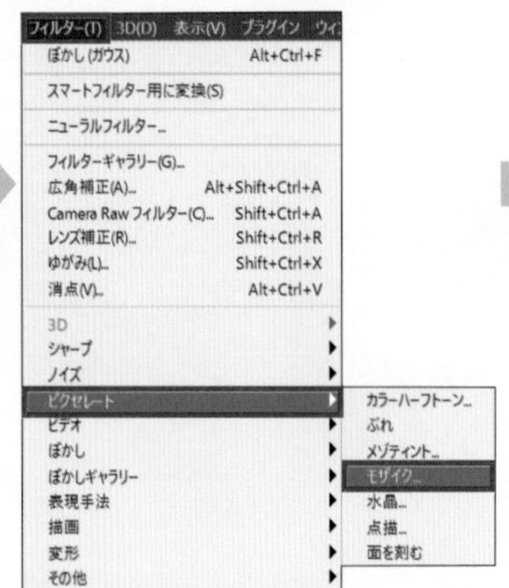

●フィルターの詳細設定

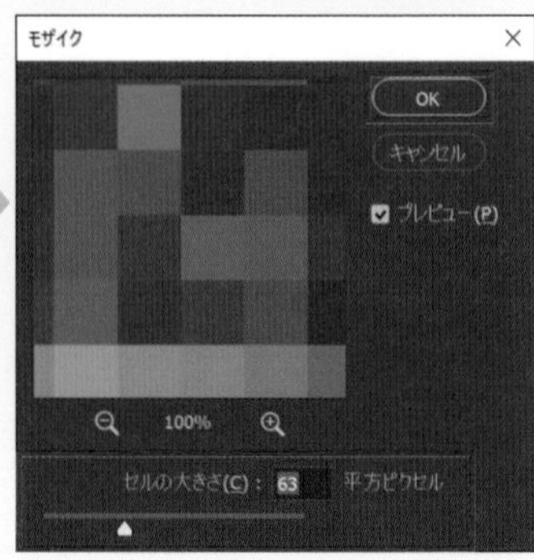

●フィルターがかかる（ラスタライズのレイヤーの場合）

レイヤーが直接編集される

●フィルターがかかる（スマートオブジェクトのレイヤーの場合）

スマートフィルターのフィルターマスクがレイヤーマスクのように白黒になる

ラスタライズとスマートオブジェクトのレイヤーで、それぞれフィルターをかけたあとが違うんだね！

スマートオブジェクトのときだけ、できることもあるよ！

スマートオブジェクトの場合のみできること

レイヤーをスマートオブジェクトにしておくと、あとからでもフィルターの詳細を変更できます（スマートオブジェクトについてはP.76）。

①フィルターマスクで反映させるところを決められる

●フィルターマスクをクリック

●ブラシツールの黒で塗る

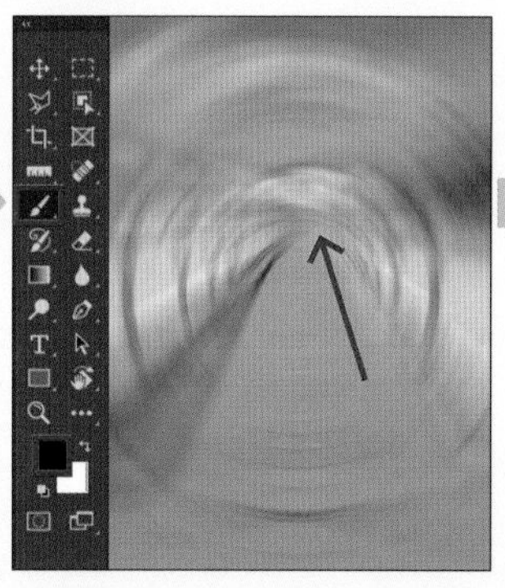

レイヤーマスクと同じで白は反映される、黒は反映されない

●塗ったところは反映されなくなる

真ん中のぼかしがなくなる

②フィルターの加減をあとから調整できる

●フィルター名をダブルクリック

●フィルターの詳細設定が表示されて変更できる

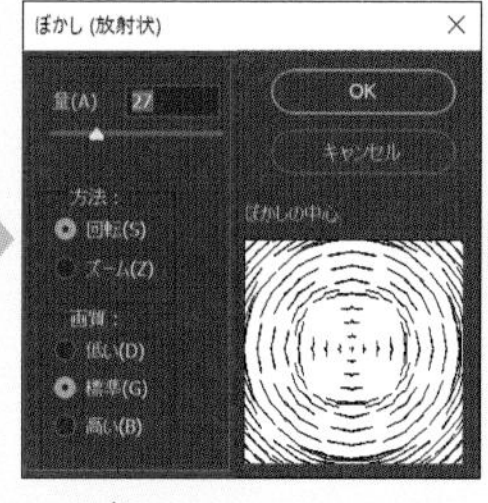

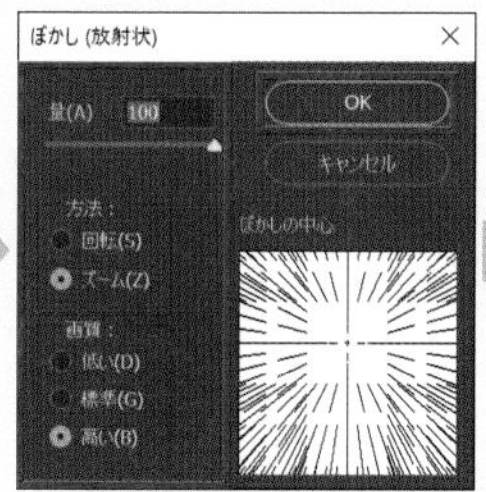

●フィルター加減が変わる

③フィルターを非表示にできる

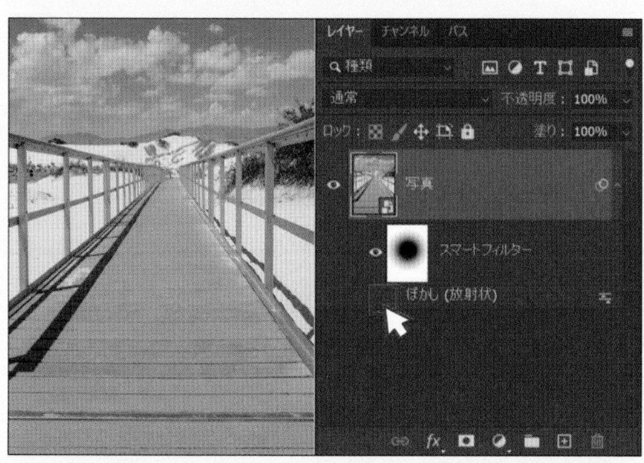

目のマークをクリック

④フィルターを削除できる

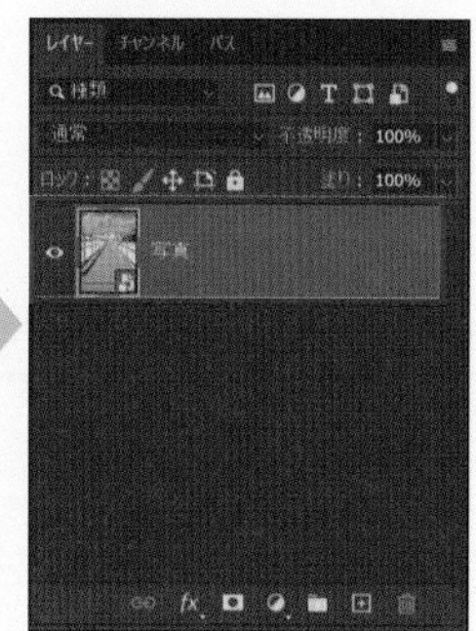

CAUTION

ラスタライズのレイヤーでは、あとからの変更は何もできないので注意。

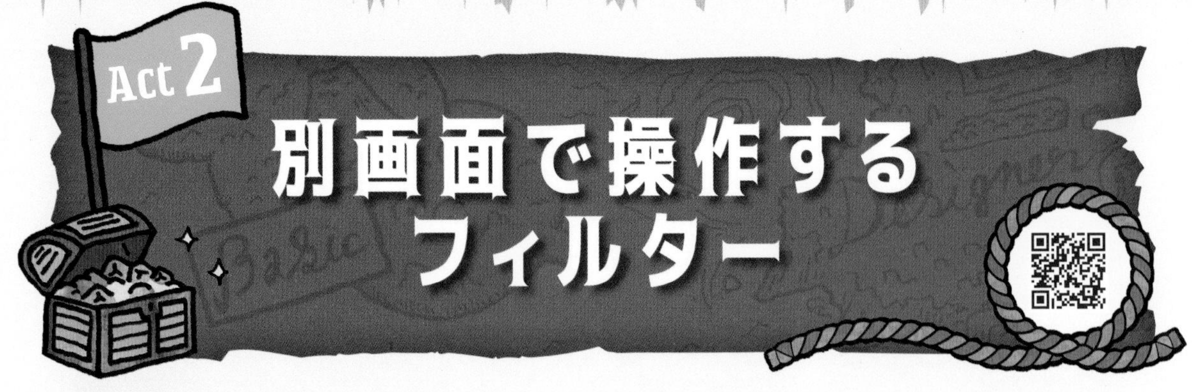

別画面で操作するフィルター

このグループのフィルターは、クリックすると別画面が開いて、そこで詳しい設定ができるよ！

フィルターギャラリー

使う頻度 ★★★☆☆
カメラマン　デザイナー

フィルターギャラリーでは、写真に特殊効果をかけて絵画のようにすることができます。

効果は47種類あり、複数かけることもできます。写真をアニメ風や線画風にしたいときなどにも使えます。

基本の使い方

●好きな効果を選び、右側で詳細設定をして、「OK」をクリック

詳細設定は効果によって内容が変わる

うわー！　一瞬で写真に魔法がかかった！

白黒で表示されている効果の使い方

ツールバーで描画色・背景色を変える

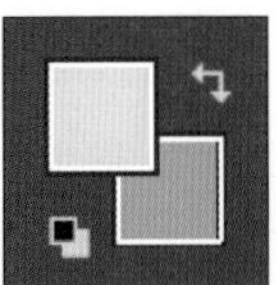

CAUTION
フィルターギャラリーを使う前に、色を変える！ 効果を加えたあとに色を変えても反映されないので注意！

フィルターギャラリーで白黒で表示されている効果を選ぶ

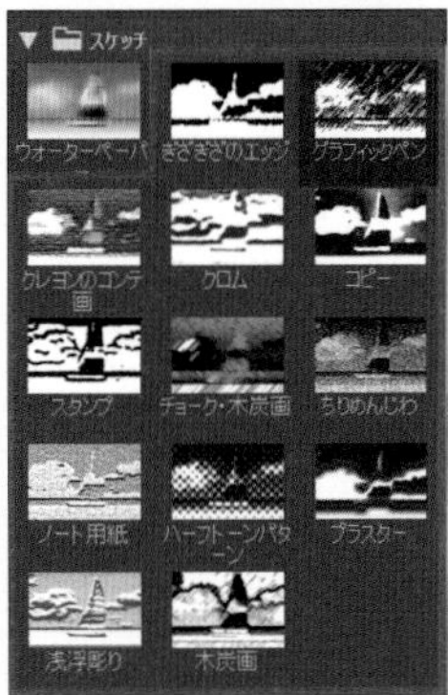

描画色と背景色の色が反映される

効果例

カットアウト

スタンプ

ステンドグラス

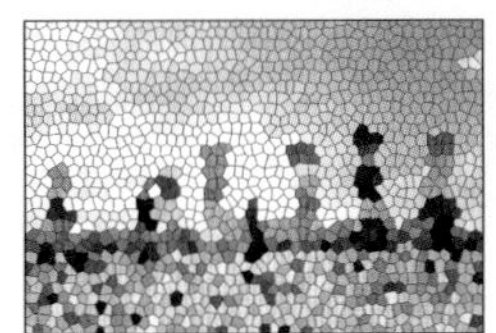

エッジの光彩

スポンジ

水彩画

テクスチャライザー

海の波紋

複数のフィルターギャラリーをかける方法

プラスマークをクリック

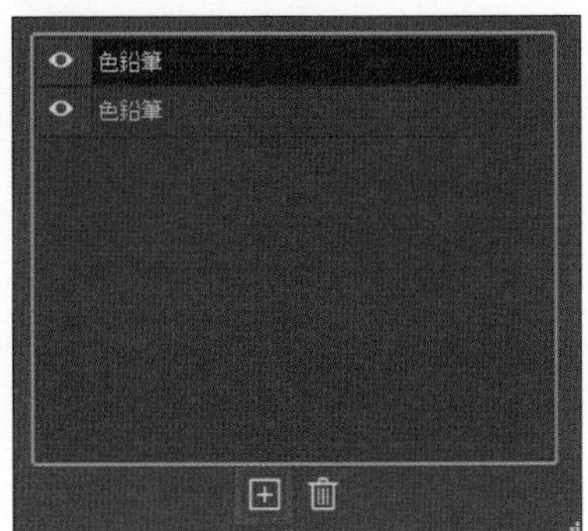

消すときはゴミ箱をクリック

２つ目のフィルターをクリック

ドラッグすると上下の順番を変えられる

Camera Raw

使う頻度 ★★★★★
カメラマン　デザイナー

Camera Rawでは、写真の明るさや色味を1つの画面で調整することができます。まず写真全体の色調補正をしたいときに使います。

元画像

基本の使い方

●基本補正では、基本的な明るさ・色味などを調整

●カーブでは、トーンカーブの調整

●ディテールでは、シャープ加減の調整

●カラーミキサーでは、一部の色を変更

Camera RawとLightroom激似じゃん！

使い方はLightroomとほぼ同じだね！　実際Photoshopの画面でも、トーンカーブとか使えるけど、1つの画面で一気にいろんな調整ができるのがCamera Rawの一番の特徴だよ！

POINT

大量の写真を編集する場合→Lightroom
数枚だけ写真を編集する場合→Camera Raw

Rawデータのとき自動で開いたCamera Raw画面への戻り方

Rawデータを Photoshop で開くと、自動でCamera Rawが開きます。

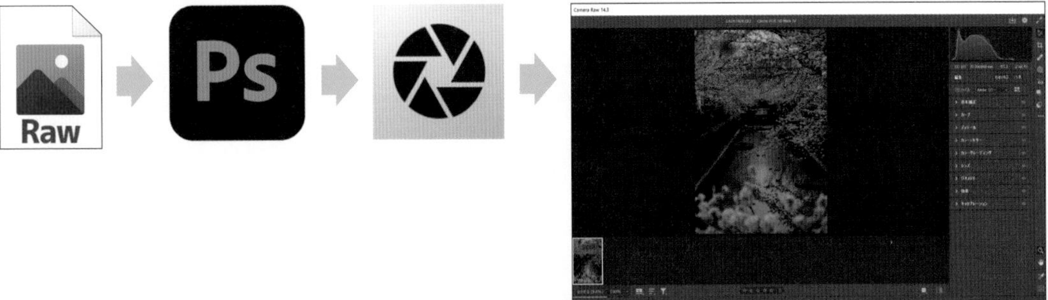

JPEG の写真を Photoshop に入れたときと開く画面が違うんだね！

● Photoshopに Rawデータを入れる

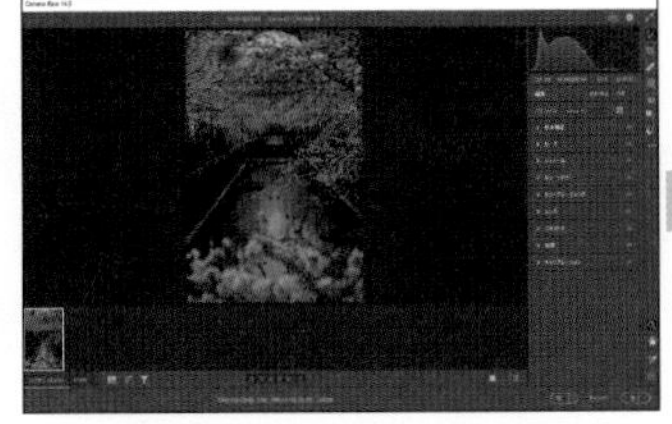

● Camera Rawで 編集する

● 「オブジェクトとして 開く」をクリック

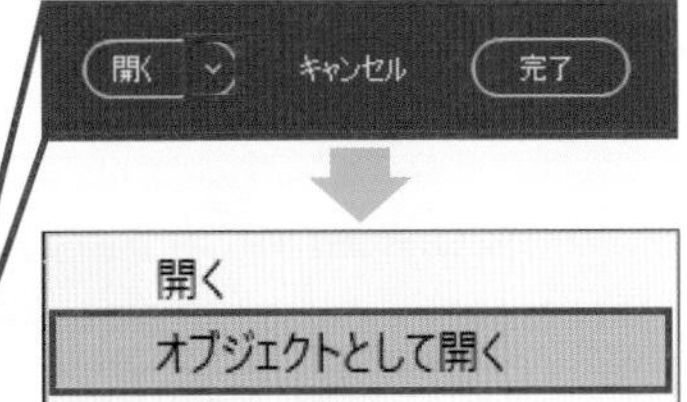

完了では Photoshop は開かない

● Photoshopの 画面が開く

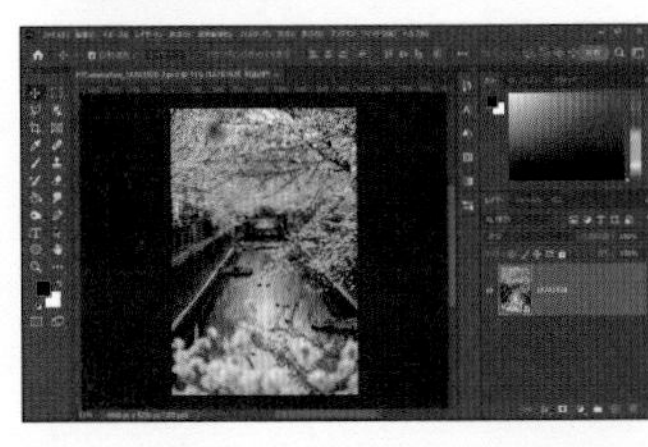

● 写真レイヤーのサムネイルをダブルクリック

● Camera Rawが 続きで開く

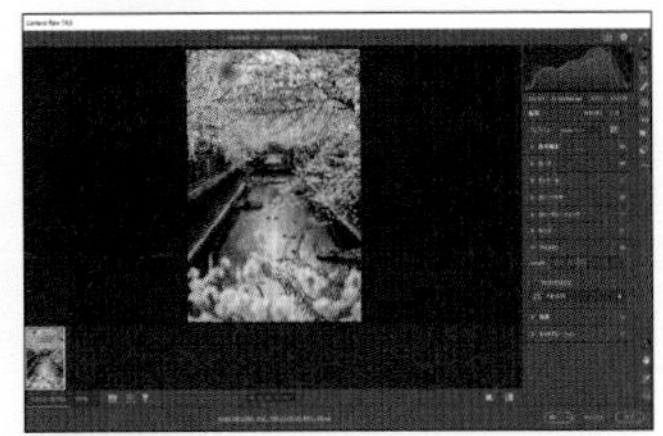

一番最初に取り込んだ画像で『開く』にすると、Camera Rawの同じ画面には戻れなくなるよ！

Photoshopに追加した2枚目以降の画像は「開く」しか選べない。この場合「開く」でもレイヤーパネルのサムネイルをダブルクリックでCamera Rawの続きに戻れる！

ゆがみ

使う頻度 ★★☆☆☆
カメラマン デザイナー

ゆがみは、主に顔や顔のパーツのサイズを変えるときに使います。

基本の使い方

●前方ワープツールをクリック

●指圧のようにクリック＆ドラッグ

●クリックした範囲を押し込んで動かすことができる

POINT

少しずつ輪郭に沿うように押していくと、きれいにうまくいく！

ツールと詳細設定

①ブラシツールオプション：ツールのブラシ設定を変更

サイズ：ブラシのサイズ

密度：ブラシの中でどれぐらい動かすか

筆圧：どれぐらいの加減で動かすか

エッジをピンで留める：チェックマークありで背景がなくなることを防げる

②顔ツール&顔立ち調整

Photoshopが顔のパーツを自動検知し、スライダーで動かせる。※顔立ち調整はスライダーで、顔ツールは画像をドラッグして調整

③表示オプション

変形前の元の写真をうっすら表示させて、変化具合をわかりやすくする

一番よく使うのは『前方ワープツール』だよ！　うまくゆがませられなければ、『顔ツール』や右側の『顔立ち調整』で試してみよう！

④再構築ツール

ゆがませたところをなぞると、ゆがませた部分を修正

⑤スムーズツール

⑥渦ツール

⑦縮小ツール

⑧膨張ツール

⑨ピクセル移動ツール

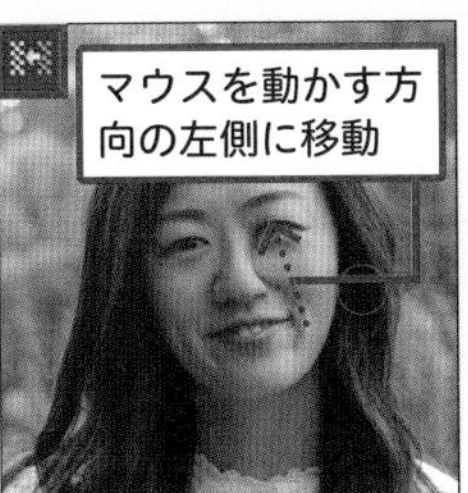

⑩マスクツール

⑪マスク解除ツール

人の顔で遊ばないで～！！

消点

使う頻度 ★★☆☆☆
カメラマン デザイナー

消点では、四角形でカクカクした面を持っているもののモックアップ（はめ込み合成）ができます。

●左の看板に右の写真をはめ込むとする

●はめ込みたい写真を上に置きサムネイルを Ctrl（⌘）を押しながらクリック

● Ctrl（⌘）＋C で写真をコピー

●はめ込みたいレイヤーの目のマークをクリックして非表示

いったん見えなくする

SHORTCUTS
レイヤーの中にあるものを選択範囲にする

Ctrl（⌘）＋サムネイルをクリック

●選択範囲（点線）を解除する

SHORTCUTS
選択範囲を解除

Win Ctrl ＋ D
Mac ⌘ ＋ D

●新規レイヤーを追加してクリック

スマートオブジェクトでは「消点」は使えないので、必ず「新規レイヤー」にする

●フィルターの「消点」にいく

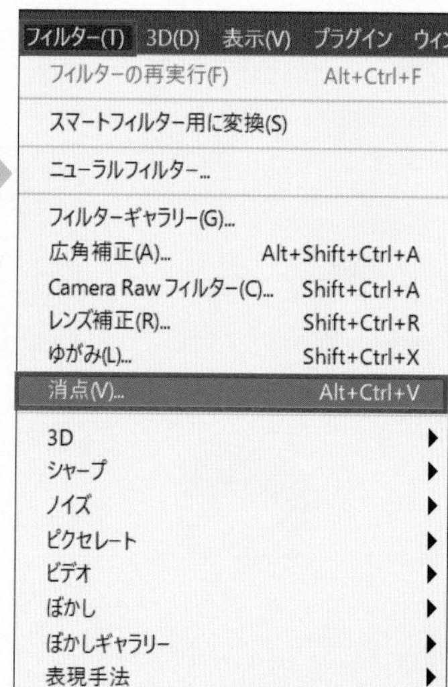

●「面作成ツール」で看板を囲む

看板の4つの頂点をクリックして結ぶ

● Ctrl（⌘）+V を押してペースト

ペーストするとコピーしたものが現れる

CAUTION
囲んだ線が青か黄色になるように囲む！　線が赤い場合は囲み直す必要あり！

● Ctrl（⌘）+T を押して端を探して大きさを変える

Shift を押しながらドラッグで比率を変えずに縮小

●写真をドラッグすると看板に入り込む

遠近感を出しつつ、はまる

●位置サイズを調整して「OK」をクリック

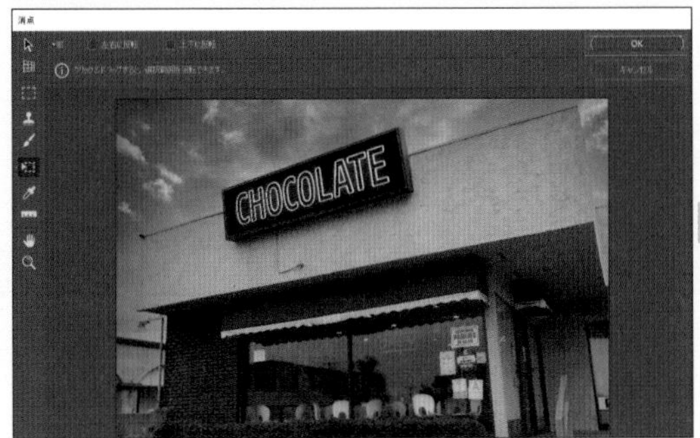

ちょうどよいサイズ・位置になるまで動かす

●看板に写真がはめ込まれる

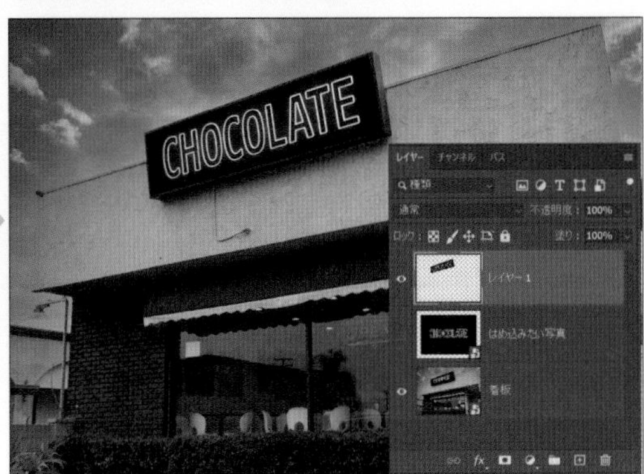

新規レイヤーに変形された画像が張り付けられる

シャープ

使う頻度 ★★★☆☆
カメラマン デザイナー

シャープでは、写真をくっきりさせることができます。
種類がたくさんあるので、写真に合ったシャープの種類を選んでみてください。

- アンシャープマスク...
- シャープ
- シャープ (強)
- シャープ (輪郭のみ)
- スマートシャープ...

シャープの種類が5つあるけど、はっきりわかるようにかけたいときは、アンシャープマスクかスマートシャープだよ！

アンシャープマスク

ピクセル１つ１つにシャープの処理をしてくれます。

量：シャープの度合い
半径：どのくらいの範囲にするか
しきい値：隣り合うピクセルの色の差が入れた数値より大きいとエッジと判断され、シャープになる

3つのシャープ

シャープ・シャープ（強）・シャープ（輪郭）は加減を自分で調整できません。

元の写真

シャープ

うっすらシャープ

シャープ（強）

シャープより少し強め

シャープ（輪郭のみ）

輪郭を中心にシャープにする

スマートシャープ

アンシャープマスクと似ていますが、輪郭を認識して、輪郭を中心にシャープさを加えます。

量：シャープの度合い
半径：どれぐらいの範囲にするか
ノイズを軽減：ノイズを抑えてくれる
除去：ガウスはアンシャープマスクで使われているものと同じ
　　　レンズは輪郭など認識してくれた上でシャープさを出す
　　　移動はカメラが動いてしまったときなどのブレを軽減し、角度も決められる
ハイライト・シャドウ：ハイライトとシャドウのところからシャープにしたところを差し引いてくれるイメージ
　　　（画面上になければ、シャドウの左の「>」を押すと開く）
補正量：シャープにした量を減らしてくれる
階調の幅：ハイライトまたはシャドウの中のどれぐらいの明るさの範囲にするか
半径：ピクセルの範囲を決める

ピンボケしちゃった写真を直すのにも使えるね！

ノイズ

使う頻度 ★★★☆☆
カメラマン デザイナー

ノイズでは、写真にザラザラしたテクスチャを加えたり、減らしたりできます。ノイズの中でもよく使うのが「ノイズを加える」と「ノイズを軽減」です。

ダスト＆スクラッチ...
ノイズを加える...
ノイズを軽減...
明るさの中間値...
輪郭以外をぼかす

ノイズを加える

写真にザラザラ感を足してくれる役割があります。合成するときに、切り抜き写真または背景写真のノイズ加減を合わせるために使います。

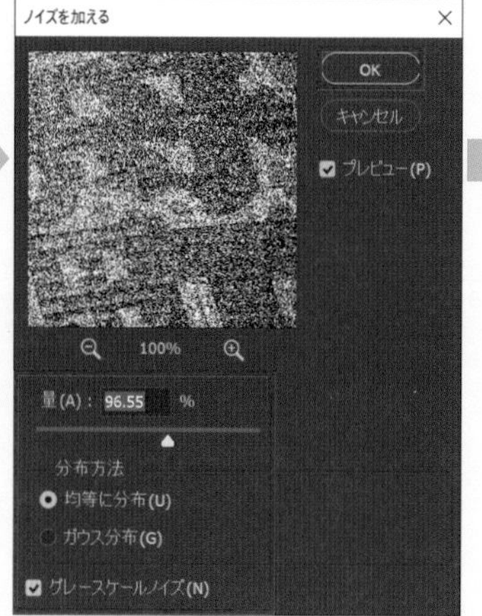

量：ノイズの量を変える
均等に分布：ノイズが均等になって、色も滑らかに見える
ガウス分布：ノイズがあちこちに散らばる感じになる
グレースケールノイズ：チェックマークありで全体的にグレーのノイズが加わる

ノイズを軽減

写真のノイズを抑えてくれます。

強さ：ノイズを抑える
ディテールを保持：元の写真のディテールを残す
カラーノイズを軽減：カラーノイズを抑える
ディテールをシャープに：細かいディテールをシャープにする

ピクセレート

使う頻度 ★★☆☆☆
カメラマン デザイナー

ピクセレートでは、ピクセル化した加工ができます。

カラーハーフトーン...
ぶれ
メゾティント...
モザイク...
水晶...
点描...
面を刻む

元画像

カラーハーフトーン

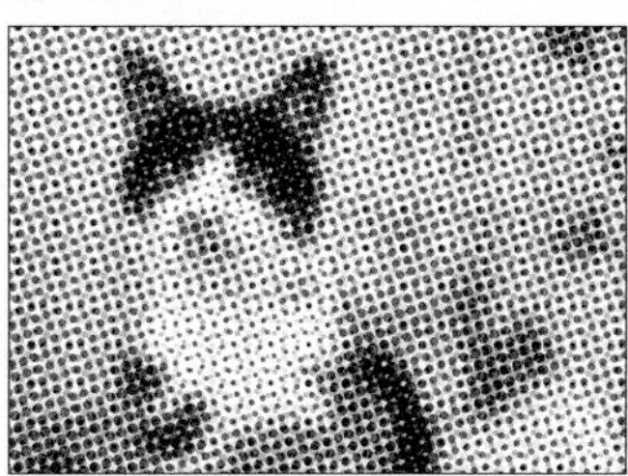

CMYKの4色に分解した結果

ぶれ

※自分で調整できない

メゾティント

銅版画のような効果

モザイク

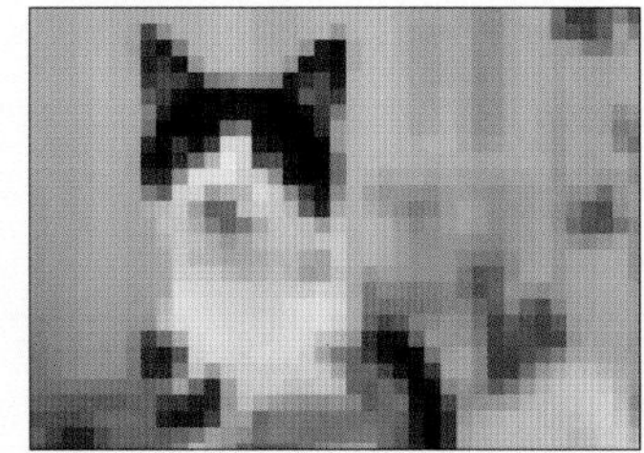

正方形でピクセル化

水晶

多角形でピクセル化

点描

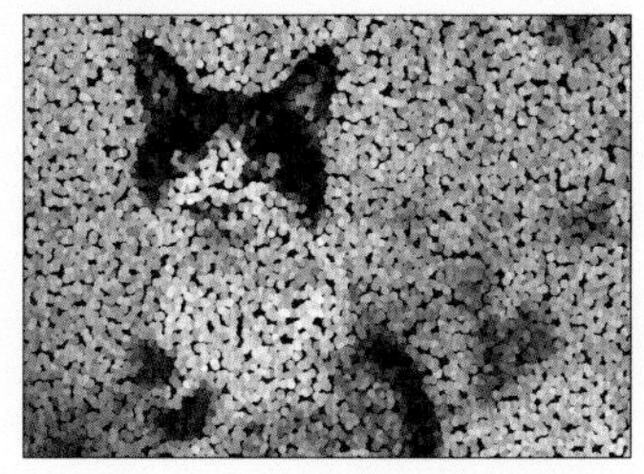

点の集まりで絵を描く技法の効果

面を刻む

※自分で調整できない

ぼかし

使う頻度 ★★★★★
カメラマン　デザイナー

ぼかしのフィルターには、ぼかしの種類がたくさんあります。
ぼかしたいときやレタッチなどの途中に使います。

ぼかしの種類って
こんなにあるんだね！

よく使うぼかしだけ
詳しく見ていくよ！

ぼかし
ぼかし（ガウス）...
ぼかし（シェイプ）...
ぼかし（ボックス）...
ぼかし（レンズ）...
ぼかし（移動）...
ぼかし（強）
ぼかし（詳細）...
ぼかし（表面）...
ぼかし（放射状）...
平均

ぼかし（ガウス）

顔を隠すためのぼかしとして使ったり、レタッチなどのテクニックの途中にも使います。

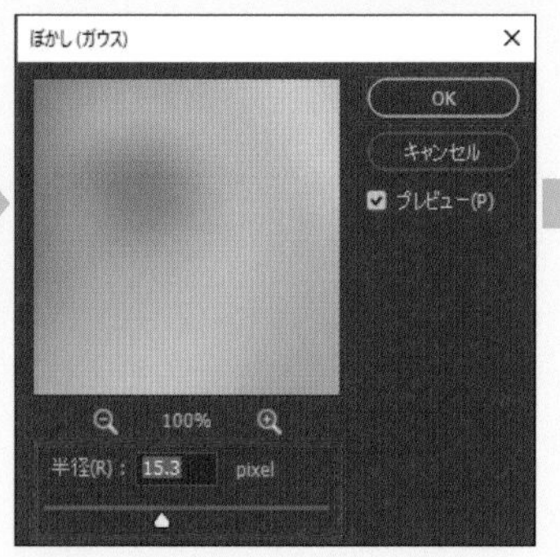

半径：ぼかしの大きさ

ぼかしの中では一番よく使うよ！

平均

選択範囲内の色の平均値で塗りつぶすことができます。

●元の写真

●選択範囲を作らないで平均

写真全体の平均の色で塗りつぶされる

●選択範囲を作って平均

選択範囲内だけの平均の色で塗りつぶされる

ぼかし（放射状）

回転させたり、ズームさせたようなぼかし方ができます。

●フィルターの詳細設定

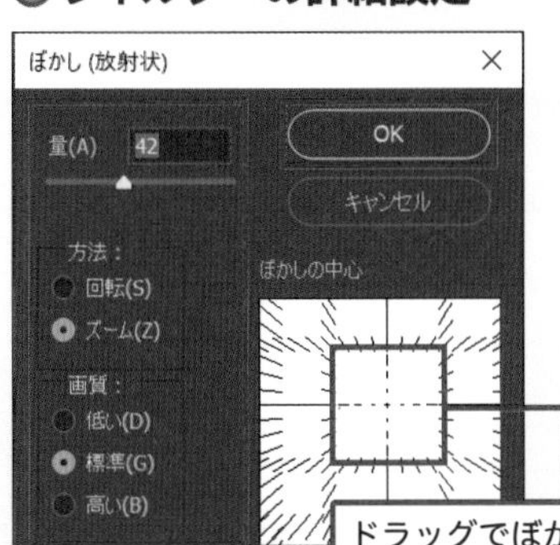

量：ぼかしの大きさ
画質：画質がいいほど、反映速度が遅くなる

●回転

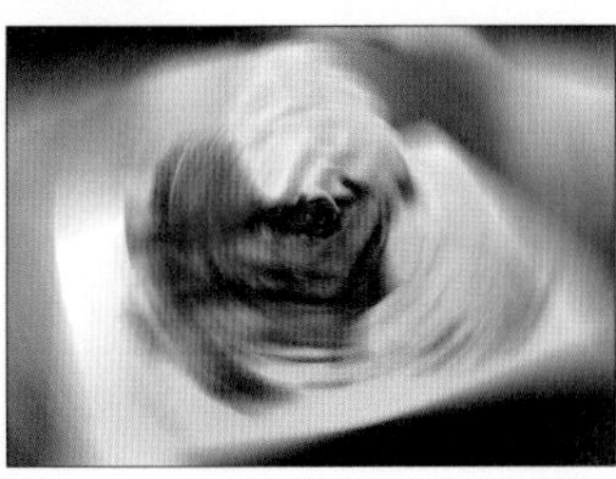

●ズーム

ぼかし（移動）

角度と距離を変えて動いているようなぼかし方ができます。

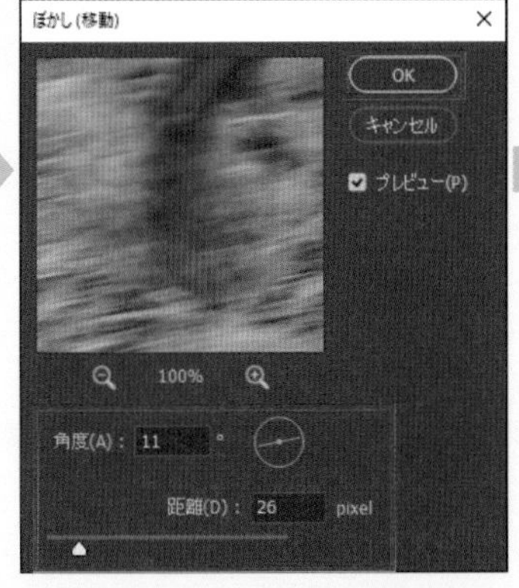

角度：角度を変える
距離：ぼかしの大きさ

その他のぼかし

●元の画像

●ぼかし

エッジを少しぼかす

●ぼかし（強）

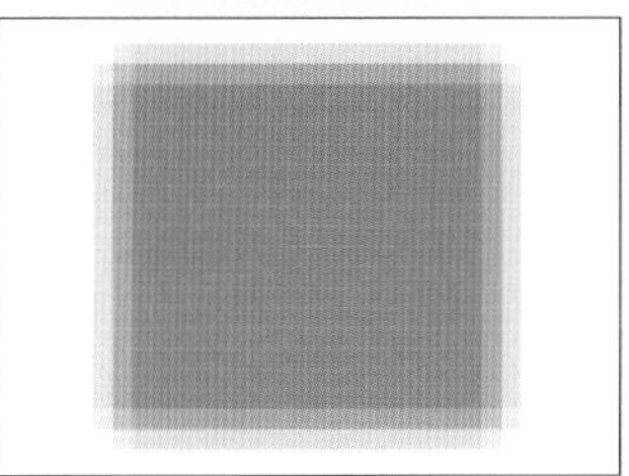

「ぼかし」より強くぼかす

●元の写真

●ぼかし（シェイプ）

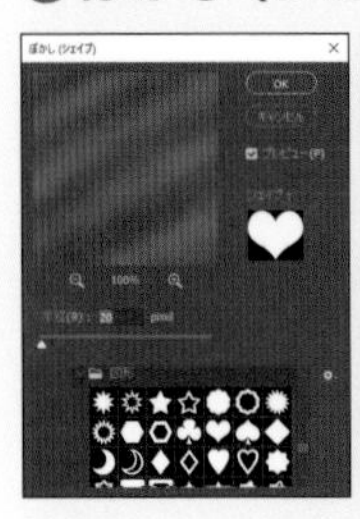

シェイプに沿ったぼかしで違いはあまりわからない

●ぼかし（ボックス）

近いピクセルの色の平均値を出したぼかし

●ぼかし（レンズ）

深度（距離感）を考えたぼかし
※スマートオブジェクトだと使用不可

●ぼかし（表面）

境界線を残し、それ以外のところをぼかす

ぼかし（詳細）

モードによってぼかし加減を変えられます。基本的には輪郭を見えるようにします。

●標準

●エッジのみ

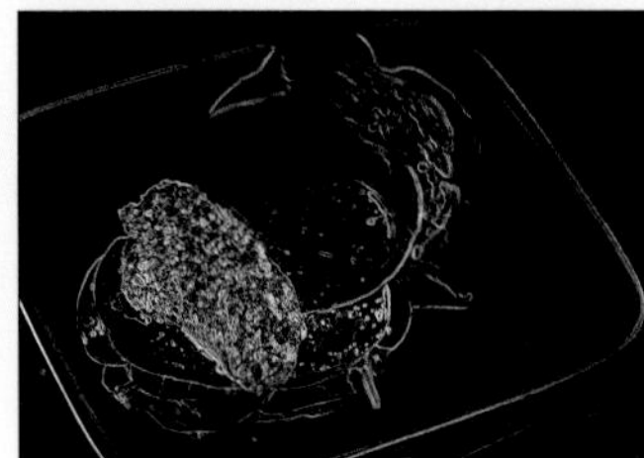

●エッジのオーバーレイ

ぼかしって、知らない人の顔をぼかすときくらいしか使わなくない？

それ以外にも、合成したときの背景の写真をぼかしたり、肌レタッチのテクニックだったりで使うよ！

へ～、そんな使い方もするんだね～。　じゃあ、使うとき教えてね（笑）

ぼかしギャラリー

使う頻度 ★★★★☆
カメラマン デザイナー

ぼかしギャラリーでは、「ぼかし（P.178）」と違って、画像上にピンを置くことによって、どこをどのくらいぼかすのか細かく指定できます。

フィールドぼかし...
虹彩絞りぼかし...
チルトシフト...
パスぼかし...
スピンぼかし...

フィールドぼかし

写真の場所によって、ぼかし具合を変えてぼかすことができます。前ボケや背景ボケなど、被写体にピントを合わせて周りを自然にぼかしたいときに使えます。

●ピンの中心をクリックし、ドラッグして移動

●右のスライダーまたはピンの周りの円でぼかし具合を調整

●クリックしてピンを増やし、ぼかし具合を調整

●必要なところにピンを打って調整する

ぼかしたくないところは、0にするとぼけないよ！

虹彩絞りぼかし

円の外をぼかすことができます。

●ぼかしをかけない範囲を決める

外側にある丸と内側にある丸の間は徐々にぼける

●ぼかし具合を調整

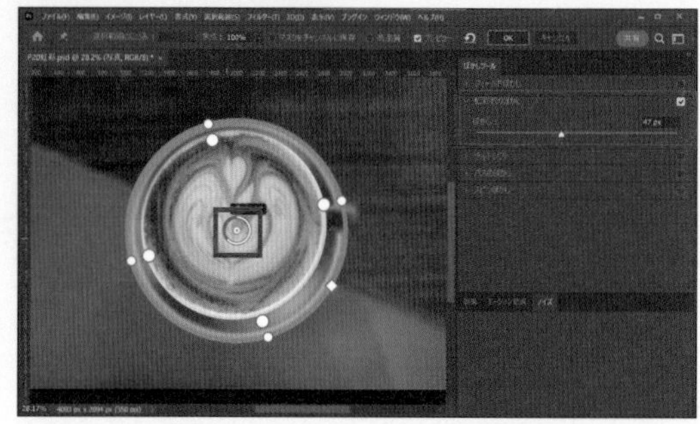

右のスライダーまたはピンの周りの円で調整

チルトシフト

線の場所によってぼかし加減を変えられて、奥行き感を出すことができます。

●ぼかす範囲を決める

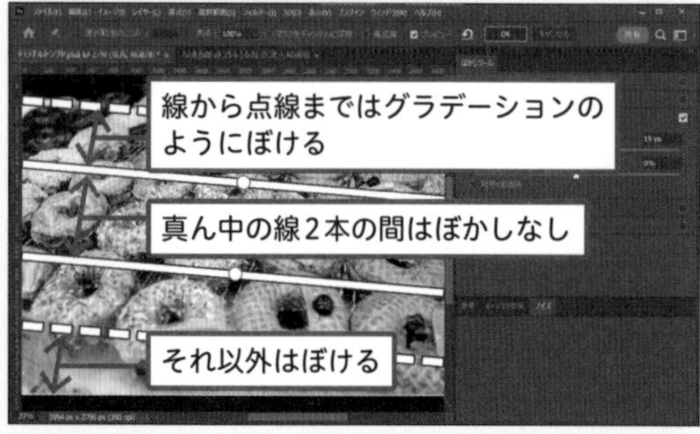

●ぼかし具合を調整

右のスライダーまたはピンの周りの円で調整

パスぼかし

パス（線）の方向に動かしてぼかすことができます。

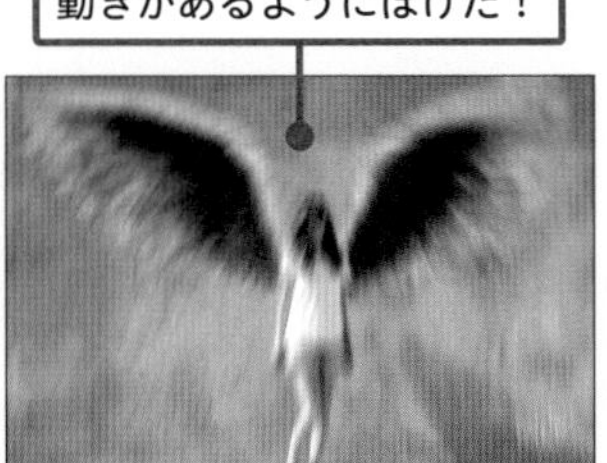

フィルターマスクを使った場合

●3カ所動かせる点があるのでドラッグ

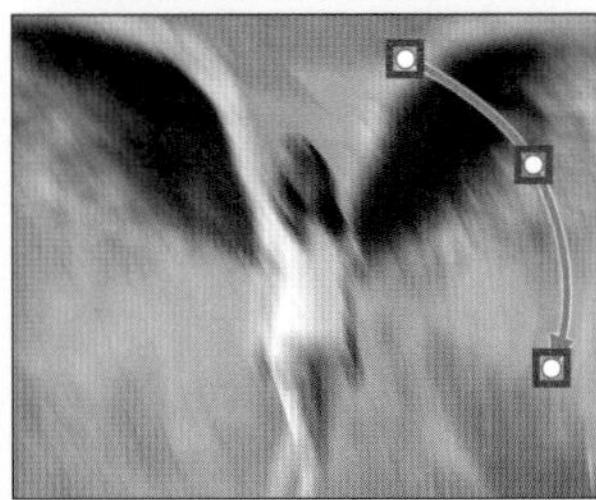

●別のパスをクリックして作る

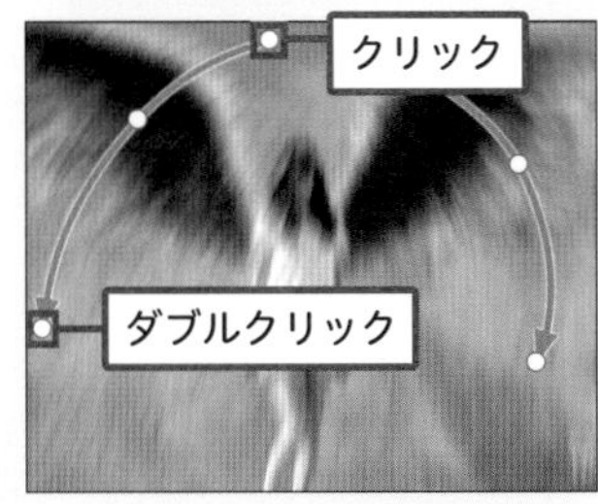

パスを作り終えるときはダブルクリック

●ぼかし加減を調整

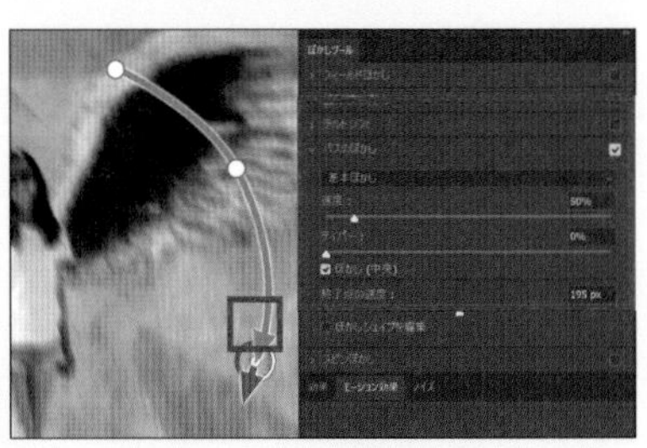

始点・終点それぞれも調整できる

スピンぼかし

スピンしているような、回っているぼかしをかけられます。

●ぼかす範囲を決める

●ぼかしの加減を調整

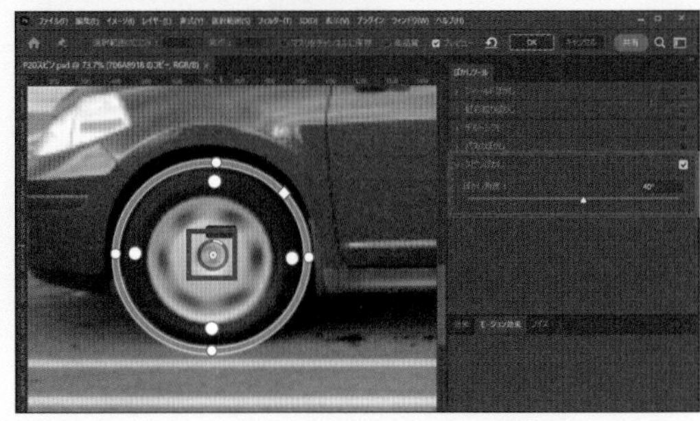

右のスライダーまたはピンの周りの円で調整

表現手法

使う頻度 ★☆☆☆☆
カメラマン　デザイナー

表現手法では、アクセントを加えたような写真にすることができます。

エンボス...
ソラリゼーション
押し出し...
拡散...
風...
分割...
油彩...
輪郭のトレース...
輪郭検出

●元写真

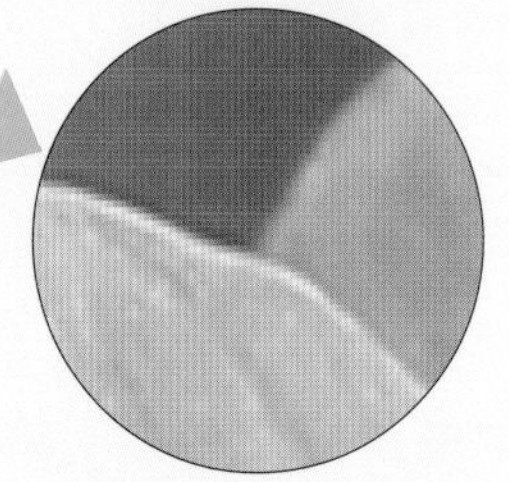

●エンボス

浮き上がらせるような効果

●ソラリゼーション

光が過度に当たり明暗が逆転する効果　※自分で調整できない

●押し出し

押し出し方を自分で決められる

●拡散

「標準・明るく・暗く・不均等に」から選び、焦点が和らぐ

●風

細い横線が入り、風が吹いているような効果

●分割

分割の線の色は自分で決められる

●油彩

油絵のような技法
※CMYKだとできない

●輪郭のトレース

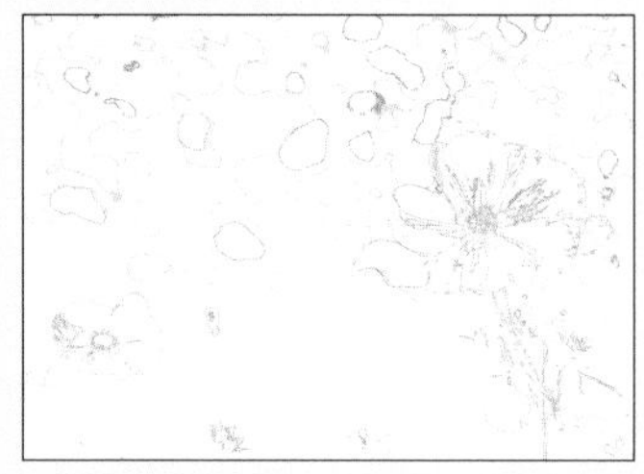

明るさが大きく変化する部分を細い線で表示

●輪郭検出

画像内で変化が大きい部分を検出しエッジを強調※自分で調整できない

描画

使う頻度 ★★★☆☆
カメラマン　デザイナー

描画では、写真には写っていないものを作り出すことができます。

- 炎...
- ピクチャフレーム...
- 木...
- ファイバー...
- 雲模様 1
- 雲模様 2
- 逆光...
- 照明効果...

『逆光』と『雲模様２』以外は新規透明レイヤーに作ろう！

炎

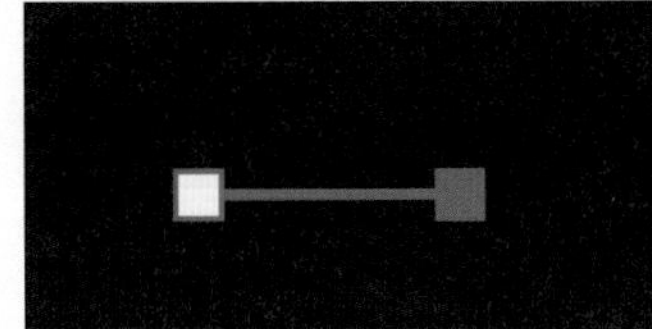

パスを描く

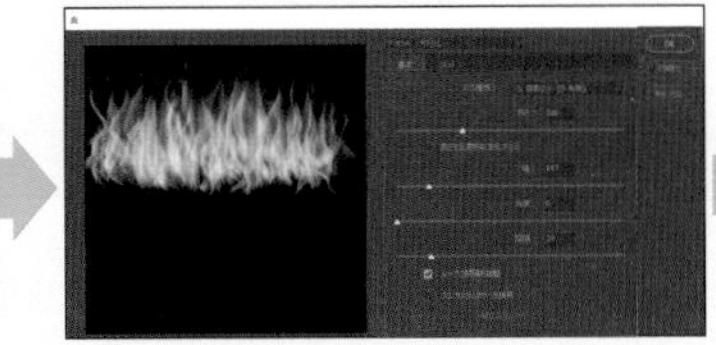

「炎」を選んで設定する

炎が描ける

逆光

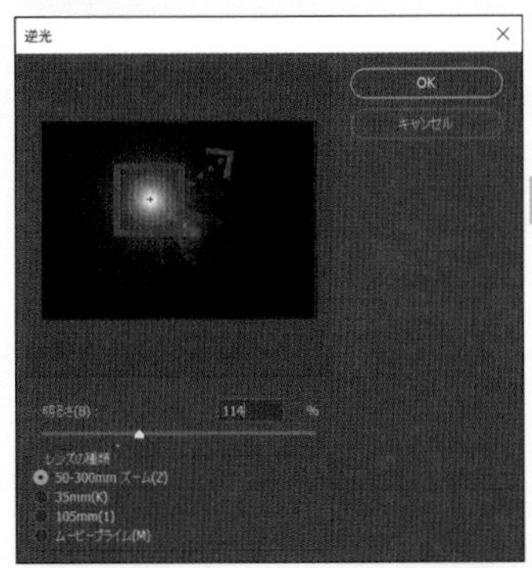

プラスマークをドラッグして光の位置を移動できる

光の種類や強さを決める

※透明レイヤーやスマートオブジェクトでは使えない

ピクチャーフレーム

木

雲模様1

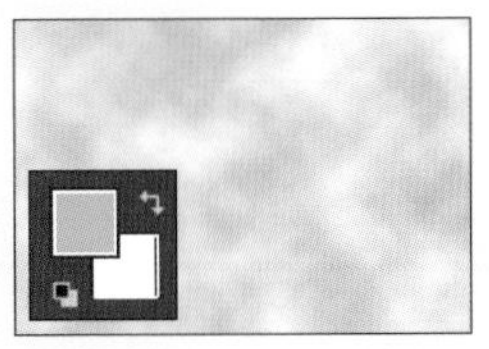

※描画色と背景色が反映される

雲模様2

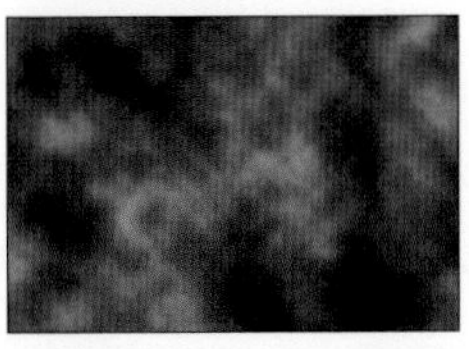

※透明レイヤーでは使えない

ファイバー

※描画色と背景色が反映される

フレームは50種近く、木も30種以上ベースがあるよ！

変形

使う頻度 ★☆☆☆☆
カメラマン デザイナー

変形では、写真をそれぞれの形に変形させます。

シアー...
ジグザグ...
つまむ...
渦巻き...
球面...
極座標...
置き換え...
波形...
波紋...

元写真

シアー

自分で動かしたグラフに沿って変形

ジグザグ

中心からジグザグを作る

つまむ

100%で中心に向かってつまむ、-100%で外側に向かって広げる

渦巻き

中心から渦巻きを作る

球面

中心に置いた球に沿って変形

極座標

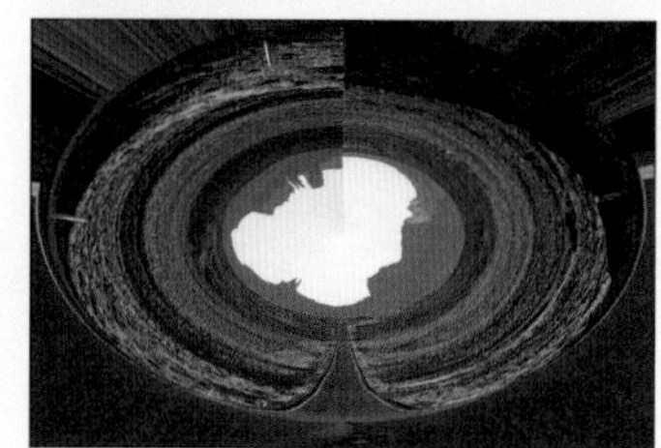

円柱をゆがめたように変形。直交座標は縦と横、極座標は距離と角度

置き換え

他のPSDファイルの色によって変形

波形

波紋より波の形を細かく調整できる

波紋

さざ波のような一定の波を作る

その他（ハイパス）

使う頻度 ★★★☆☆
カメラマン　デザイナー

ハイパスは、写真をくっきりシャープに見せることができます。

シャープ（P.174）と効果は似ていますが、ハイパスだと元画像とは別のレイヤーで調整できるのがメリットです。

ピンボケ写真を直すときなどはシャープ、それ以外で細かく調整したいときはハイパスを使ったりします。

その他の中ではハイパスをよく使うから、ハイパスを見ていくよ！

4
3つ目の力『フィルター』

●写真を複製

SHORTCUTS

レイヤーを複製

Win Ctrl + J ／ Mac ⌘ + J

●フィルターのハイパスにいく

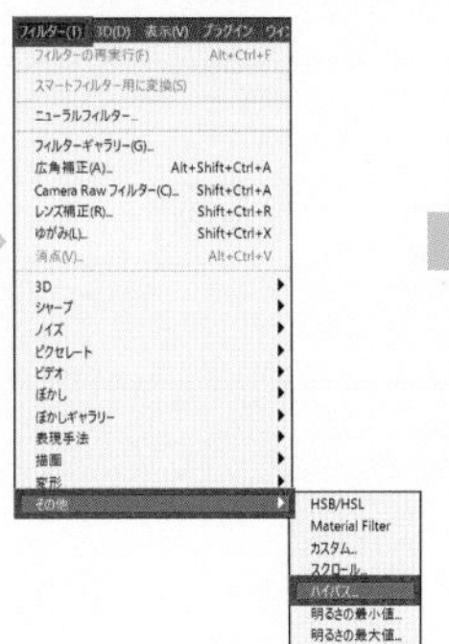

●半径を輪郭がはっきりする大きさにする

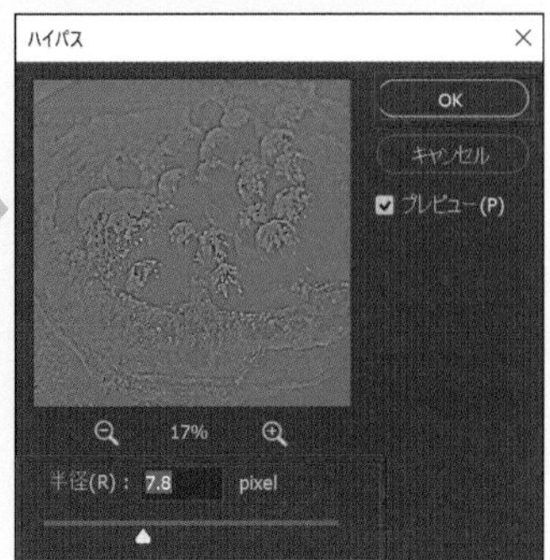

●ハイパスがかかったレイヤーができる

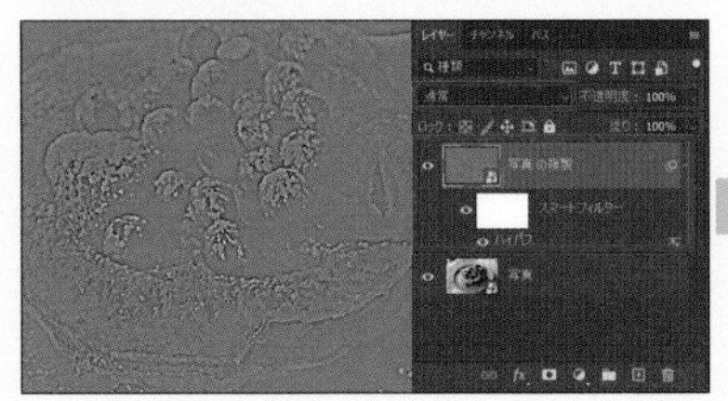

●描画モードをオーバーレイにする

比較（明）
スクリーン
覆い焼きカラー
覆い焼き（リニア）- 加算
カラー比較（明）

オーバーレイ
ソフトライト
ハードライト
ビビッドライト
リニアライト
ピンライト
ハードミックス

コントラストグループのハードミックス以外ならどれでもOK

●写真がくっきりする

MEMO

明るいグレーと暗いグレーがあり、明暗でエッジ（モノとモノの境界）が表される！
ハイパスは描画モードと組み合わせることによってシャープにできる！

ニューラルフィルター

使う頻度 ★☆☆☆☆
カメラマン デザイナー

ニューラルフィルターでは、スマホの画像編集アプリのようにワンクリックで写真加工できます。

MEMO

初回はダウンロードが必要。

出力について
現在のレイヤー：そのまま加工、ラスタライズの場合のみ
新規レイヤー：新しいレイヤーが作られる
マスクされた新規レイヤー：マスクが付いた新しいレイヤーが作られる
スマートフィルター：スマートフィルターが付く、ラスタライズのレイヤーもスマートオブジェクトになる

ニューラルフィルターはパソコンに負荷がかかるから、時間がかかったり、Photoshopが落ちちゃったりすることもあるね……。保存はこまめにしたほうがいいかも！

MEMO

ニューラルフィルターは、Photoshop2021（Version22.0）から搭載されている。

カラー化

白黒写真に色を付けます。

白黒写真

ワンクリック

手直し

手動で色を付けられる

完成

白黒がカラーになった

スマートポートレート

ポートレート写真の表情・年齢・髪の量・顔の向き・照明の向きを変えます。

顔が笑顔になった

肌をスムーズに

シミやニキビを消します。

本格的なレタッチは自分でやるほうが確実だけど、ニューラルフィルターはワンクリックでできる簡単さが魅力的だよ！

自分でニキビを消す方法は実践練習(P.220)にあるから比べてみよう！

調和

２枚の写真を合成するときに必要な色合わせをしてくれます。

これは少しだけクリック数が増えるけど、簡単だよ！

●切り抜きされている被写体をクリックして、ニューラルフィルターにいく

●「調和」をクリック

●「レイヤーを選択」で背景の写真のレイヤーを選ぶ

●被写体の色味が背景の色味になる

●必要ならフィルターの強さや色を調整

●「新規レイヤー」で書き出したので新しいレイヤーができる

スーパーズーム

拡大して切り抜き、解像度の低下を補正してくれます。

虫眼鏡のプラスマークで拡大する。画像をドラッグして切り抜きたいところを表示

他と違って、出力は新規レイヤーか新規ドキュメントしか選べない

風景ミキサー

元の画像と参照画像を組み合わせた風景画像が作られます。

深度ぼかし

ピントを合わせる場所を決めると、前ボケまたは背景ボケが作られます。

背景がボケた

「被写体にフォーカス」にチェックあり：焦点を自分で打たなくても自動で被写体にピントが合う

Act 5 【番外編】フィルターに似た「編集」

ここからはフィルターではないけど、フィルターのようにパッと使える編集機能を少しだけ紹介するね！

コンテンツに応じた塗りつぶし

コンテンツに応じた塗りつぶしでは、写真の中の消したい部分をPhotoshopが周りから推測し、置き換えて消してくれます。写真のどこの部分を参考にして置き換えるかは自分で決められます。

CAUTION
スマートオブジェクトの場合はラスタライズする必要あり！

● なげなわツールなどで消したい部分を選択

● 「編集」▶「コンテンツに応じた塗りつぶし」をクリック

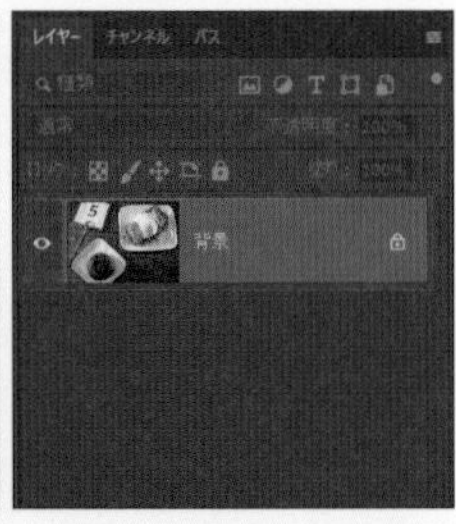

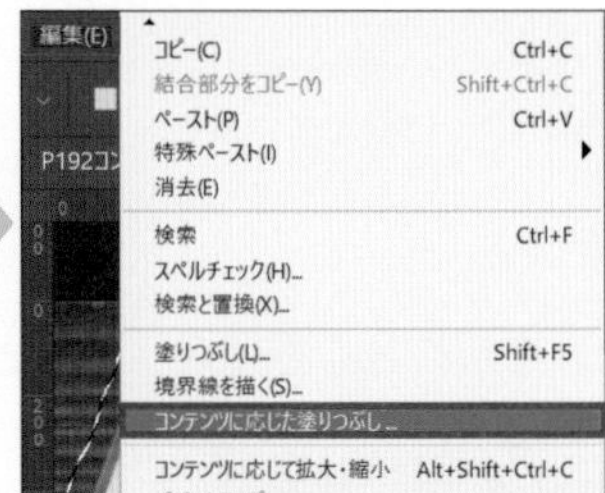

● 「コンテンツに応じた塗りつぶし」の設定が表示される

緑の部分を参考に、なげなわで囲んだ範囲を埋める画像を作成する

最初に選択範囲で囲んだ部分に似ているところを緑にすると、うまく消すことができるよ！　プレビュー画面を見てうまく消せていない場合は、自分で調整しよう！

●緑（サンプルにするところ）を増やす

参考にするところを
増やすんだね！

サンプリングブラシツールをクリックし、プラスマークをクリックして写真上を塗る

●緑（サンプルにするところ）を減らす

SHORTCUTS

プラスマイナスを逆にする

Alt（option）を押しながらドラッグ

サンプリングブラシツールをクリックし、マイナスマークをクリックして写真上を塗る

●出力先を「新規レイヤー」か「レイヤーを複製」にして「OK」をクリック、選択範囲を解除する

新規レイヤーの場合

レイヤーを複製の場合

選択範囲を解除

Win Ctrl + D ／ Mac ⌘ + D

4

3つ目の力『フィルター』

塗りつぶしの中のコンテンツに応じる

塗りつぶしの中のコンテンツに応じるでは、Photoshopに任せてパッと消すことができます。シンプルな写真などでは、一発でうまくいくことが多いです。

CAUTION
スマートオブジェクトの場合はラスタライズする必要あり！

●なげなわツールなどで消したいものを選択

●「編集」▶「塗りつぶし」をクリック

編集(E)
選択範囲を変更の取り消し(O) Ctrl+Z
やり直し(O) Shift+Ctrl+Z
最後の状態を切り替え Alt+Ctrl+Z
フェード(D)... Shift+Ctrl+F
カット(T) Ctrl+X
コピー(C) Ctrl+C
結合部分をコピー(Y) Shift+Ctrl+C
ペースト(P) Ctrl+V
特殊ペースト(I)
消去(E)
検索 Ctrl+F
スペルチェック(H)...
検索と置換(X)...
塗りつぶし(L)... Shift+F5
境界線を描く(S)...
コンテンツに応じた塗りつぶし...

SHORTCUTS
塗りつぶし

Win Shift ＋ Back space
Mac shift ＋ delete

●内容を「コンテンツに応じる」にして「OK」をクリック

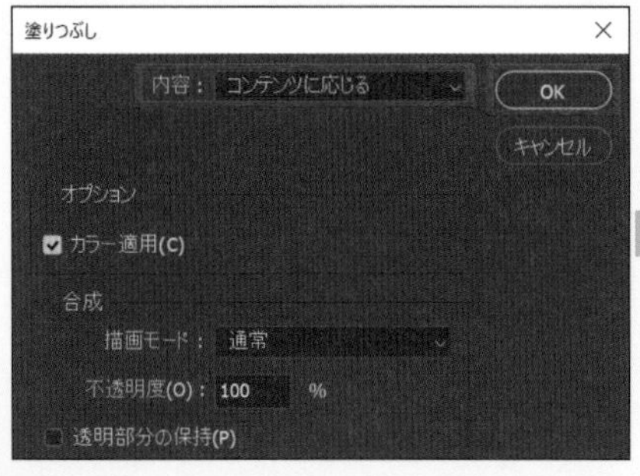

Photoshop任せで消すから、複雑な写真の場合は消えないこともあるよ！
そういうときは『コンテンツに応じた塗りつぶし』を使ったほうがいいかも！

POINT

シンプルな写真→塗りつぶしのコンテンツに応じる
範囲が広く、複雑な写真→コンテンツに応じた塗りつぶし
不自然ならそのあとに、コピースタンプツールや修復ブラシツールなど使う

空を置き換え

空を置き換えでは、写真に写る空を別の写真の空と変えることができます。

●空のある写真のレイヤーをクリック

●「編集」▶「空を置き換え」をクリック

●置き換えたい空を選ぶ

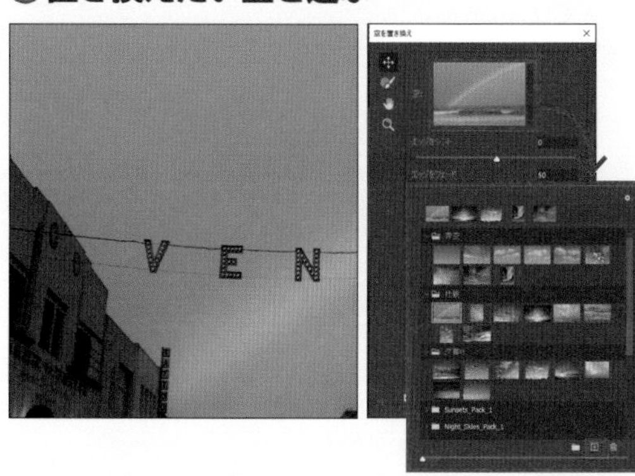

＋マークで自分の空の写真も追加できる

●写真になじませるために下の詳細を変える

画像上で直接移動もできる

●出力先を「新規レイヤー」にして「OK」をクリック

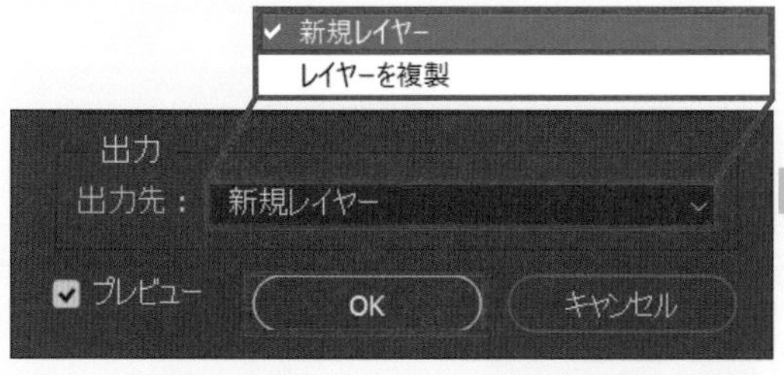

新規レイヤー：空部分のレイヤーグループが作成されるので、あとから空だけの編集や加工ができる

レイヤーを複製：空が置き換えられた画像を作成

●空が変わる

曇り空の空を変えるのも簡単だね！

私たちがPhotoshopを使って制作しているもの

デザインと言っても幅広いのですが、その中でもPhotoshopが使える意外な場面をご紹介します！

①アルバム

アルバム制作会社で簡単に写真をはめてアルバムを作ることもできますが、Photoshopを使って作ることによって、写真を切り抜いたり、形にはめたり、文字や柄を入れたり、自分好みのデザインにしやすくなります。

②ブログの写真

ブログの写真の中に文字や枠、クリックのマークを付けるのですが、スクリーンショットの写真を土台にPhotoshopで１枚１枚作っています。他のアプリでもできますが、サイズを簡単に変えることができ、画質を保って編集できるのはやっぱりPhotoshopなのです。

③年間スケジュール

１年間、そして1ヵ月ごとのゴールとスケジュールもPhotoshopで作って印刷して、スケジュール表に貼って使っています。

④カード

お誕生日カードやサンキューカードも自由に作ることができるので、相手の好きなお花や色を使って作ると、とても喜ばれます。

ちょこっと復習クイズ

Q1 この範囲をぼかしたいときはまず何をする？

A.レイヤーを足す

B.レイヤーを消す

C.ブラシで書く

D.選択範囲を囲む

Q2 あとからフィルターの加減を直したいときは一番最初に何をする？

A.グループレイヤーにする

B.レイヤーを足す

C.レイヤーを非表示にする

D.スマートオブジェクトにする

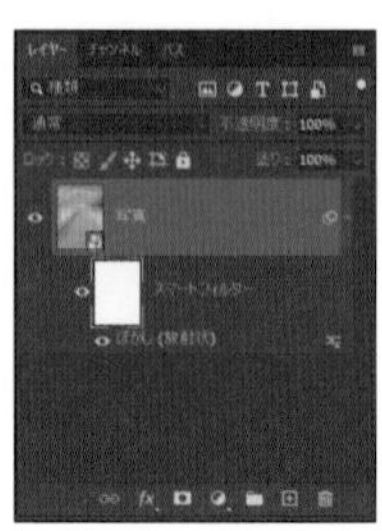

フィルターの力を
手に入れた!!

答え 1.D　2.D

Step 5

フォトグラファー向け 実践練習

いよいよ実践編！　まずはフォトグラファー向けの写真編集・レタッチのテクニックを、実際に手を動かしながら練習してみよう！

Act 0 実践を始める前に

よし！　３つの力も手に入れたことだし、これでPhotoshopは完璧だ〜！

ほんとよくここまで来られたよ〜！　でも、３つの力はゴールに向かっての基礎であって、ここからが本番だよ！　最初を思い出して！

そっかー！　自分の作りたいもののゴールに向かって３つの力を使っていくんだよね！

そうだよ！　ここからは、３つの力の掛け合わせ方を練習していくよ！ポイントは完成図から逆算して、１つ１つを分解して作ること！　ラストスパート頑張っていこう！

３つの力の掛け合わせ方

「レイヤー」「ツール」「フィルター」の３つの力の分野から、それぞれ必要なものを組み合わせて１つの作品を作り上げていきます。

作りたいもののできあがりをまず想像して、逆算するように作り方を考えると、３つの力の中の何を使えばいいかが見えてきます。

例：写真を使ったサムネイルを作成

●できあがり図を想像する

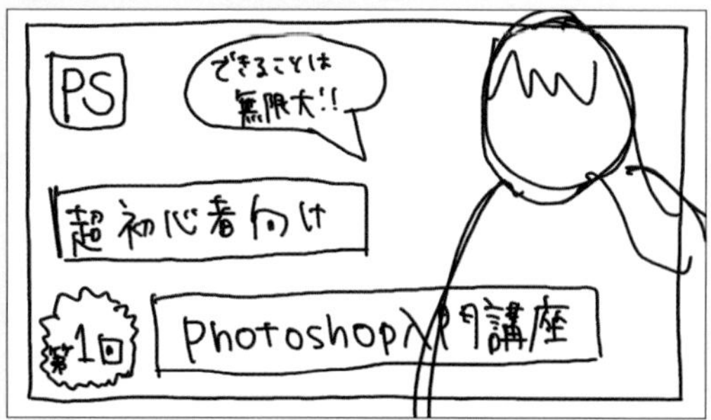

手描きでよいので描いてみるとイメージしやすい

●要素を１つずつ分解して素材を集める

文字
- 超初心者向け
- 第１回
- Photoshop入門講座
- できることは無限大

●逆算して必要な力を検出

こうやって力をそれぞれ使った掛け合わせで、1つの作品ができるんだね！

写真編集の重要性と写真編集の流れ

写真編集ではもちろん、デザインをするときも写真を使う際は、
まず写真の明るさなどの基本補正をしてから作成していくと、全体にまとまりが出ます。

●スマートオブジェクトにする

●トリミングする

写真編集の場合だけトリミングする

●Camera Rawで基本補正

Camera Rawで基本補正ができたら、そのあとは自由に写真編集やデザインをしてね！

ここからの実践編では、最後にやる「サムネイルを作る方法」以外は既に写真の基本補正はされています。自分で一から作るときは、忘れずに写真の基本補正から始めてください。

色を変える方法

レベル　：★☆☆
所要時間　：5分
ダウンロード：
MappyPhoto-5-1

Before

After

赤からピンクにパッと変えるには……『色相・彩度』を使うんだっけ！

そうそう！　指マークで色を指定して、色を変えたくないところも変わってしまったらレイヤーマスクを使って直すよ！

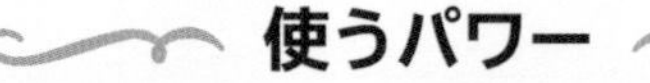

使うパワー

色相・彩度（P.61）

レイヤーマスク（P.66）

ブラシツール（P.136）

MEMO

最初に選択範囲を作って、そのあとに「色相・彩度」でその範囲だけ色を変更してもOK。色を変えたい場所が明確で、選択範囲の作成が簡単なときは、先に選択範囲を作ろう！

1 「色相・彩度」にいく

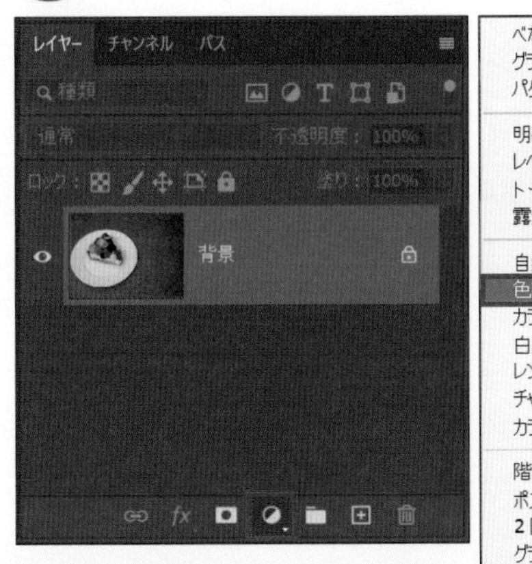

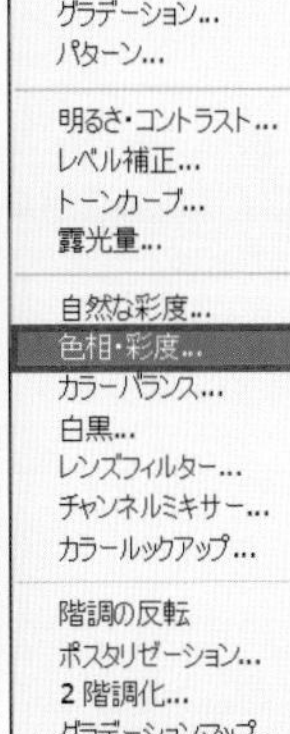

2 指マークで色を変えたいところをクリック

3 色相のスライダーで色を変える

4 彩度で色の濃さ、明度で明るさを変え、プロパティを閉じる

5 「レイヤーマスク」をクリック

6 色を変えたくないところを「ブラシツール」の黒で塗る

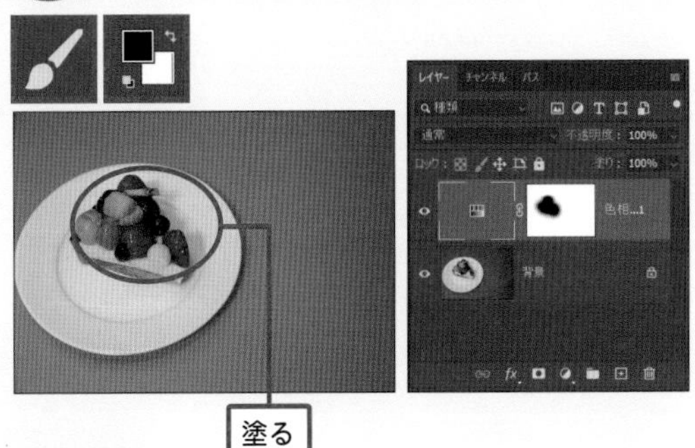

レイヤーマスクを使えば、色を変えたくないところを簡単に直せるよ！

5 フォトグラファー向け実践練習

桜の色をピンクにする方法

レベル　：★★★
所要時間　：15分
ダウンロード：
MappyPhoto-5-2

桜って、目で見たときはピンクだったのに、写真で撮ると白くなっちゃう。なんとかならないかな？

トーンカーブのチャンネルによって色を加えるテクニックを使ってみよう！

使うパワー

トーンカーブ（P.56）

レイヤーマスク（P.66）

ブラシツール（P.136）

POINT

「トーンカーブ」のレッドのチャンネルのレッド、グリーンのチャンネルのマゼンタを加えて、白色の桜をピンクにする！

1 「トーンカーブ」の調整レイヤーを加える

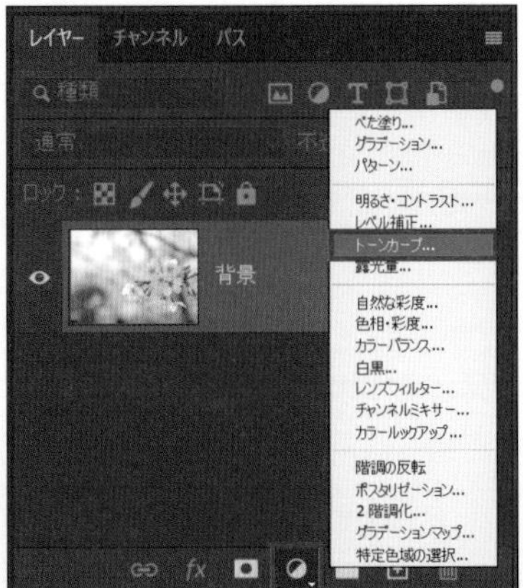

2 桜のピンクを加えるため、グリーンのチャンネルにいく

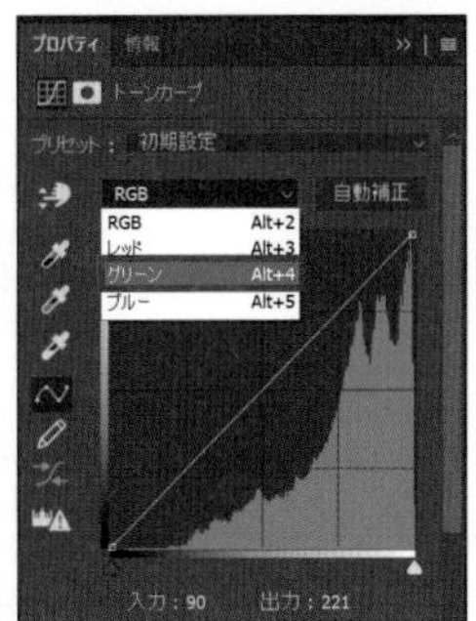

MEMO

グリーン⇔マゼンタ（P.60）

3 明るいところを下げてマゼンタを加える

桜は明るいから明るいところを狙い撃ちするよ！

4 色を変えたくないところは点を打って上げる

POINT

ピンクを入れたくないところは、カーブで直す！

5 レッドのチャンネルにいく

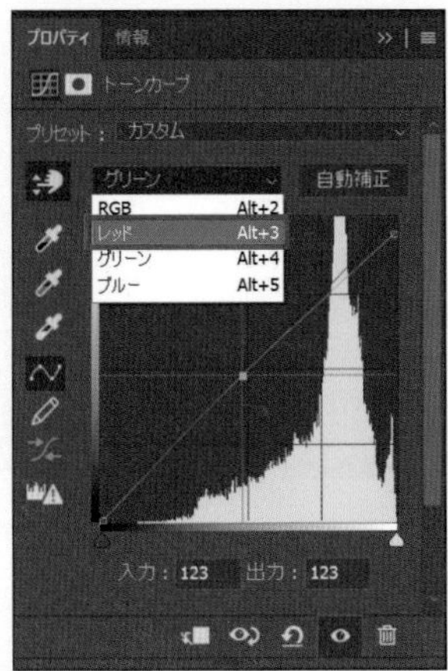

6 同じように明るいところにレッドを加える

レッドも加えると、よりピンクが濃くなるね！

7 「レイヤーマスク」をクリックして、反転する

SHORTCUTS

レイヤーマスクを反転

Win Ctrl + I
Mac ⌘ + I

8 反映させたいところを「ブラシツール」の白で塗る

ソフト円ブラシで何となく塗ればOK

MEMO

確実に真っ白のものに色を入れるには、描画モードの乗算（P.103）を使って入れることもできる。
色を入れたいものを選択するのが難しい場合は、トーンカーブを使う。

例）白いテーブルに色を入れる場合

●下のレイヤー

お皿とケーキには色は入れずにテーブルにだけ色を入れたい

●上のレイヤー

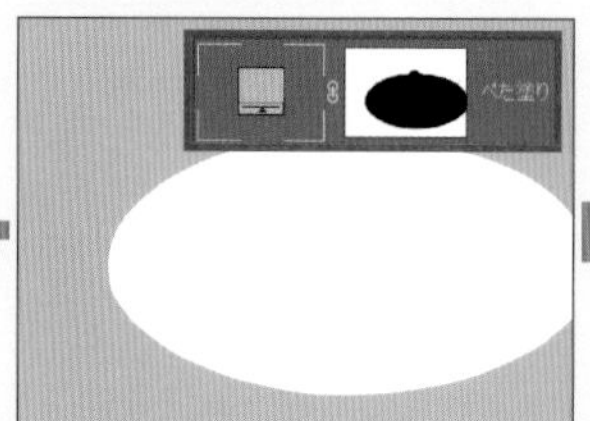

描画モード（乗算）＋選択＋レイヤーマスク

●キャンバスの結果

暗いところはより暗くなるので、影も自然に色を変更できる

いらないものを消す方法

レベル	：★★★
所要時間	：20分
ダウンロード：MappyPhoto-5-3	

After

Before

5 フォトグラファー向け実践練習

写真に写したくないものが写っちゃった……。いらないところをきれいに消すにはどうすればいいの？

いらないものを消すときは、最初は大まかに消して、そのあと細かく修正するのがポイントだよ！

使うパワー

なげなわツール（P.122） × コンテンツに応じる（P.194） ×

コピースタンプツール（P.148） × 修復ブラシツール（P.149）

POINT

Photoshopに任せて消すときは、写真の中で置き換えて消すため、一発でうまくいくとは限らない！　そういうときは、自分で修正する必要あり！

1 バックアップとして写真を複製する

SHORTCUTS

レイヤーを複製

Win Ctrl + J ／ Mac ⌘ + J

2 消したいものを「なげなわツール」で囲む

消したいものが離れた場所に複数あるときは1つ囲む

3 「編集」▶「塗りつぶし」で大まかに消す

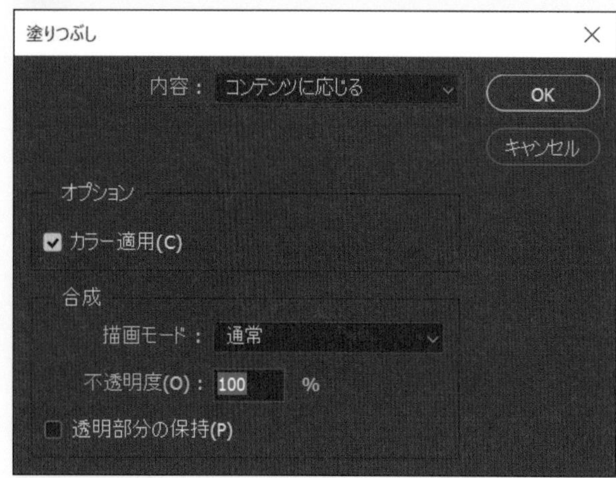

CAUTION

スマートオブジェクトだとできないので注意！

SHORTCUTS

塗りつぶし

Win Shift + Back space

Mac shift + delete

4 選択範囲（点線）を解除する

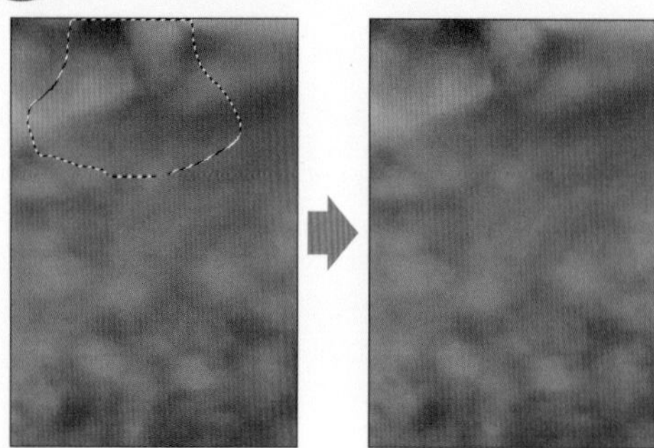

SHORTCUTS

選択範囲を解除

Win Ctrl + D ／ Mac ⌘ + D

5 すべての消したいところに②～④を繰り返す

大まかに消せたら、消しきれなかったところを直していくよ！

6 レイヤーを1枚足す

POINT
新しいレイヤーに次の「コピースタンプツール」などを反映させる

新しいレイヤーにすることで、修正しやすくなるよ！

7 「コピースタンプツール」で、サンプルを「現在のレイヤー以下」にして直す

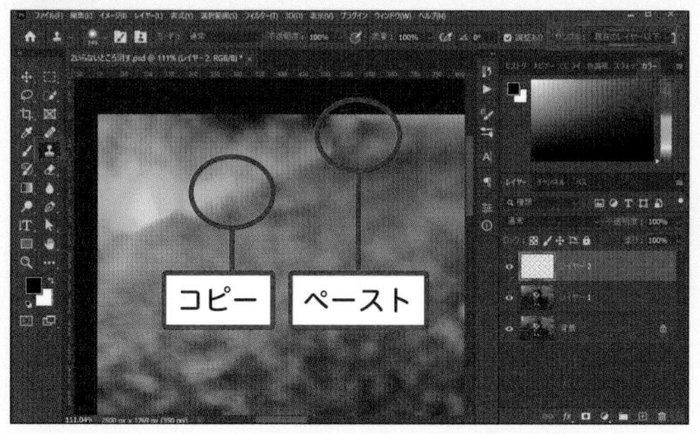

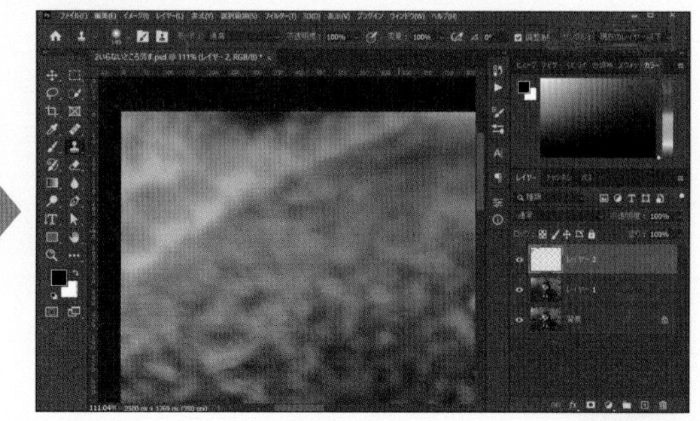

消しすぎたところと似ているところを探して、上に置いて直すんだね！

8 「修復ブラシツール」で、サンプルを「現在のレイヤー以下」にしてなじませる

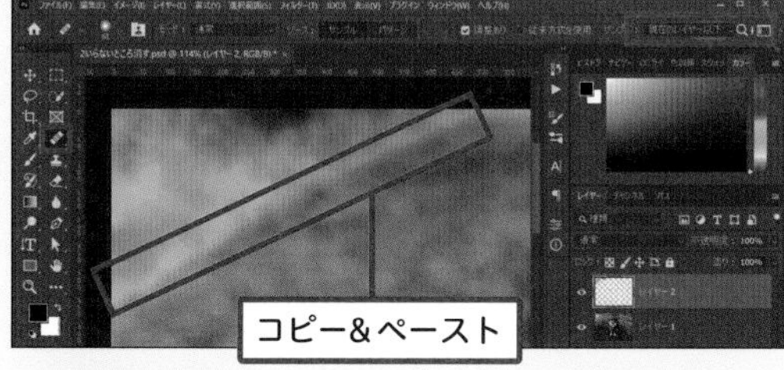

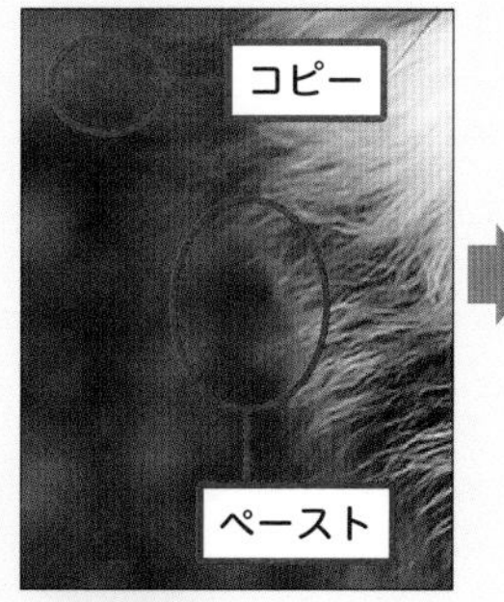

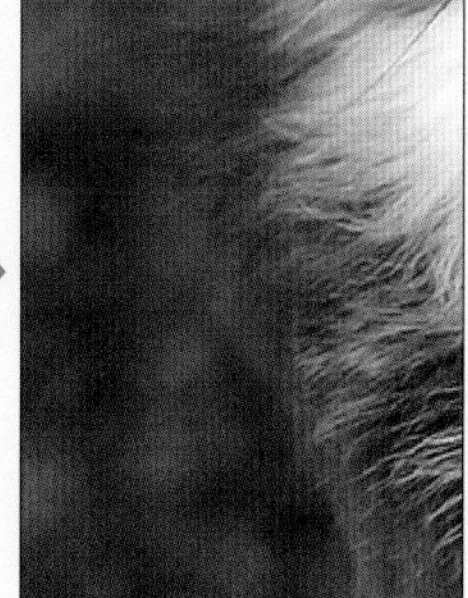

MEMO

草と土の境界などでコピーをそのまま貼り付けたいときは「コピースタンプツール」。周りと境界をなじませたいときは「修復ブラシツール」。

最終的に、消した跡が自然になることを目指して修正しよう！

Act 4 空を変える方法

レベル	：★☆☆
所要時間	：5分
ダウンロード：	
MappyPhoto-5-4	

After

Before

曇り空を青空にしたーい！

『空を置き換え』を使えば一瞬でできるよ！

使うパワー

空を置き換え（P.195）

ぼかし（P.178）

POINT

「空を置き換え」を使って空を変えてから、そのあとにぼかしを加えて自然に仕上げる！

1 「編集」▶「空を置き換え」をクリック

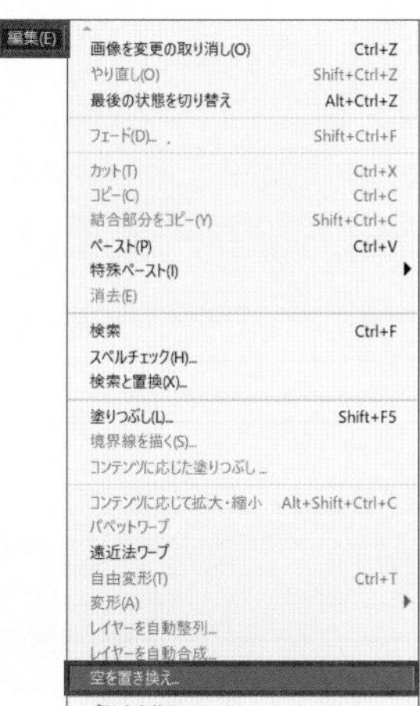

2 好きな空を選ぶ

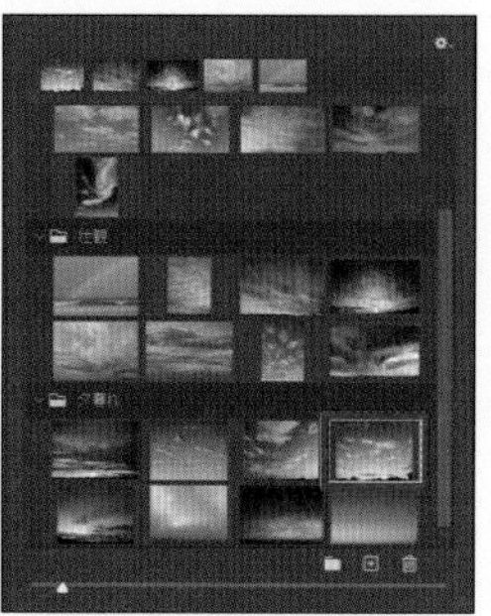

POINT

写真と同じ光の向きの空を選ぶと、自然に仕上がる！

3 出力先を「新規レイヤー」にして「OK」をクリック

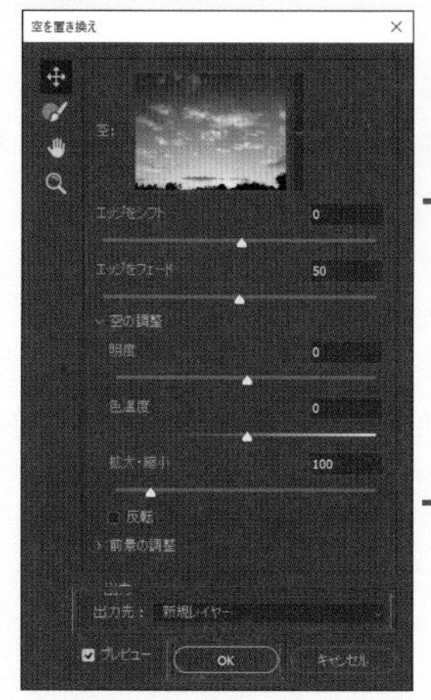

空の位置や明るさなど細かい調整もできる

4 グループを開いて、空のレイヤーをクリック

空が自然に見えるように、ぼかしていくよ！

5 「ぼかし（ガウス）」をクリック

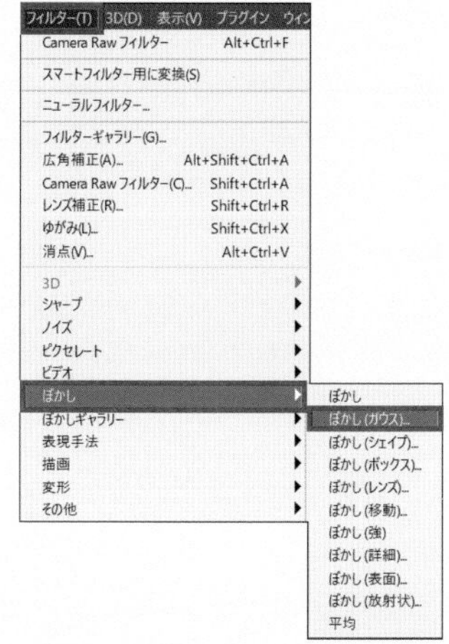

6 空にぼかしを加えて、「OK」をクリック

一瞬で空を変えることができた！

5 フォトグラファー向け実践練習

Act 5

写真の背景を伸ばす方法

レベル　：★★☆

所要時間　：5分

ダウンロード：MappyPhoto-5-5

Before

After

しまった！　横長で被写体を真ん中に置きたかったのに、左側に寄っちゃった……。

大丈夫！　シンプルな背景ならPhotoshopが補って背景を伸ばしてくれるよ！

使うパワー

切り抜きツール（P.117）×長方形選択ツール（P.121）×コンテンツに応じた塗りつぶし（P.192）×修復ブラシツール（P.149）

POINT

切り抜きツールで伸ばしてできた透明な部分をPhotoshopに任せて埋める！
うまくいかないところは、自分で細かく調節する必要あり！

1 「切り抜きツール」で写真の幅を広げる

自由にトリミングするには「幅×高さ×解像度」を選ぶ

2 透明なところを「長方形選択ツール」で囲む

POINT

写真も少し含めるように囲むと、境界線が自然に仕上がる！

3 「編集」▶「コンテンツに応じた塗りつぶし」をクリック

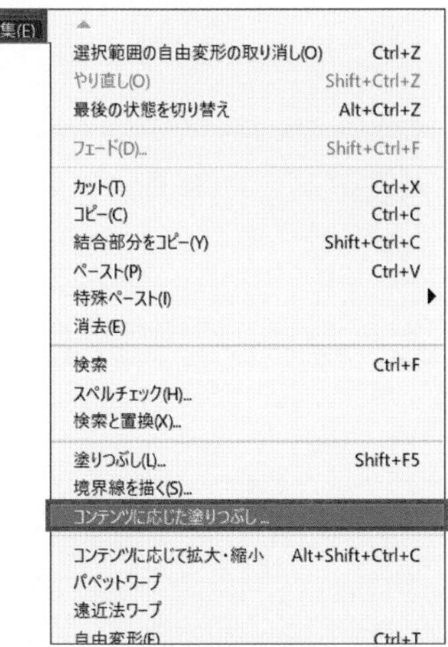

4 透明な部分に反映させたいところだけ緑で残す

反映させたいところは「+」でなぞって、緑にする

反映させたくないところは「−」でなぞって、元の色にする

5 プレビューを確認し、うまくいったら「OK」をクリック

出力先は必要に応じて変更

6 うまくいかないところは「修復ブラシツール」で直す

不自然なところはなじませよう！

オートン効果を作る方法

レベル　：★☆☆
所要時間　：10分
ダウンロード：
MappyPhoto-5-6

Before

After

そもそも『オートン効果』ってなんなの？

写真をほわほわっとした幻想的な雰囲気にするテクニックだよ！

使うパワー

ぼかし（P.178）×

描画モード（P.98）×

レイヤーマスク（P.66）×

ブラシツール（P.136）

MEMO

オートン効果は、フォトグラファーのMichael Orton（マイケル・オートン）さんが生み出した、写真を絵画のように見せるテクニック！　本来、2枚の写真を撮影して効果をかけるが、Photoshopのぼかしの機能を使うことで簡単に同じ効果を作り出せる。

1 写真を複製して スマートオブジェクトにする

レイヤーからのアートボード…
レイヤーからのフレーム…
フレームに変換
すべてのオブジェクトをマスク
スマートオブジェクトに変換
レイヤーをラスタライズ
レイヤースタイルをラスタライズ
レイヤーマスクを使用しない
ベクトルマスクを使用
クリッピングマスクを作成

SHORTCUTS

レイヤーを複製

Win Ctrl + J ／ Mac ⌘ + J

2 複製したレイヤーに 「ぼかし（ガウス）」をかける

CAUTION ぼかしすぎるとうまくいかないので注意！

3 描画モードを「スクリーン」にする

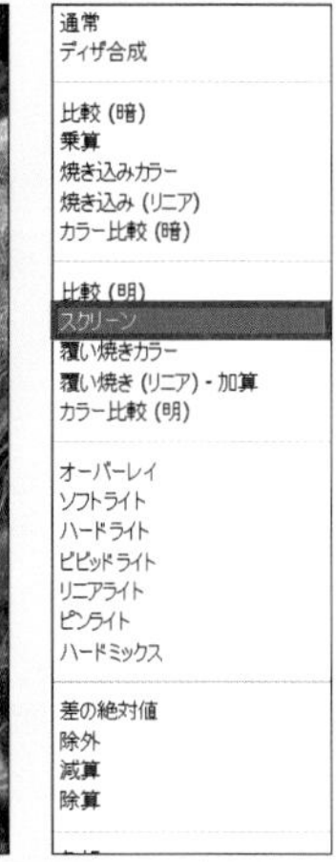

4 不透明度を下げて調整する

POINT

ほわっとしすぎた場合は、不透明度を下げる！

5 「レイヤーマスク」をクリック

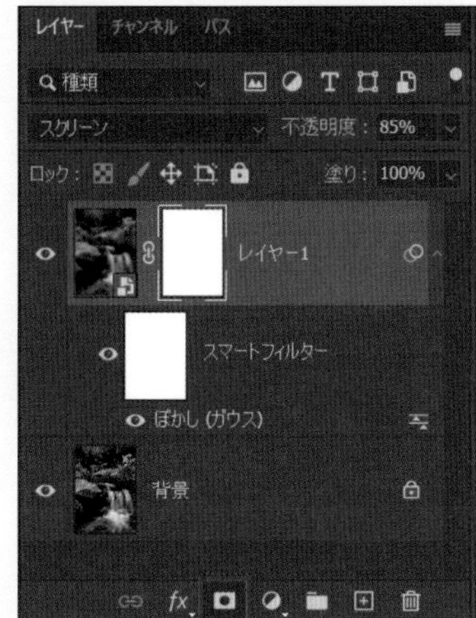

6 レイヤーマスクで反映させたくない ところを「ブラシツール」の黒で塗る

写真の一部だけをほわっとしたいときは、レイヤーマスクを使うよ！

Act 7 水面反射を作る方法

レベル	：★★★
所要時間	：15分
ダウンロード：MappyPhoto-5-7	

After

Before

湖の写真に山が反射していたら、普通の写真が少しかっこいい写真になりそうだな～。

山をそのまま反転して、湖に写せばできるよ！

使うパワー

長方形選択ツール（P.121）

ぼかし（P.178）

トーンカーブ（P.56）

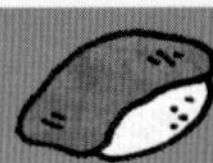

クリッピングマスク（P.82）

POINT

反射させたい山や空を反転させ、ぼかしを加えて水になじませて自然に仕上げる！

1 反射させたい部分を「長方形選択ツール」で選択する

2 選択範囲を複製する

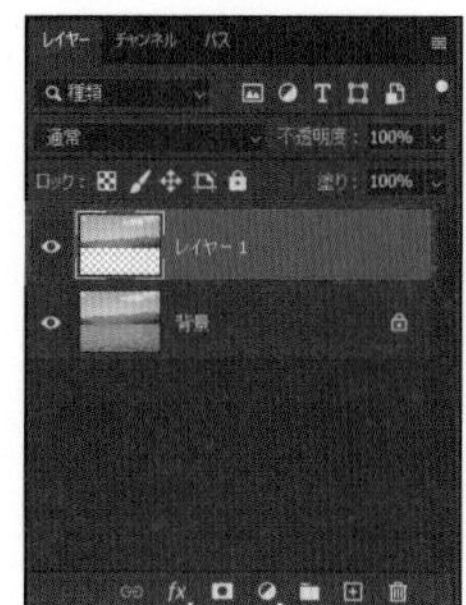

SHORTCUTS

レイヤーを複製

Win Ctrl + J ／ Mac ⌘ + J

3 スマートオブジェクトにする

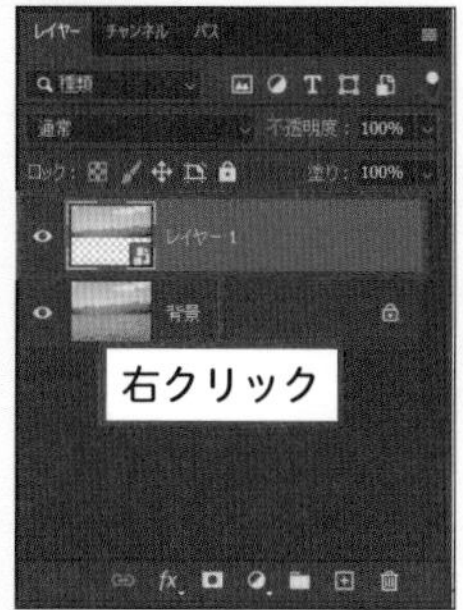

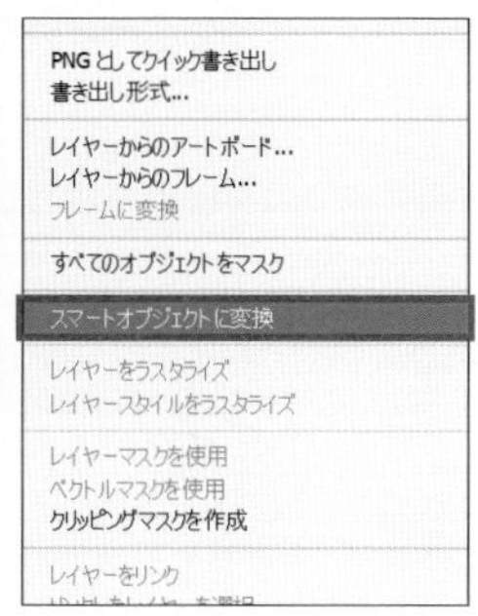

フィルターのやり直しができるように変えておこう！

4 Ctrl（⌘）+ T を押して右クリック

SHORTCUTS

自由変形

Win Ctrl + T ／ Mac ⌘ + T

5 「垂直方向に反転」をクリック

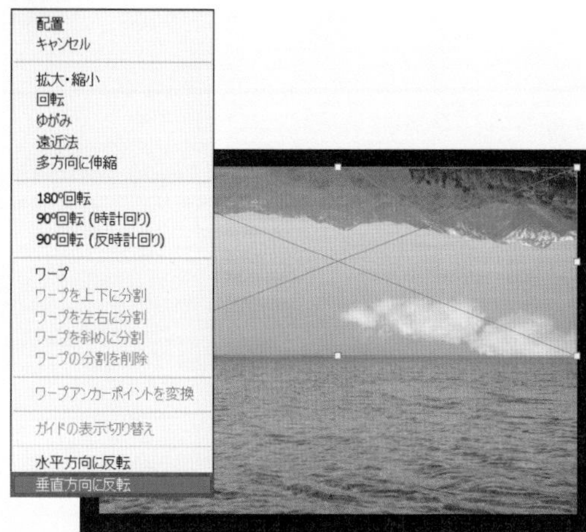

6 水面に移動させて Enter を押す

水面からはみ出る場合は、Shift を押しながらドラッグで縦横比を変更してもOK

7 「ぼかし（移動）」をクリック

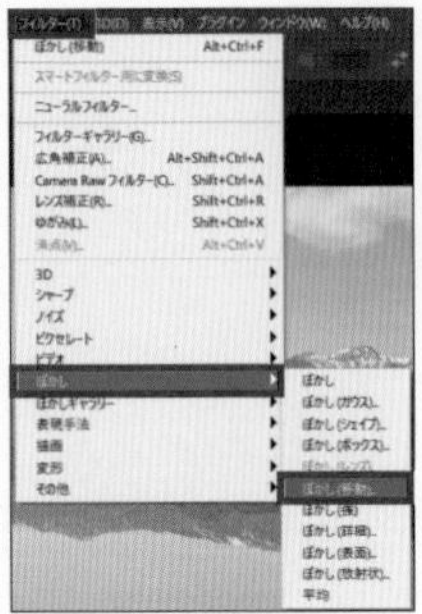

ぼかしは２種類入れていくよ！

8 角度を決める

POINT

風の方向・強さを考えて決める！

9 距離を決めて「OK」をクリック

10 「ぼかし（ガウス）」をクリック

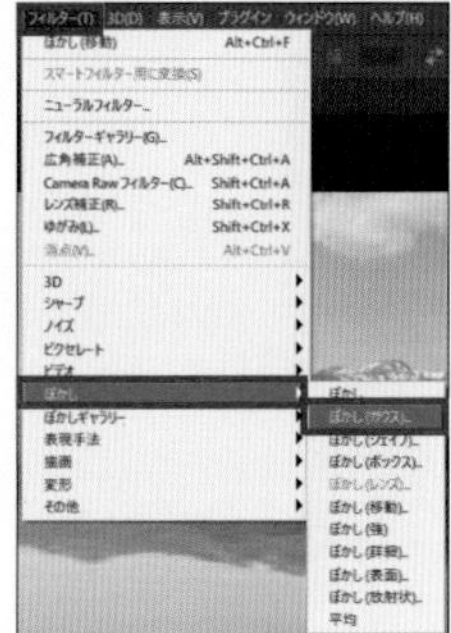

ここではトゲトゲした角を滑らかにするよ！

11 ぼかしを加える

12 「トーンカーブ」をクリック

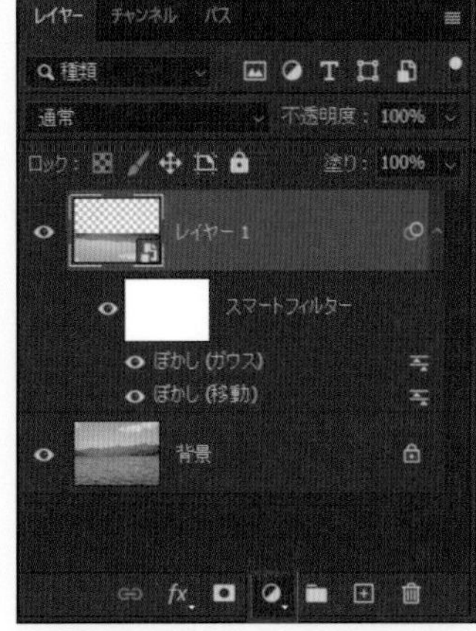

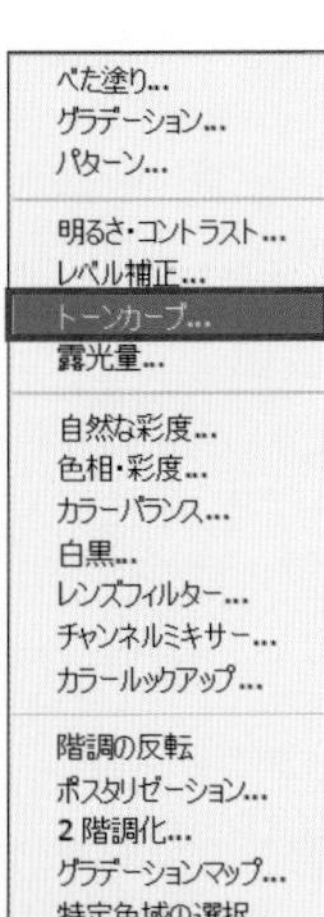

13 全体を下げる

反射部分を少し暗くすると、より自然に仕上がるよ！

14 トーンカーブを「クリッピングマスク」する

反射部分にだけ反映する

SHORTCUTS

クリッピングマスク

Win Alt ＋レイヤーとレイヤーの間をクリック
Mac option ＋レイヤーとレイヤーの間をクリック

おまけ① 描画モードを変えた場合

オーバーレイやソフトライトなど好みで選ぶ

おまけ② 不透明度を変えた場合

反射しすぎかなと思ったら、描画モードや不透明度を変えてみてね！
ちょっとしたひと手間で、ぐっとリアルになるよ！

Act 8 ピンボケを直す方法

レベル　：★★☆
所要時間　：10分
ダウンロード：
MappyPhoto-5-8

Before

After

うわっ！　被写体がボケちゃってるよ！　どうしよう～！

軽いピンボケならPhotoshopで直せるよ！

使うパワー

シャープ（P.174）

ブラシツール（P.136）

POINT

スマートシャープでくっきりさせて、フィルターマスクを使い、ピンボケしているところだけに反映させる！

1 スマートオブジェクトにする

2 「スマートシャープ」にいく

フィルター(T) 3D(D) 表示(V) プラグイン ウィン
フィルターの再実行(F) Alt+Ctrl+F
スマートフィルター用に変換(S)
ニューラルフィルター...
フィルターギャラリー(G)...
広角補正(A)... Alt+Shift+Ctrl+A
Camera Raw フィルター(C)... Shift+Ctrl+A
レンズ補正(R)... Shift+Ctrl+R
ゆがみ(L)... Shift+Ctrl+X
消点(V)... Alt+Ctrl+V
3D
シャープ
ノイズ
ピクセレート
ビデオ
ぼかし
アンシャープマスク...
シャープ
シャープ (強)
シャープ (輪郭のみ)
スマートシャープ...

3 「量」、「半径」、「ノイズを軽減」の順に調整する

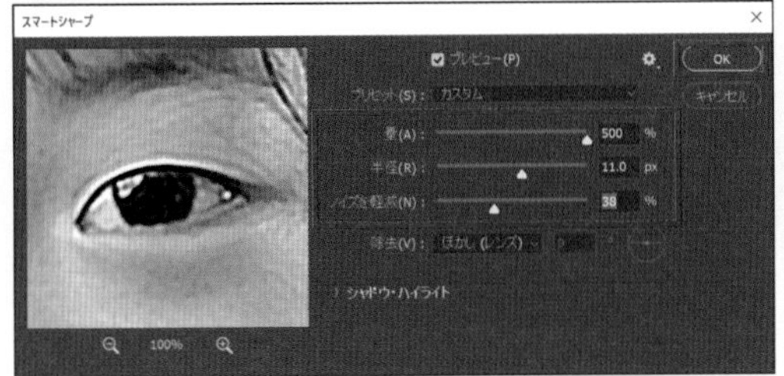

除去は「ぼかし（レンズ）」にする

4 フィルターマスクをクリックして、反転する

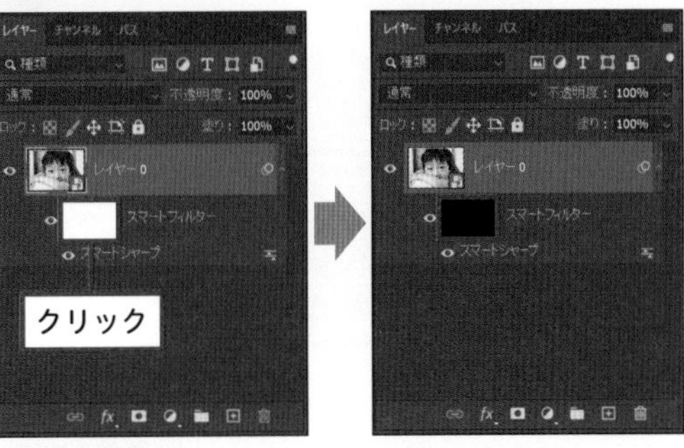

SHORTCUTS

レイヤー（フィルター）マスクを反転

Win Ctrl + I ／ Mac ⌘ + I

5 「ブラシツール」の白でピンボケを直したいところを塗る

POINT

ピントは人の目に合わせるので、目は確実にシャープにする！

6 あとからスマートシャープの加減を直してもOK

スマートオブジェクトにしているからね！

5 フォトグラファー向け実践練習

ニキビを消す方法

レベル　：★★★
所要時間　：20分
ダウンロード：
MappyPhoto-5-9

After

Before

肌荒れしているお肌を簡単にきれいにできないかな～？

本格的な肌レタッチは結構難しいけど、ニキビなどを消すレタッチはパパっとできるよ！　今回は簡単に消す方法を見ていくね！

使うパワー

白黒（P.63）

×

修復ブラシツール（P.149）

POINT

白黒の調整レイヤーを使ってニキビを見えやすくして、肌レタッチする！

1 「白黒レイヤー」を追加する

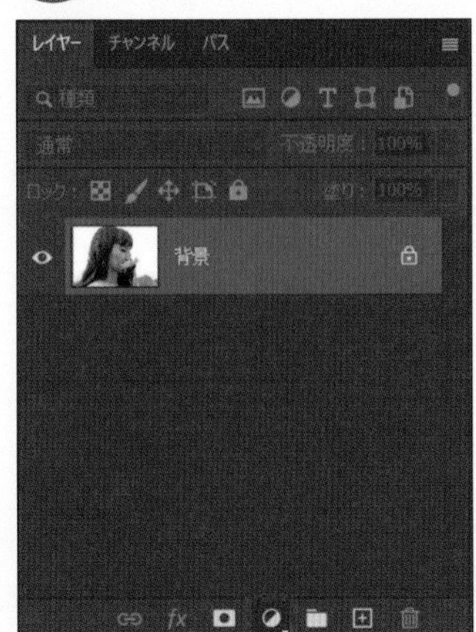

べた塗り...
グラデーション...
パターン...
明るさ・コントラスト...
レベル補正...
トーンカーブ...
露光量...
自然な彩度...
色相・彩度...
カラーバランス...
白黒...
レンズフィルター...
チャンネルミキサー...
カラールックアップ...
階調の反転
ポスタリゼーション...
2 階調化...
グラデーションマップ...
特定色域の選択...

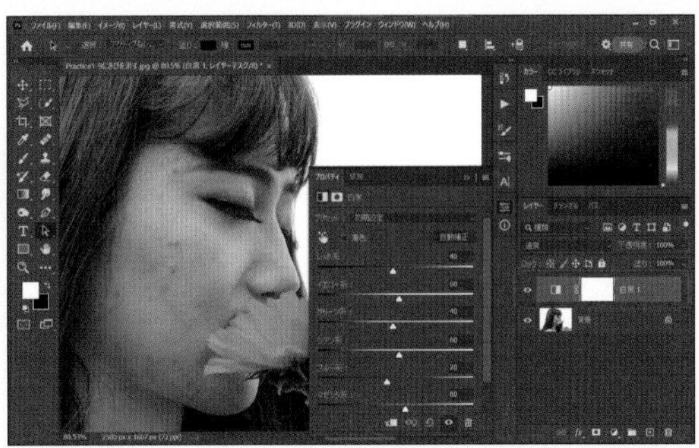

2 白黒レイヤーでレッド系を下げる

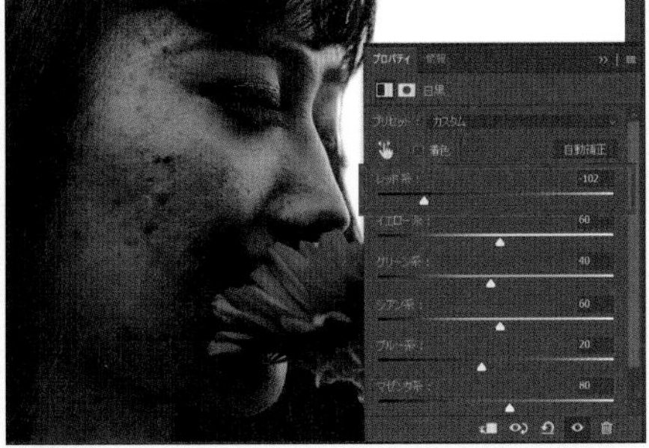

これでニキビが黒くなって見つけやすくなるよ！

3 肌は明るくするためにイエロー系を上げる

お～！　元の写真よりニキビが見えやすくなった！

4 白黒のレイヤーの下にレイヤーを1枚加える

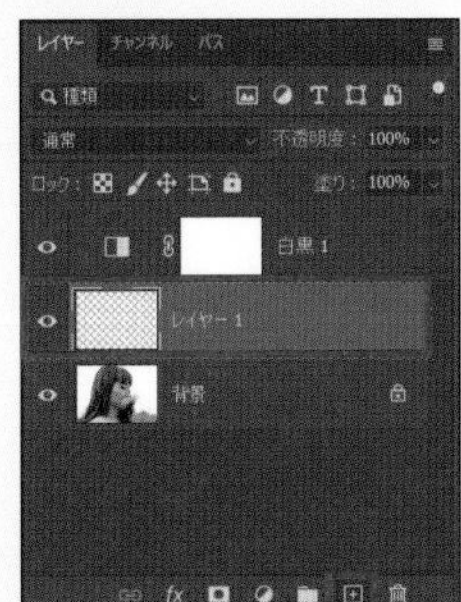

CAUTION
白黒のレイヤーの上に置くと、修正するときに白黒になってしまう！

5 「修復ブラシツール」を選び、サンプルを「現在のレイヤー以下」にする

サンプル：現在のレイヤー以下

（その他の設定）
ブラシ：60～100
モード：通常
ソース：サンプル
　　　　調整あり
誤差拡散法：5

6 ニキビを修復ブラシツールで消す

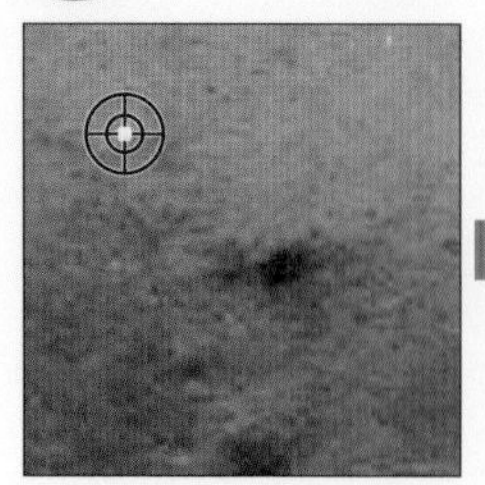

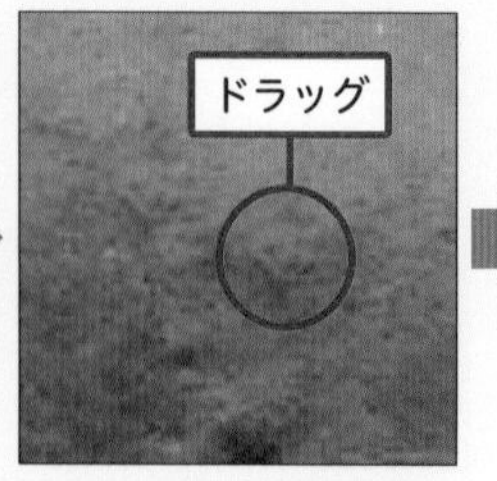

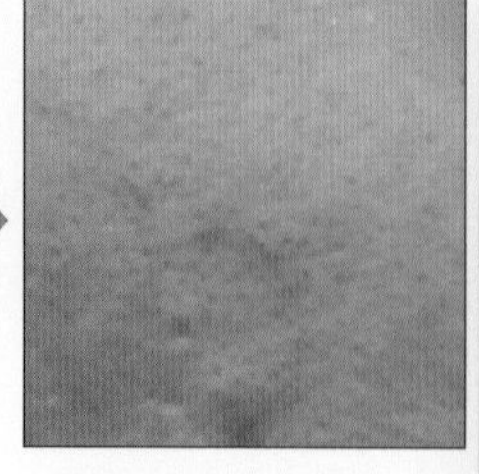

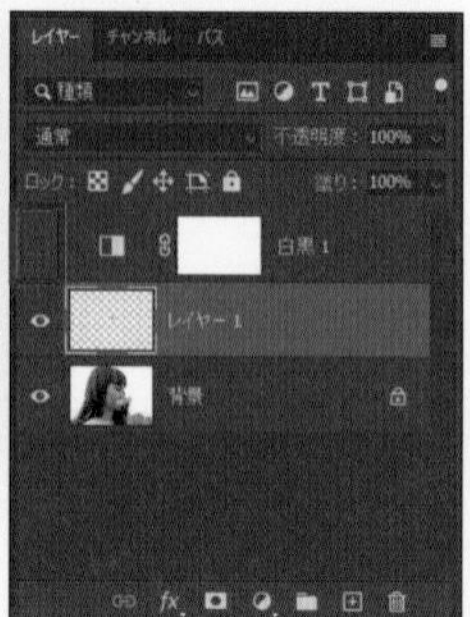

Alt (option) を押しながらニキビの近くのきれいなところをコピーして塗る。ブラシの大きさはニキビより少し大きいくらいにする。

POINT

白黒レイヤーを非表示にして、色が合っているか確認する！

7 すべてのニキビが消せたら白黒レイヤーを削除する

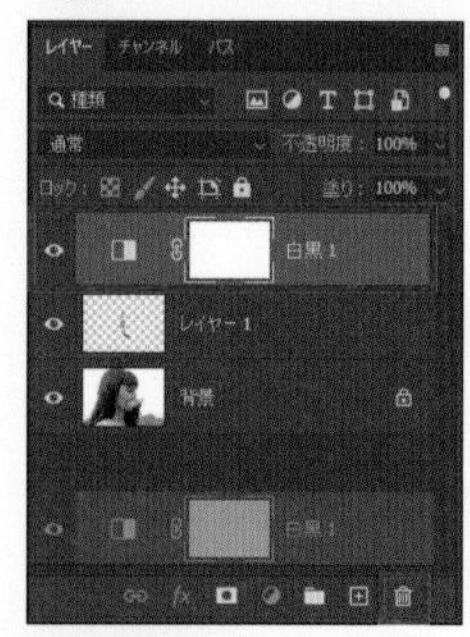

ニキビが消せたら白黒レイヤーはもういらないから消しておこう！

歯を白くする方法

レベル	：★★☆
所要時間	：10分
ダウンロード：	
MappyPhoto-5-10	

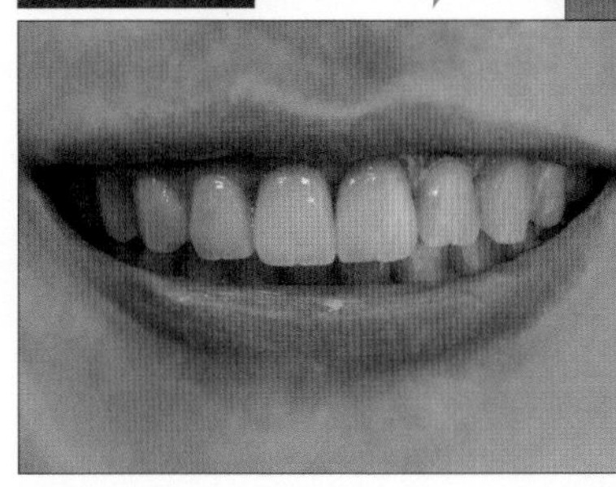

After

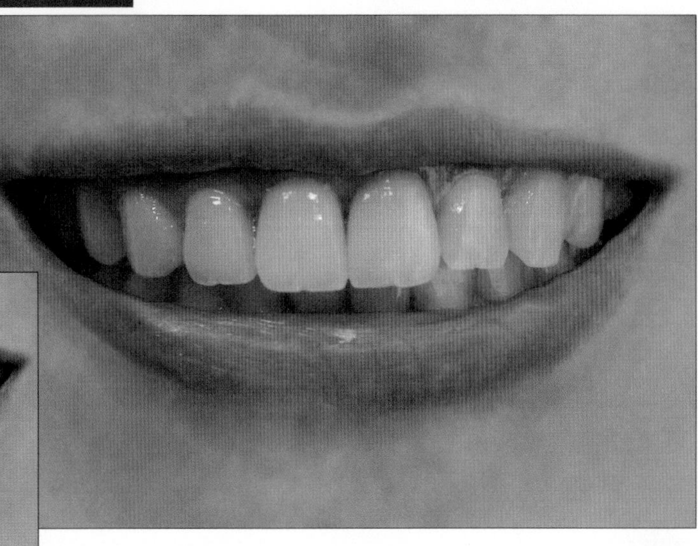

黄ばんでしまった歯を白くしたら、もっと笑顔が輝きそうだよね！

いいね〜！　歯を白くしてキラキラ笑顔にしよう！

使うパワー

色相・彩度（P.61）

レイヤーマスク（P.66）

ブラシツール（P.136）

POINT

「色相・彩度」で黄ばんだ歯を選んでから、彩度を落として黄ばみをなくす！

1 「色相・彩度」にいく

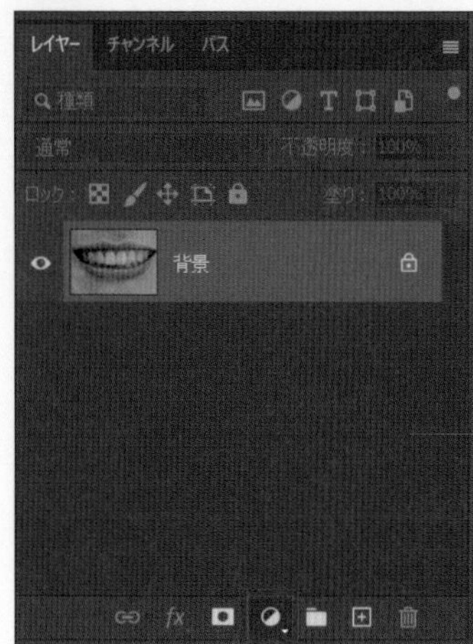

2 歯の黄ばみをクリック

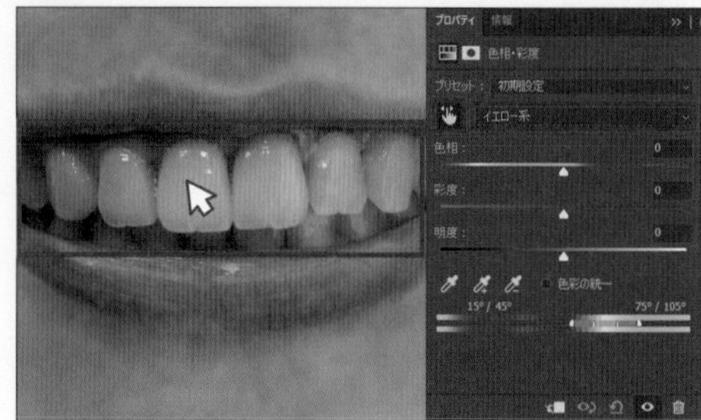

クリックすると、「イエロー系」に自動で変わる

3 色相を動かして、すべての歯を選択できているか確認

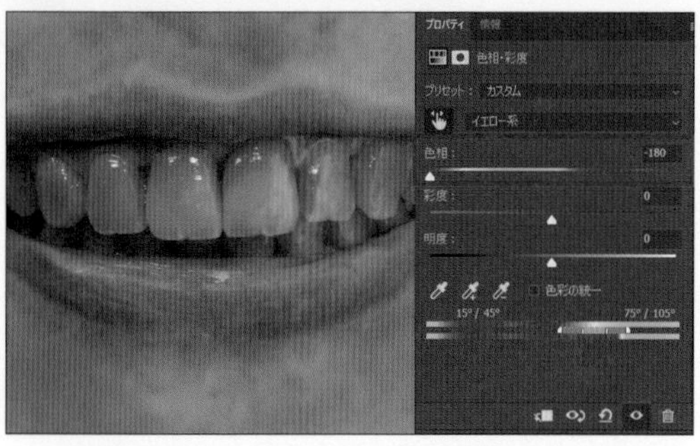

4 選択できていなければ、選択範囲を調整

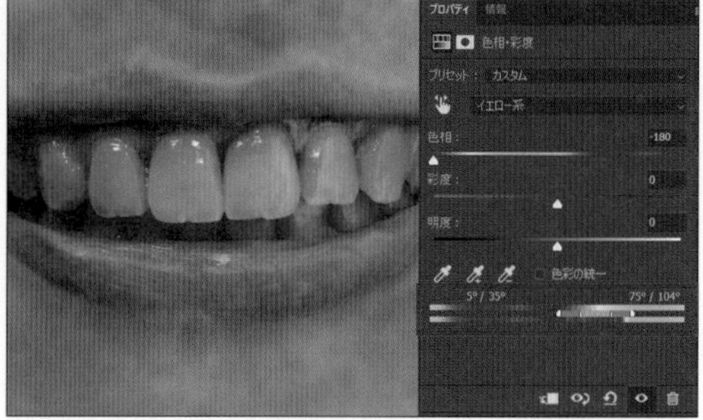

POINT

色相を大きく動かすことで、選択している範囲がわかりやすくなる

5 色相を戻して、彩度を下げる

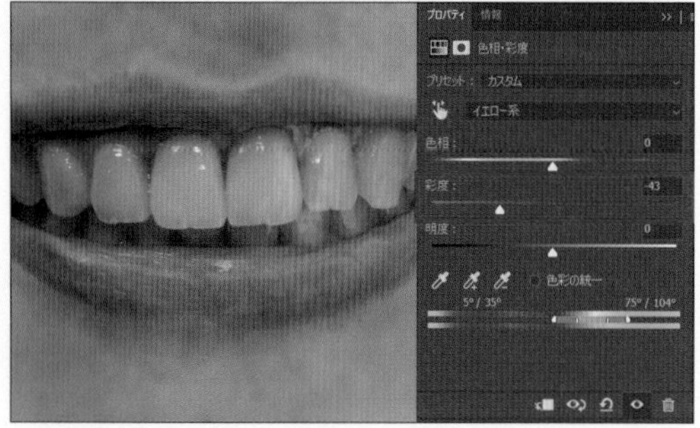

彩度を下げることで、黄ばんだ色が抜ける

6 明度を上げる

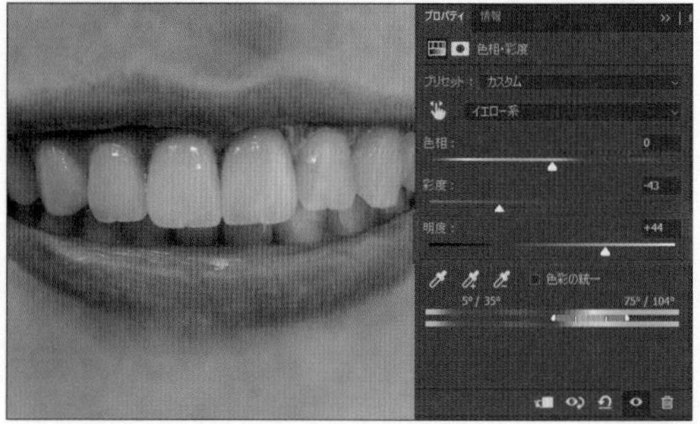

歯がどんどん白くなっていく～！でも、他のところも少し変わっちゃうね！

7 「レイヤーマスク」をクリックして、反転する

SHORTCUTS

レイヤーマスクの反転

Win Ctrl + I ／ Mac ⌘ + I

8 「ブラシツール」の白で歯を塗る

CAUTION

歯以外の場所を塗ると、色が抜けてしまうので注意！

9 不透明度を下げて微調整

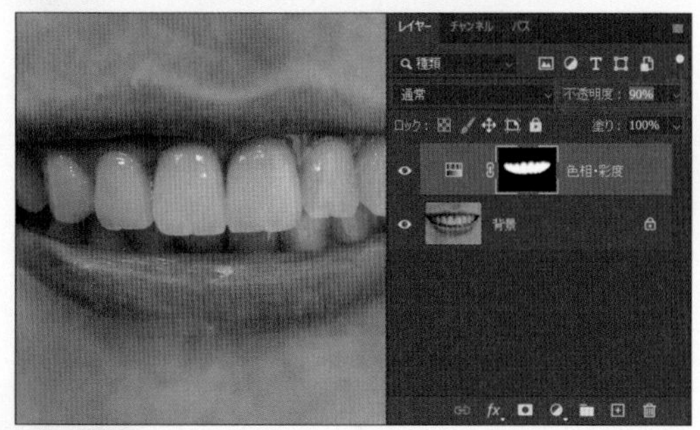

白すぎて不自然だと感じたら、不透明度を少し下げよう！

おまけ 色相・彩度をやり直す場合

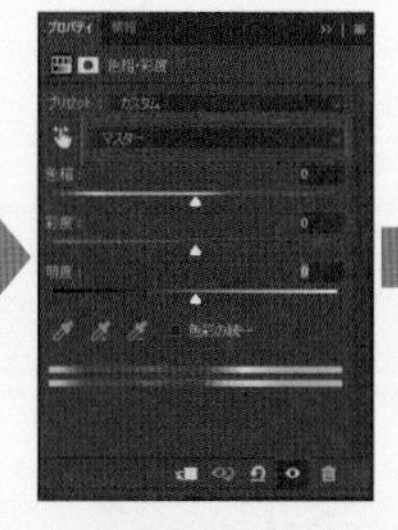

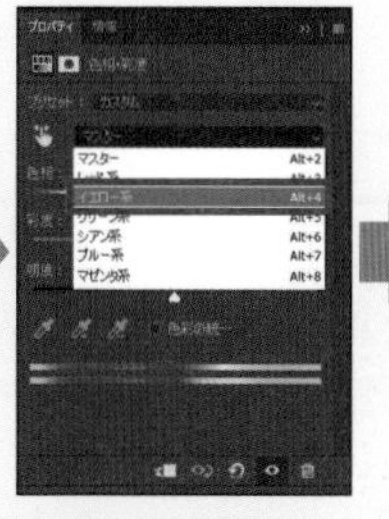

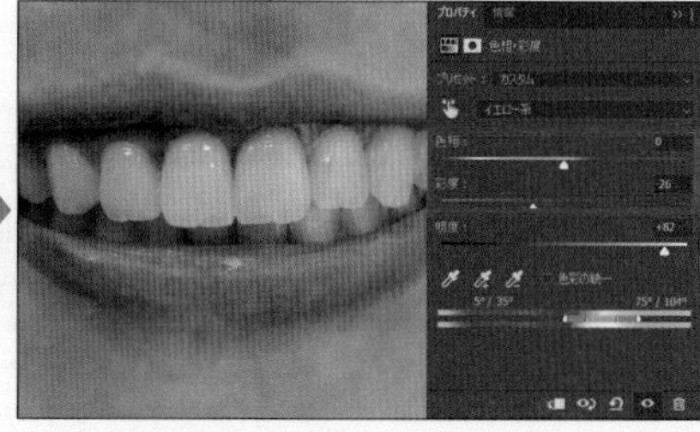

CAUTION

「色相・彩度」を再度開くと、色の系統が「マスター」になっているので、クリックしたときの色の「イエロー系」を選ぶ。

5 フォトグラファー向け実践練習

目つぶりを直す方法

レベル　：★★☆
所要時間　：10分
ダウンロード：
MappyPhoto-5-11-1
MappyPhoto-5-11-2

集合写真みんないい顔なのに一人だけ目つぶりしちゃった……。　消すしかないか……トホホ……。

ちょっと待った～！　目をつぶっている人が別の写真でしっかり目が開いてれば直せるよ！　集合写真を撮るときに何枚も連写しておけば、こういうときに役立つよ！

使うパワー

なげなわツール（P.122）×レイヤーマスク（P.66）×ブラシツール（P.136）

POINT

別の写真で目が開いてる写真があれば、目をつぶっている写真に上からかぶせて直せる！
顔の位置や向きがずれていたら顔ごとかぶせてもOK！

※サンプル画像は2人の場合なので全身ごと変えてしまってもOKです。
今回は大人数の場合だと仮定して、より狭い範囲で変えていきます。

1 目が開いている写真を上に取り込む

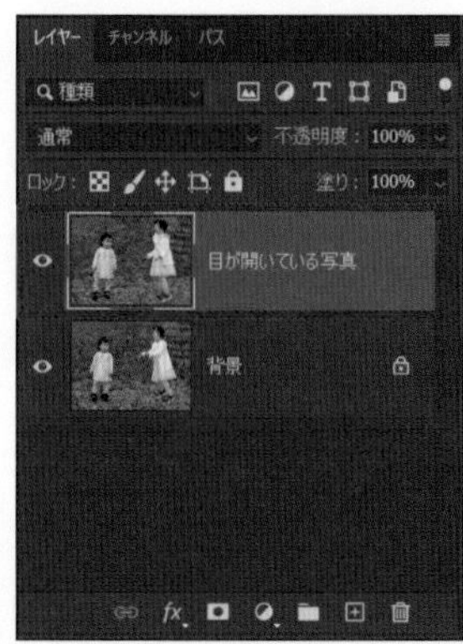

下は、元となる左の子が目が閉じている写真

2 目が開いている写真で顔の範囲を「なげなわツール」で囲み複製

SHORTCUTS

レイヤーを複製

Win Ctrl + J ／ Mac ⌘ + J

3 目が開いている写真を非表示にして、複製の不透明度を下げる

これで下の写真の目が見えやすくなるよ！

4 目が閉じている写真に重なるように移動

SHORTCUTS

自由変形

Win Ctrl + T ／ Mac ⌘ + T

5 不透明度を戻し、「レイヤーマスク」をクリック

まだ上に載せただけなので不自然

6 レイヤーマスクで顔の周りを「ブラシツール」の黒で塗る

ソフト円ブラシで顔の周りを塗る

Act 12 影を薄くする方法

レベル	：★★★
所要時間	：30分
ダウンロード：MappyPhoto-5-12	

Before

After

うわ〜、自分の手とカメラで思いっきり影作っちゃった……。　せっかくおいしかったのに！！

そういうときは、影の範囲を明るくして薄めていこう！

使うパワー

選択系ツール（P.120）

×

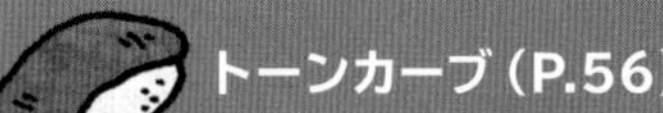

トーンカーブ（P.56）

×

ぼかし（P.178）

×

レイヤーマスク（P.66）

×

ブラシツール（P.136）

POINT

レイヤーマスクにぼかし（ガウス）を使ってなじませる！

※影を薄くするにはCamera Rawフィルターでシャドウを上げればできます。
今回はCamera Rawでは十分に影を薄められなかったと仮定します。
また、今回はカフェラテとテーブルとお皿の影を消しますが、人などの場合でも応用できます。

1 「選択系ツール」でカフェラテ内の影を選択

楕円形選択ツールで円を作り、多角形選択ツールで上半分を選択範囲から除外

POINT

影がかかっている場所が、
・カフェラテ
・テーブル
・お皿
と3ヵ所に分かれていて明るさが違うので、それぞれ別にトーンカーブで調整する

2 「トーンカーブ」で影を明るくする

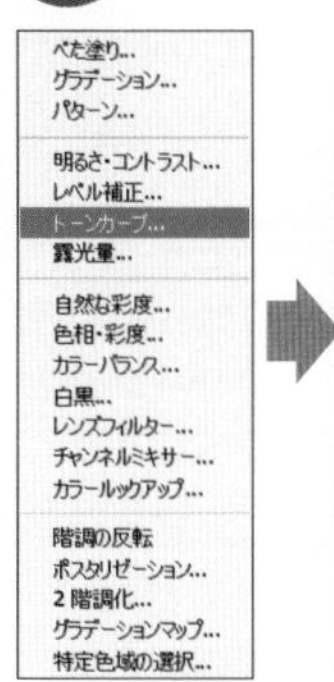

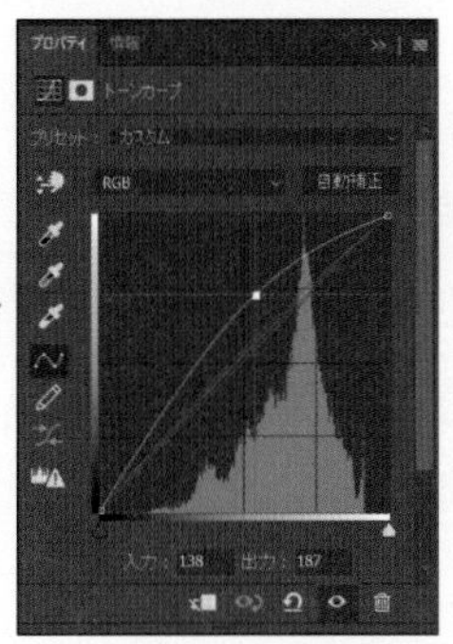

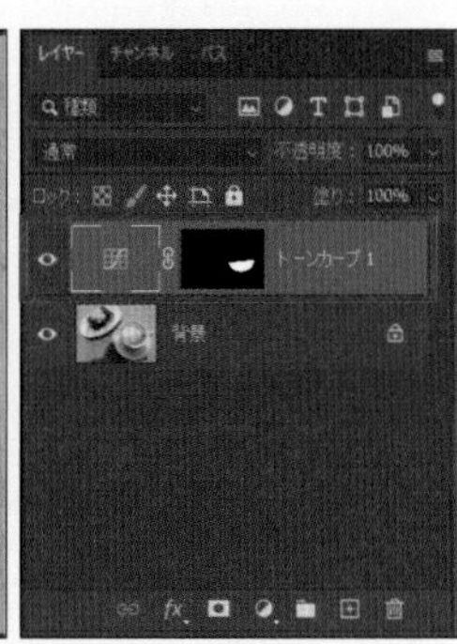

POINT

色が不自然な場合はレッド／グリーン／ブルーのチャンネルで色を調整する

3 「レイヤーマスク」をクリックして「ぼかし（ガウス）」にいく

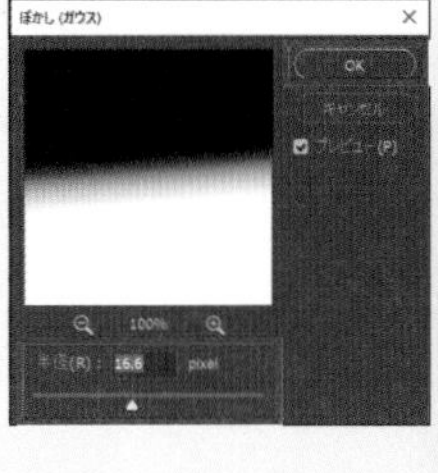

レイヤーマスクがぼけたから影の境界線も柔らかくなったね！

4 トーンカーブを足して少し明るくする

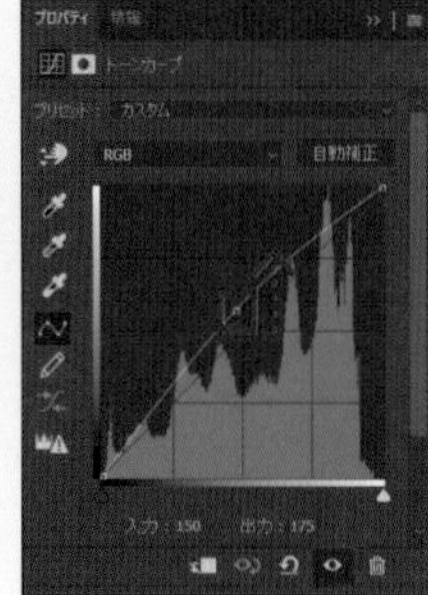

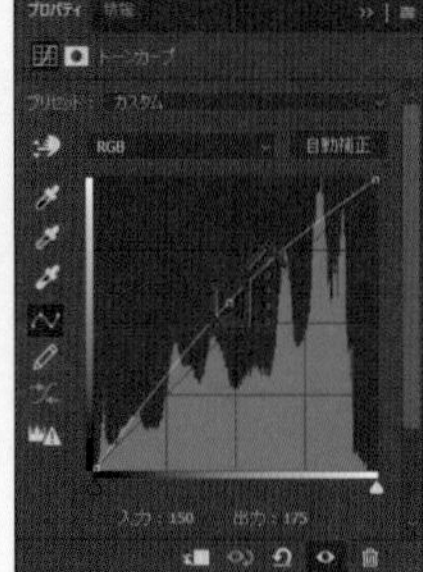

5 「レイヤーマスク」をクリックして、反転する

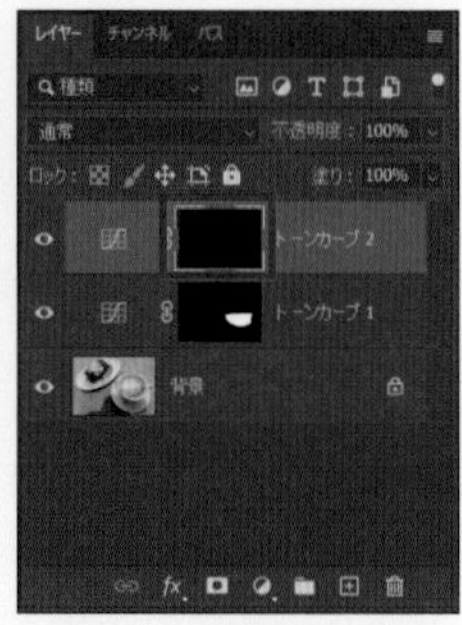

さらにトーンカーブを加えて、もう少し境界線を明るくしよう！

SHORTCUTS

レイヤーマスクを反転

Win Ctrl + I ／ Mac ⌘ + I

6 「ブラシツール」の白で流量を下げて、境界線を塗る

これでカフェラテ内の影は明るくなったから、同じようにテーブルとお皿でもやっていこう！

7 テーブルの影の範囲を、同じようにトーンカーブを２つ使って明るくする

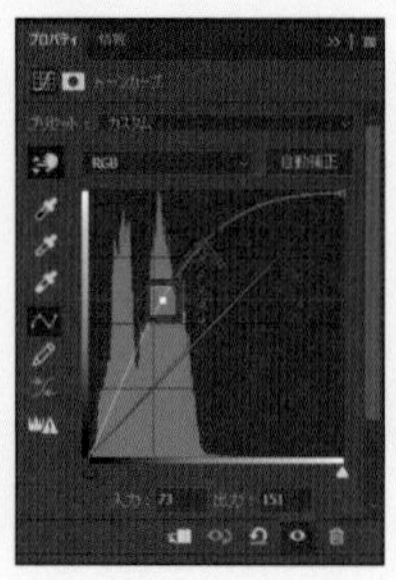

影全体用トーンカーブ

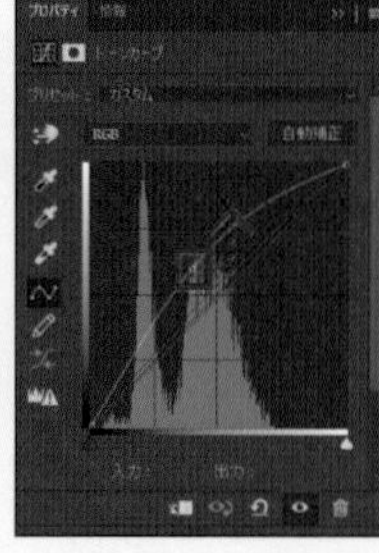

境界線用トーンカーブ

POINT

影の範囲がカクカクしている場合は、多角形選択ツールやなげなわツールを使うと簡単！

8 お皿の影の範囲をトーンカーブを１つ使って明るくする

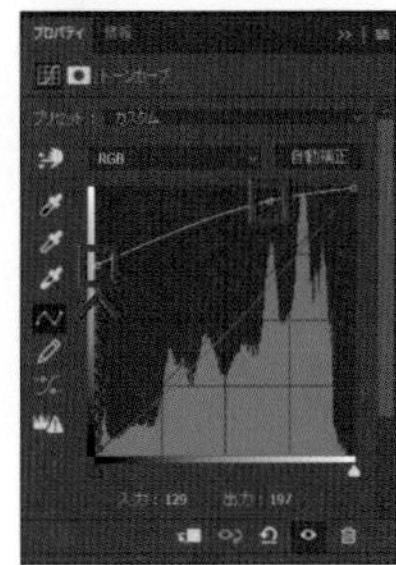

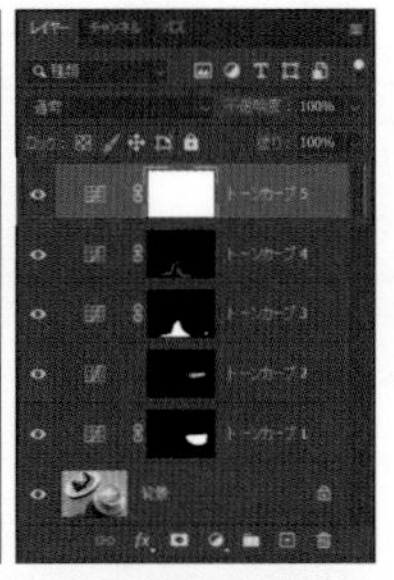

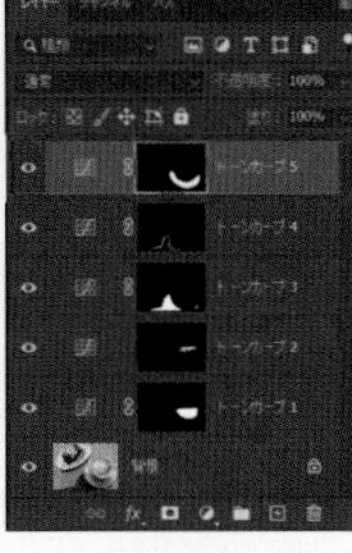

反転してソフト円ブラシで塗る

お皿は境界線がはっきりしているから１枚だけで調整できるよ！

おまけ 修復ブラシツールで塗る

モード： 通常　ソース： サンプル　パターン　調整あり　従来方式を使用　サンプル： 現在のレイヤー以下

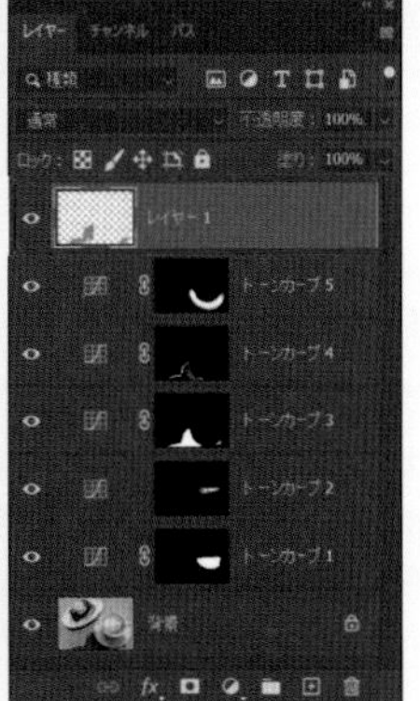

今回の写真のように人の顔などでなければ、いらないものを消す方法（P.205）のように影を消すこともできるよ！

人の顔に影があるときは、その方法じゃできないの？

顔は他からコピーして持ってこれないからできないよ！

Act 13 写真をアニメ風に加工する方法

レベル　：★★★
所要時間　：20分
ダウンロード：
MappyPhoto-5-13

Before

After

のんびりした感じの写真が撮れたから、アニメ風に加工してみたいな～！

いいね！　青い空があったり、いろんな色が入ってる写真だと、よりアニメっぽく仕上がるよ！

使うパワー

Camera Raw
(P.168)

フィルターギャラリー
(P.166)

ハイパス
(P.187)

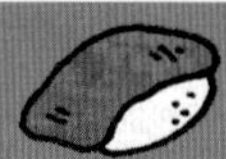
描画モード
(P.98)

トーンカーブ
(P.56)

POINT

フィルターギャラリーでアニメ風に加工し、仕上げとしてハイパスやトーンカーブで引き締める！

1 スマートオブジェクトにする

2 「Camera Raw」にいく

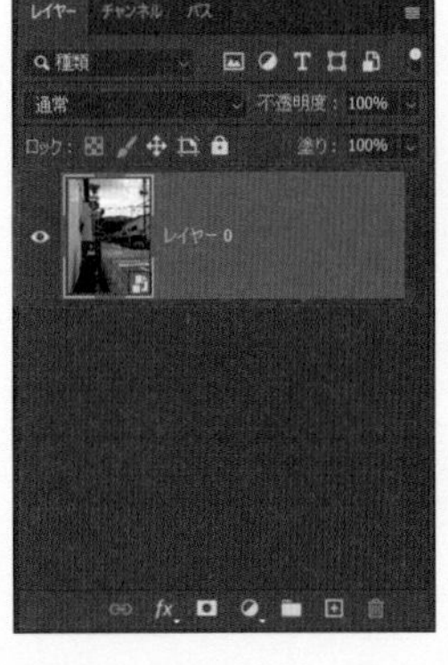

3 基本補正で明るさを調整する

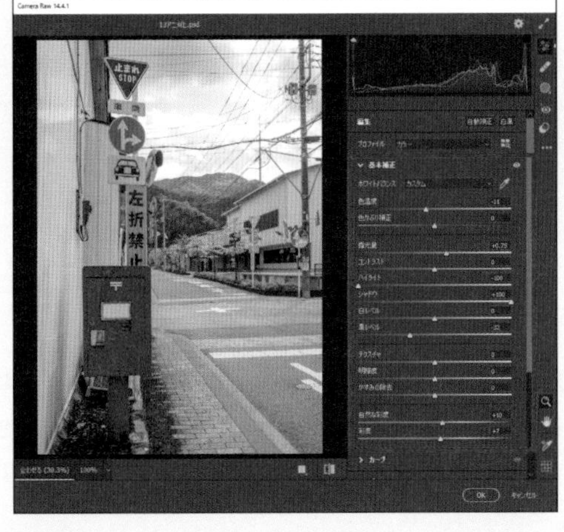

4 カラーミキサーで色鮮やかにする

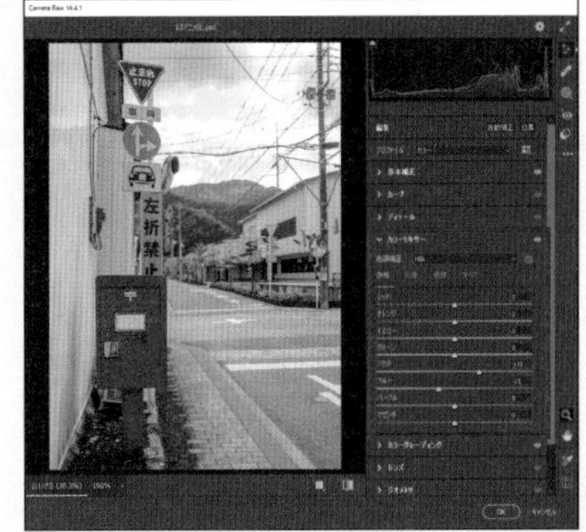

色鮮やかなほうがアニメっぽいね！

5 カラーグレーディングで青みを加えて「OK」をクリック

シャドウ・中間調・ハイライトにもそれぞれ青みを加えることで、アニメっぽくなるよ！

5 フォトグラファー向け実践練習

6 写真を複製する

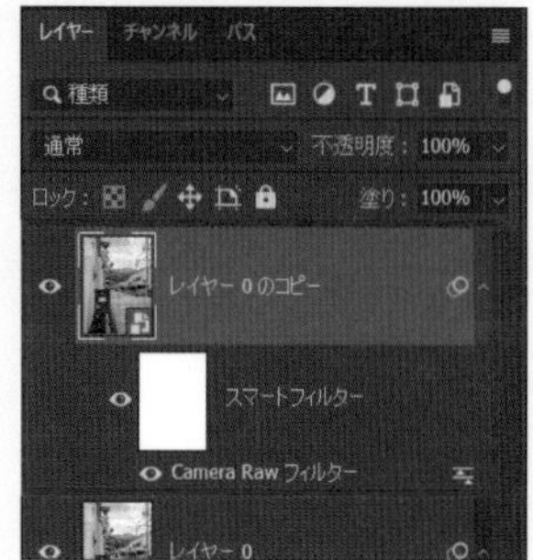

SHORTCUTS

レイヤーを複製

Win Ctrl + J ／ Mac ⌘ + J

7 上のレイヤーをいったん非表示にする

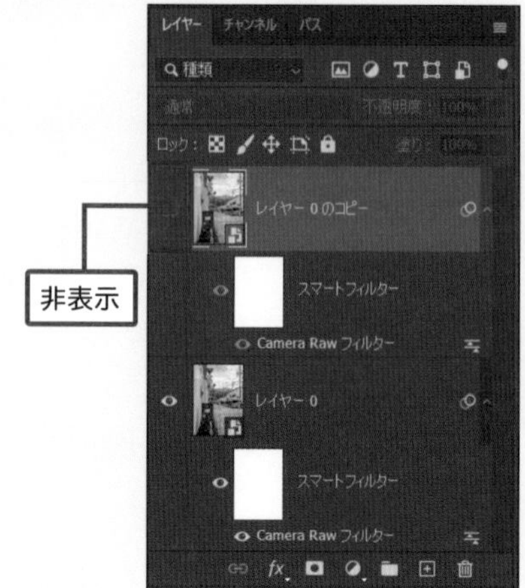

8 下のレイヤーで「フィルターギャラリー」にいく

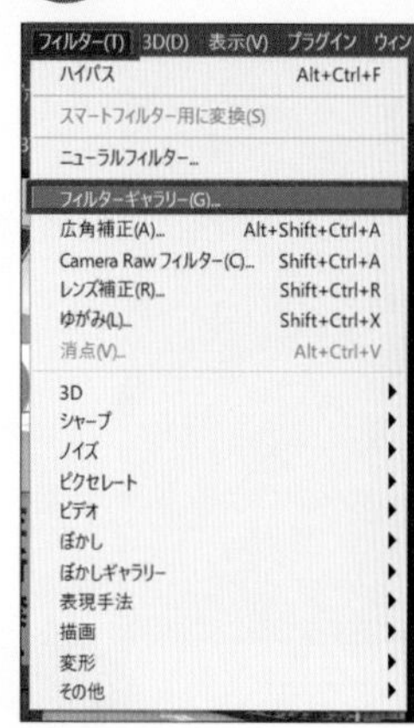

9 カットアウトをかける

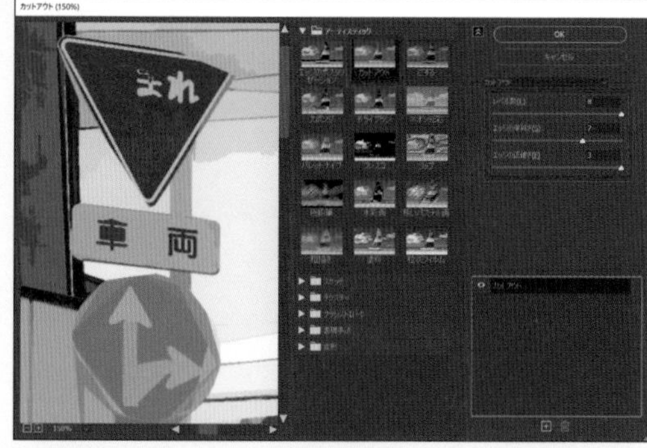

写真に合わせて右上で数値を調整

10 「＋」マークをクリックしてドライブラシをかけ、「OK」をクリック

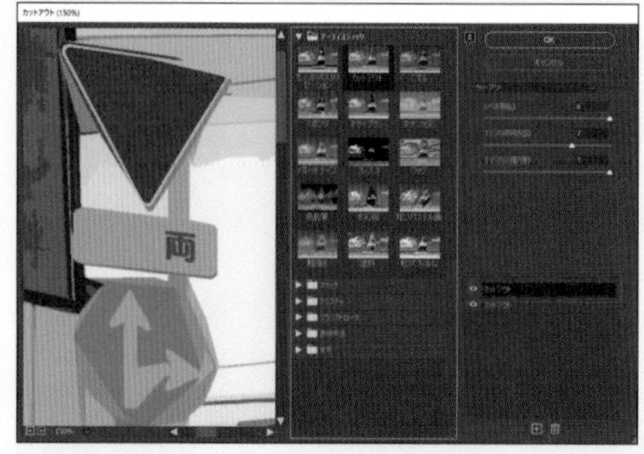

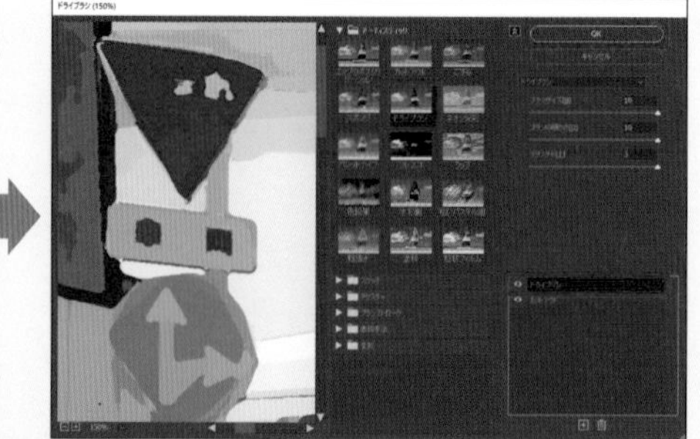

CAUTION

「＋」マークをクリックせずにドライブラシをかけようとすると、カットアウトがなくなってしまう！

11 上のレイヤーを表示してクリックし、「ハイパス」をかける

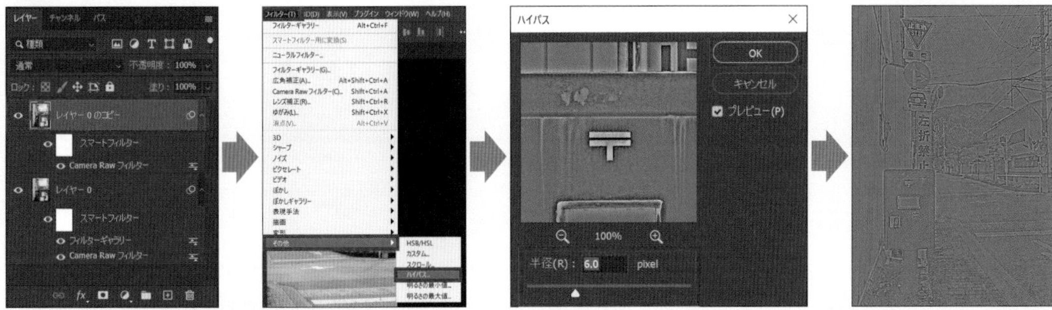

POINT

ハイパスをかけることで、境界線がはっきりする。

12 上のレイヤーの描画モードを「オーバーレイ」にする

13 「トーンカーブ」にいく

14 S字カーブにする

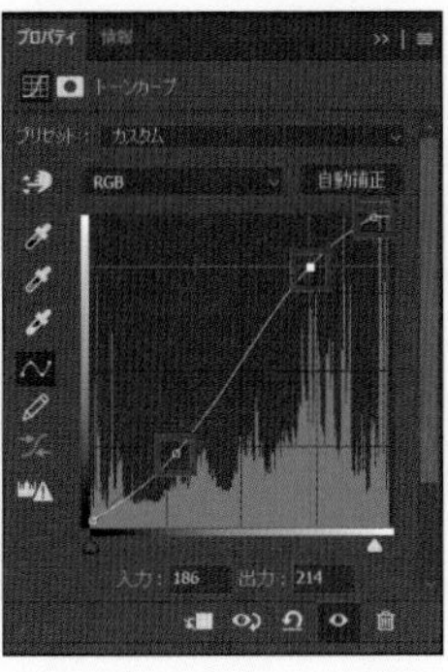

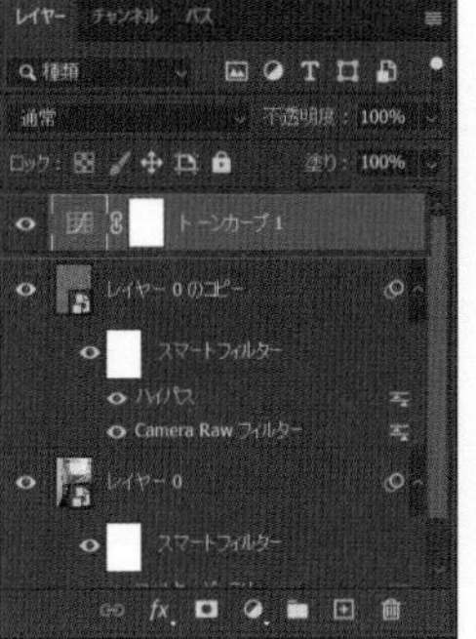

POINT

メリハリを付けるためにS字カーブにする！

Act 14 湯気を合成する方法

レベル	：★★☆
所要時間	：10分

ダウンロード：
MappyPhoto-5-14-1
MappyPhoto-5-14-2

Before

After

飲み物が冷めたあとに写真を撮ったから、湯気が消えちゃったんだよね……。

背景が黒の湯気の写真があれば、あとからでも湯気を簡単に加えられるよ！

使うパワー

描画モード（P.98）
×

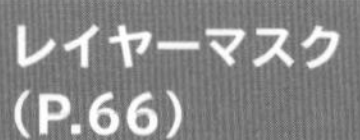

レイヤーマスク（P.66）
×

ブラシツール（P.136）
×

ゆがみ（P.170）
×

ぼかし（P.178）

POINT

黒い背景の湯気の写真があれば、湯気を切り取る必要はなく、描画モードを変えるだけでなじませることができる！

1 湯気をコップの上に動かす

SHORTCUTS

自由変形

Win Ctrl + T ／ Mac ⌘ + T

2 湯気の写真の描画モードを「スクリーン」にする

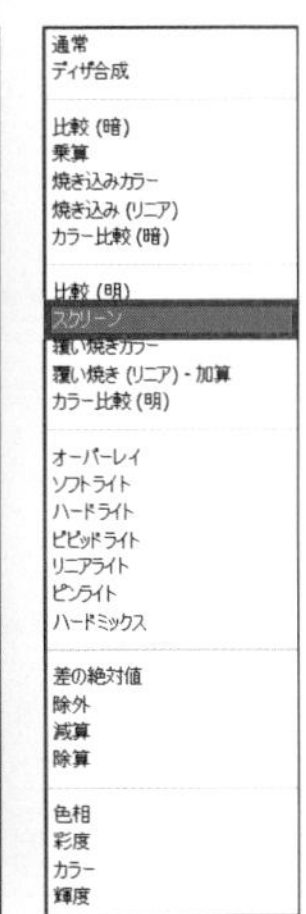

3 「レイヤーマスク」をクリック

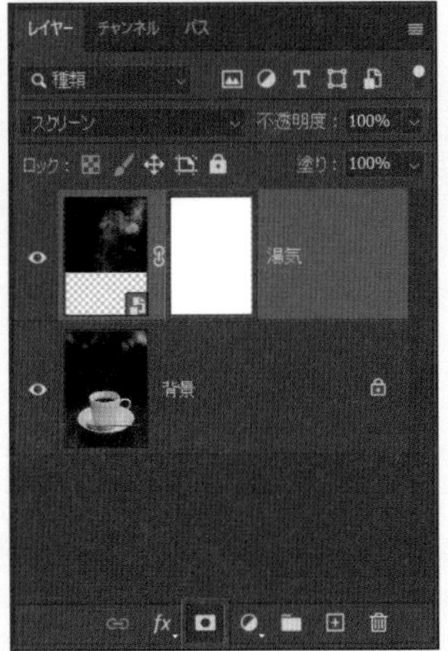

4 「ブラシツール」の黒で湯気の写真の端を消す

ここまででもいい感じだね！

5 「フィルター」▶「ゆがみ」で湯気を上に向かって伸ばす

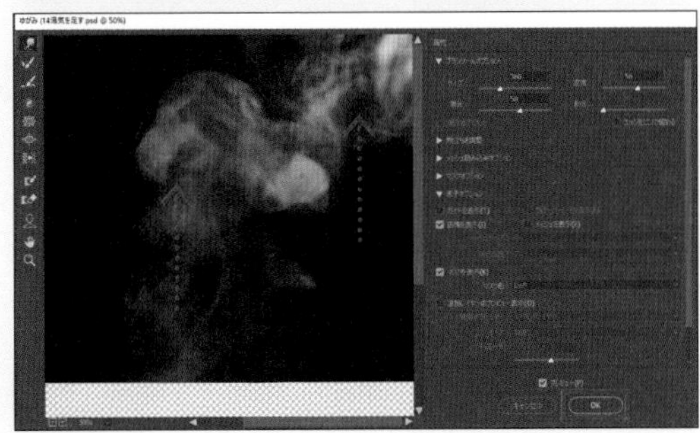

湯気が流れていく方向を考えながら伸ばすといいよ！

6 湯気の写真を「ぼかし（ガウス）」でぼかす

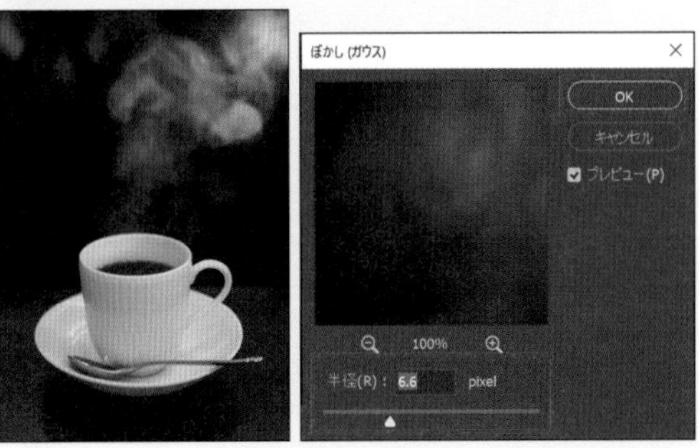

POINT

湯気にトゲトゲさを感じる場合はぼかす！

5 フォトグラファー向け実践練習

雪を降らせる方法

レベル	：★★★
所要時間	：15分
ダウンロード： MappyPhoto-5-15	

After

雪が積もっている写真に雪を降らせられたらいいよねー！

雪ブラシを自分で作って、雪が降っているように描くことができるよ！

使うパワー

ブラシツール（P.136）

ぼかし（P.178）

POINT

Photoshopでは自分でブラシを作ることもできる。今回の場合は雪のようなブラシを作って使う！

1 新規ファイルを500x500pxで作成

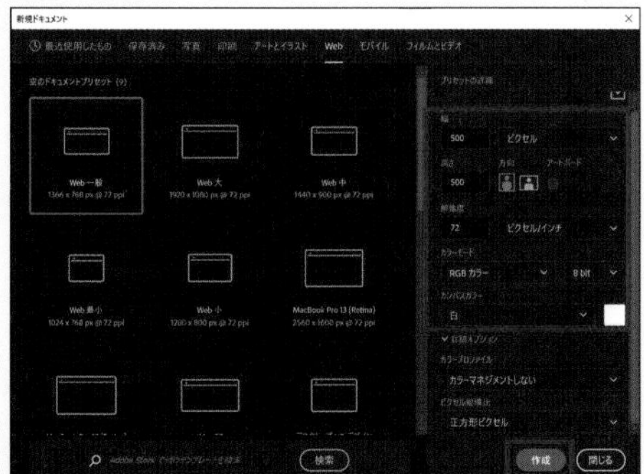

まずは雪ブラシを作るよ！

2 「ブラシツール」の黒で雪を作る

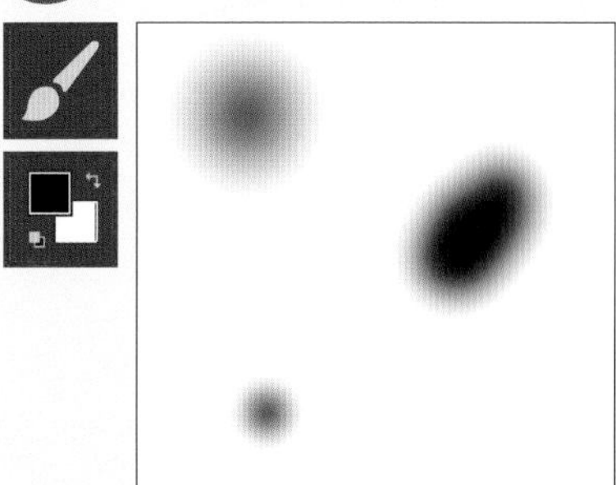

POINT

あとからブラシの色を変える場合は、まず黒でブラシを作る！

3 「編集」▶「ブラシを定義」をクリック

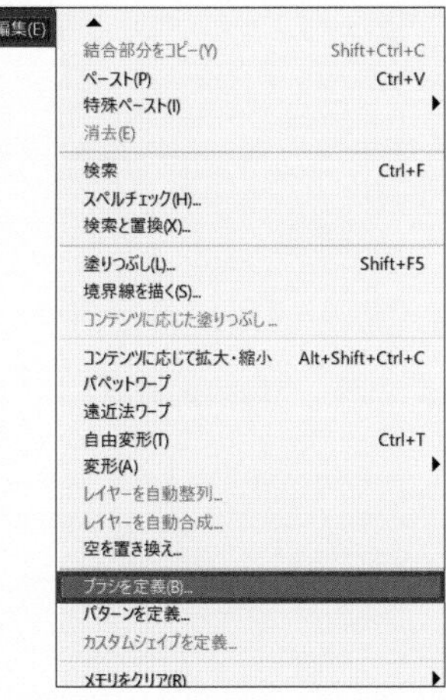

4 ブラシの名前を付ける

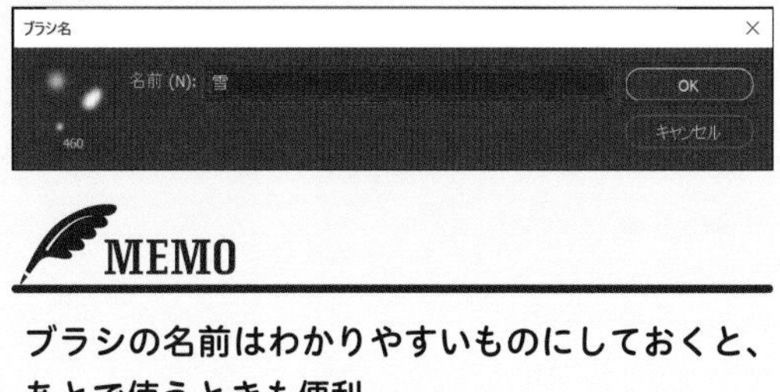

MEMO

ブラシの名前はわかりやすいものにしておくと、あとで使うときも便利。

5 写真に戻って、レイヤーを1枚加える

6 「ブラシツール」で作ったブラシを選択して、色を変える

雪だからやっぱり白かな！

5 フォトグラファー向け実践練習

7 ブラシの設定にいく

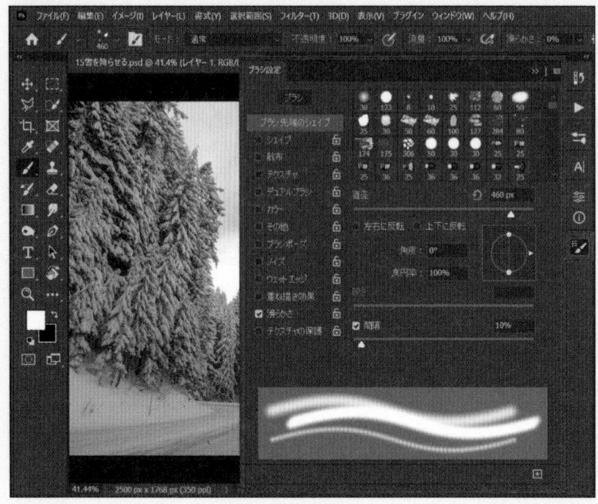

ドラッグしたときにパラパラする感じに設定するよ！
数値はお好みで！
いろいろ試してみてね！

8 ブラシの設定をする

間隔50〜100%

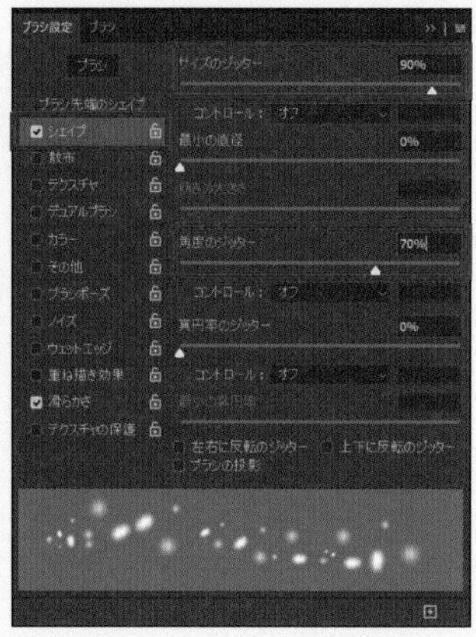

サイズのジッター 80〜100%
角度のジッター 50〜70%

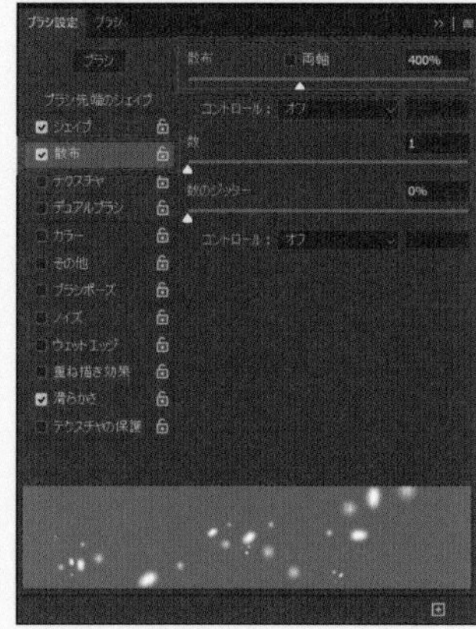

散布 200〜400%

9 ブラシのサイズを小さくし、流量を下げて雪を描く

サイズ26px、流量50%

まずは遠めの雪から描くよ！ 遠めだからブラシは小さくしよう！

10 レイヤーを加えて少し大きめの雪を描く

サイズ115px、流量50%

今度はちょっと近めの雪を描いていくんだね！

11 もう１枚レイヤーを加えて、さらに大きめの雪を描く

サイズ500px、流量50％

12 遠めの雪のレイヤーに「ぼかし（移動）」を加える

角度46°、距離15pixel

13 同じように他の雪のレイヤーにも「ぼかし（移動）」を加える

「中間レイヤー」角度46°、距離30pixel

「近めレイヤー」角度46°、距離71pixel

私たちの今までの失敗談

『カメラ忘れた』とかそこまでの大事件はないんだけど、ちょっとした事件はあるので、話していくね！　そこまでオチはないよ……。

雷と私事件（えりな編）

普段、カメラが壊れるのが怖くて雨の日にはカメラを持って出かけることは少ないのですが、たまたまその日は車移動でカメラを持っていたので、雷が光り出したときに車を止めてカメラで撮影し始めました。

夜で外は真っ暗の中、ひたすら雷の写真を撮っていたのですが、どれだけisoを上げても真っ暗で「やっぱり暗すぎて撮れないか……」と思いながらも撮影し続け、雷が通り過ぎたあとに気付きました。「カメラにキャップ付いてる……」それ以降、写真を撮るときはちゃんと意識的にキャップを取るようにしています！（笑）

ピントが変わる事件（たじ編）

一眼レフで写真を撮るときに、勝手にカメラのピント設定が真ん中１点ピントに変わってしまうという事件が多発していました。被写体がモノのときはまだしも、人のときは本当に焦る！

慌ててピントを直し、撮影。理由もわからず、発生タイミングも不明。もう本当に困っていました。「一眼レフが壊れたに違いない」と思って、えりなの一眼レフでも撮らせてもらったところ、やはりピントが勝手に変わる問題が発生！

犯人は……「鼻」!! 鼻が液晶ディスプレイにぶつかってピントを変えていたのでした……一件落着。それ以降、集中して顔をカメラに押し付けすぎないように気を付けています（笑）。

さようなら事件（たじ編）

普段あまり写真に写ることのない私ですが、以前ジャンプ写真にはまっていて自分も喜んで被写体を買って出ていました。

あるときのこと、まず私がカメラマンをやり、そのあと友だちと交代で被写体になりました。その左手にはしっかりとぐるぐる巻きにして握りしめられたデジカメのストラップ。

「せーのっ！」ジャーンプ!!

ポーーーン……ドサッ。

左手に依然しっかりと握られたストラップ、けれど目の前に飛んで行ったデジカメ。

「なんで？」と思い恐る恐るデジカメを拾ってみると、ストラップを結ぶところが欠けてストラップが外れたのでした。デジカメはというと、レンズが出てくるところがゆがんで砂が入り、電源を入れてもガガーっと音がするだけでもちろん壊れていました。アメリカの大草原の中でさようならデジカメ（泣）。

フォトグラファー編
クリア！　あと１つ!!

Step 6

デザイナー向け実践練習

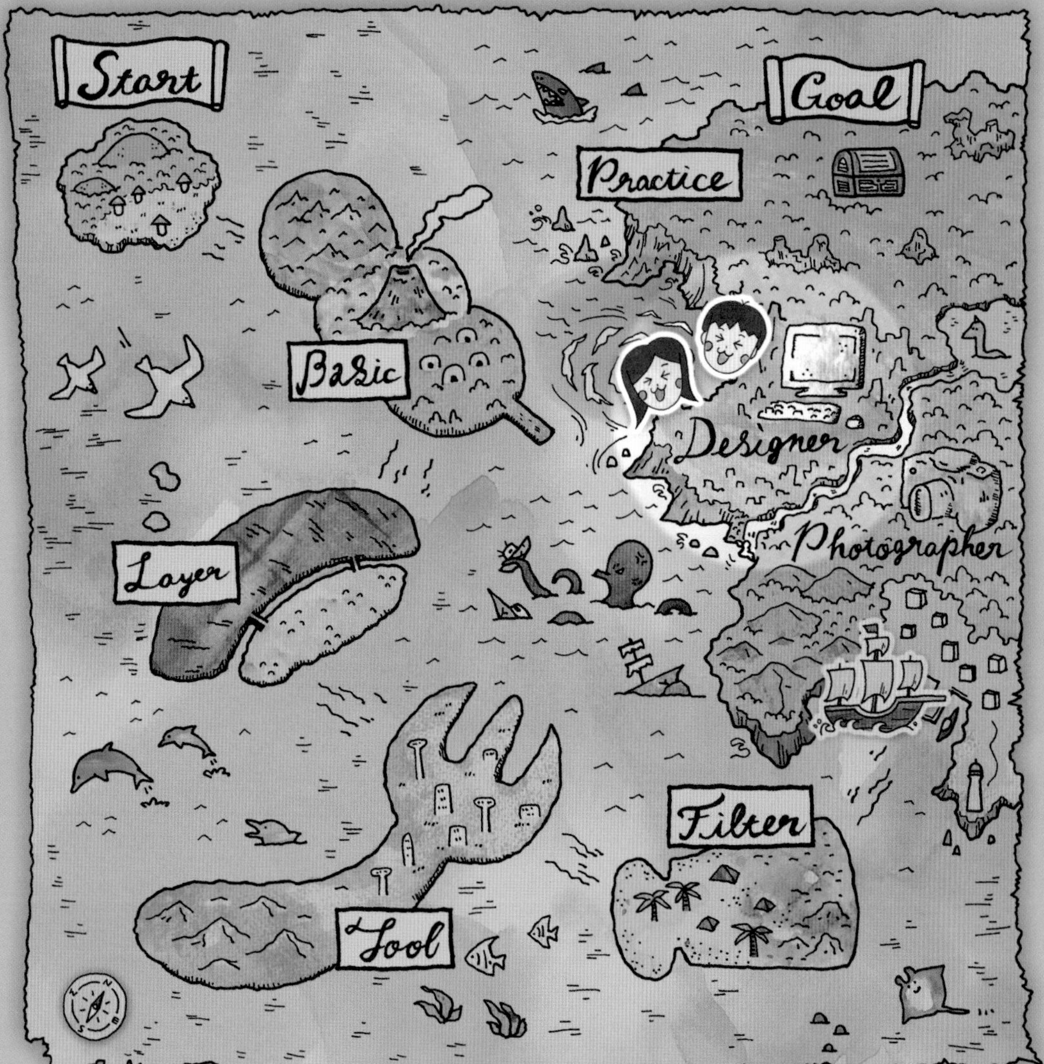

次は、デザイナー向け！　文字を入れたデザインやグラフィックアート作りに挑戦してみよう！

写真を文字で切り抜く方法

レベル	：★☆☆
所要時間	：5分
ダウンロード：MappyPhoto-6-1	

Before

After

文字で写真を切り抜くには、文字マスクツールを使うんだよね！

文字マスクツールでもできるけど、ここではあとからでも簡単に文字やフォント、文字の場所も変えることができる方法で見ていくよ！

使うパワー

横書き文字ツール（P.144）

クリッピングマスク（P.82）

POINT

あとから文字やフォントなどを直す可能性がある場合は、クリッピングマスクを使う！

1 「横書き文字ツール」で文字を書く

太めのフォントを選ぶと、写真がたくさん入るよ！

2 写真を上に載せる

3 写真を文字に「クリッピングマスク」する

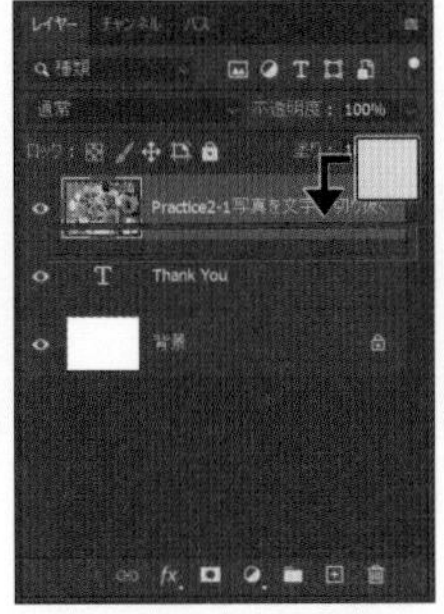

SHORTCUTS

クリッピングマスク

Alt（option）を押しながらレイヤーとレイヤーの間をクリック

4 写真が文字で切り抜かれる

5 文字をあとから変える場合は文字を打ち直す

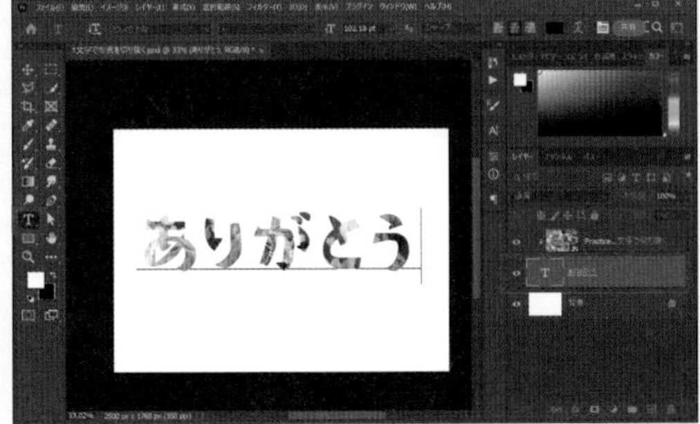

あとからでも簡単に文字を直すことができた！

6 写真の場所を変える場合は自由変形で移動する

SHORTCUTS

自由変形

Win Ctrl + T ／ Mac ⌘ + T

透明な文字を作る方法

レベル　：★☆☆

所要時間　：5分

ダウンロード：MappyPhoto-6-2

After

MONUMENT VALLEY

文字が透けて下の写真が見えるようにするには、文字を書いたあとどうすればいいのかな？

境界線を付けて塗りを下げると、境界線を残して文字の部分だけ透明化できるよ！

使うパワー

横書き文字ツール（P.144）

レイヤースタイル（P.88）

POINT

文字レイヤーの「塗り」を下げることによって、文字だけが透明になり、付けた効果はそのまま残る！

1 背景となる写真を入れる

2 「横書き文字ツール」で文字を書く

文字自体はあとで透明になるから色は気にしなくてOK！

3 「レイヤースタイル」の「境界線」にいく

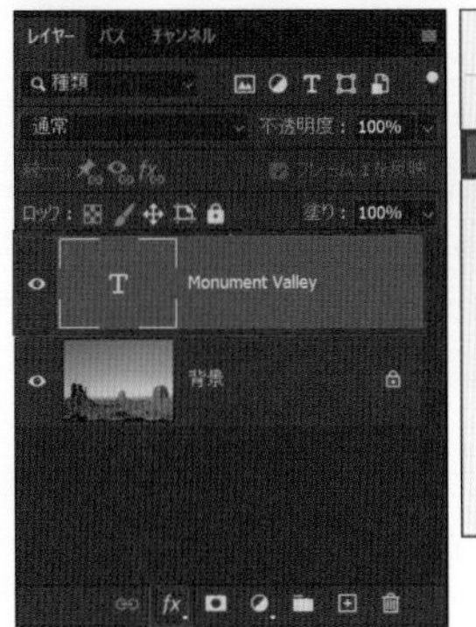

レイヤー効果...
ベベルとエンボス...
境界線...
シャドウ（内側）...
光彩（内側）...
サテン...
カラーオーバーレイ...
グラデーションオーバーレイ...
パターンオーバーレイ...
光彩（外側）...
ドロップシャドウ...

POINT

境界線以外でも、外側に効果を加えるものなら何でもよい。

4 境界線の色や太さを設定する

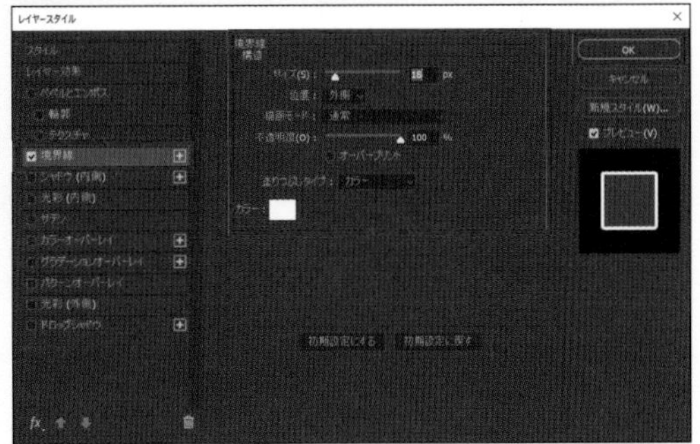

位置は「外側」にする

5 塗りを下げる

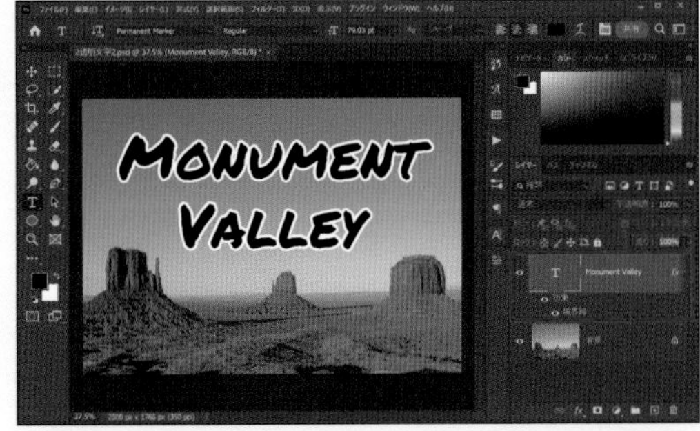

CAUTION

不透明度を下げると境界線も透明化するので間違えないように注意！

6 塗りを0%にする

0%まで下げなければ、半透明の文字になるよ！

ゴールド文字を作る方法

レベル	：★★☆
所要時間	：10分

After

Before

ゴールドの文字を作るにはやっぱりレイヤースタイルだよね？

そうそう、どんなゴールドを作るかによってレイヤースタイルの何を使うかは変わってくるから、想像してから作り始めるといいよ！

使うパワー

横書き文字ツール（P.144）

レイヤースタイル（P.88）

POINT

グラデーションでゴールドの色を付けて、ベベルとエンボスで立体感を出す！

1 「横書き文字ツール」で文字を書く

どうせゴールドにするんだから、何色でもいいんだよね?!

2 「レイヤースタイル」▶「グラデーションオーバーレイ」にいく

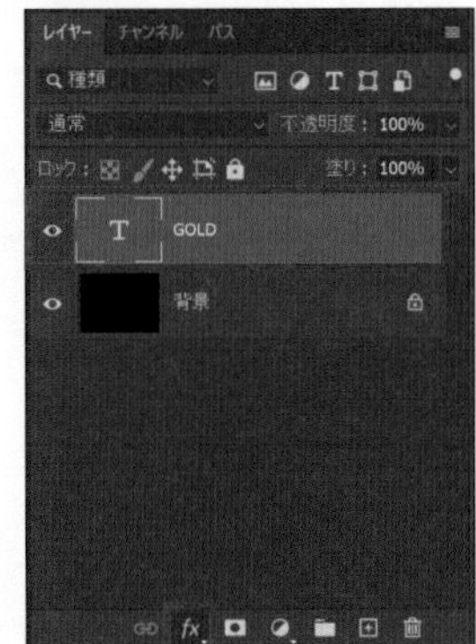

レイヤー効果...
ベベルとエンボス...
境界線...
シャドウ（内側）...
光彩（内側）...
サテン...
カラーオーバーレイ...
グラデーションオーバーレイ...
パターンオーバーレイ...
光彩（外側）...
ドロップシャドウ...

3 グラデーションの設定をする

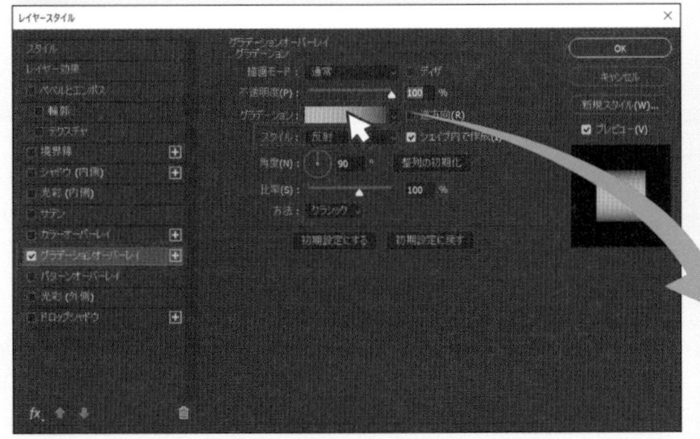

グラデーションの色をクリックすると、「グラデーションエディター」が開く

グラデーションエディター

25%
#e2cc6b

75%
#c49738

0%
#e5d170

50%
#dab959

100%
#76653d

4 ベベルとエンボスの設定をする

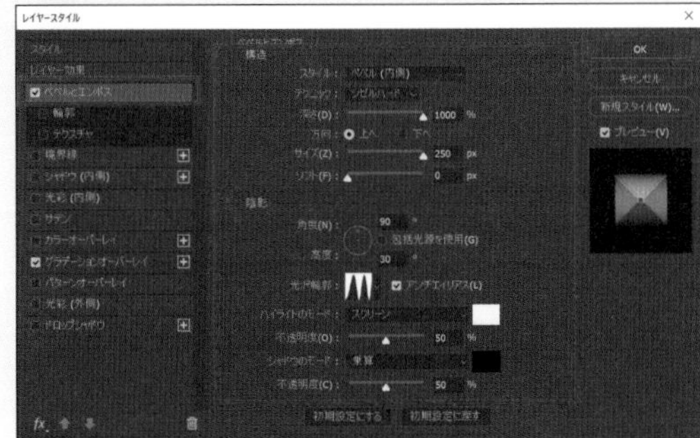

フォント：Times New Roman、サイズ：133.15ptの場合
スタイル：ベベル（内側）
テクニック：ジゼルハード
深さとサイズ：最大値
方向：上へ

おまけ 効果の違い

グラデーションだけ

グラデーション+ベベルとエンボス

POINT

何回も使う場合はスタイルを登録しておく（P.94）。

6 デザイナー向け実践練習

手書きのサインをブラシにする方法

レベル　：★★☆
所要時間　：15分
ダウンロード：MappyPhoto-6-4

After

After

Before

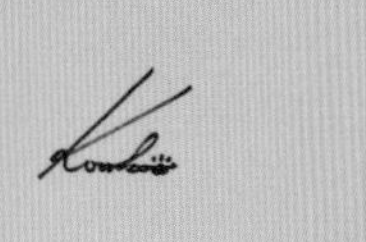

絵画みたいに、自分の編集した写真に手書きのサインを入れたいな～。

そういうときは、サインをブラシとして登録して、いつでも使えるようにしよう！

使うパワー

色域指定（P.133）× 切り抜きツール（P.117）× ブラシツール（P.136）

POINT

白い紙に黒いペンでサインを書いて写真を撮り、Photoshopでサインを切り抜く！

1 白い紙に黒いペンでサインを書く

POINT

黒のペンで書いておけば、ブラシにしてから色を変えられる！

2 サインの写真を撮り、Photoshopに取り込む

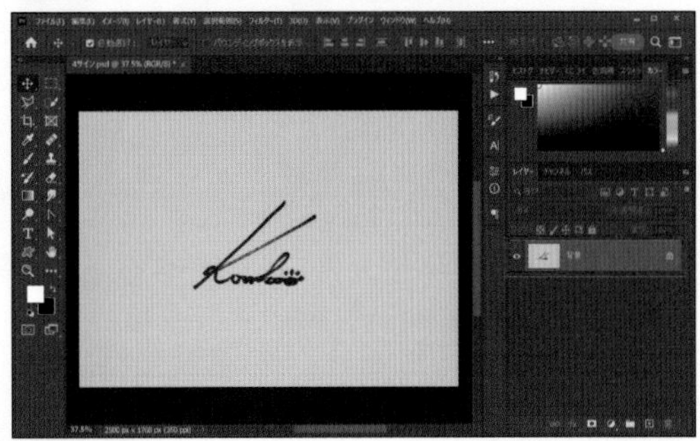

一眼レフじゃなくても、スマホで撮ってもOKだよ！

3 「選択範囲」▶「色域指定」にいき、選択をシャドウにしてサインを選択する

許容量・範囲を文字が見えるように調整

4 サインを複製して元の写真を非表示にする

SHORTCUTS

レイヤーを複製

Win Ctrl + J ／ Mac ⌘ + J

5 「切り抜きツール」で余白を切り取る

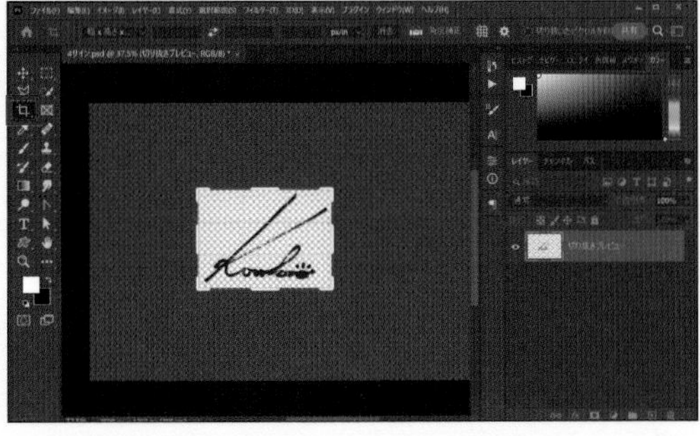

6 ブラシを定義する

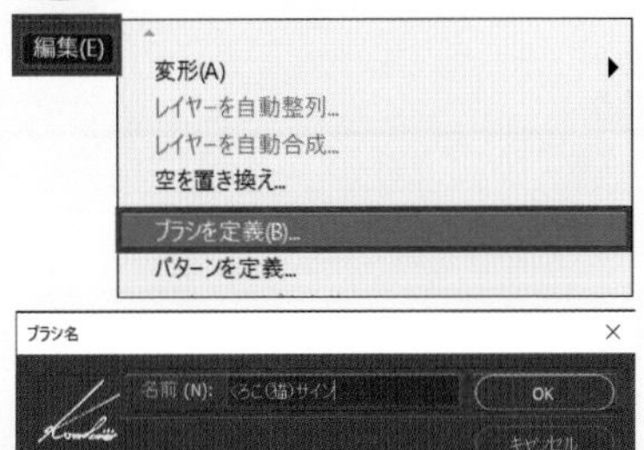

これで作ったブラシを選んで、新しいレイヤーを足してポンっと押せばサインが描けるよ！　色も大きさも好きに変えて使ってみよう！

6 デザイナー向け実践練習

Act 5

商品の切り抜きをする方法

レベル　：★★★
所要時間　：20分
ダウンロード：
MappyPhoto-6-5

After

Before

バナーを作るときにズバッと商品を切り抜きたいけど、そういうときはペンツールだったよね？

そう！　ペンツールなら直線や曲線をきれいに切り抜けるから、エッジがはっきりしているものの切り抜きに向いているよ！

使うパワー

 ペンツール（P.154）   レイヤーマスク（P.66）

POINT

ペンツールで囲んだパスは保存しておくことができる。保存すれば、何度も囲む必要がないから便利！

1 「ペンツール」で被写体を囲む

POINT

被写体の少し内側にパスを描くと、きれいに切り抜ける。

2 パスパネルにいく

CAUTION

作業用パスのままだと、消えてしまうので注意！

3 ダブルクリックして名前を付ける

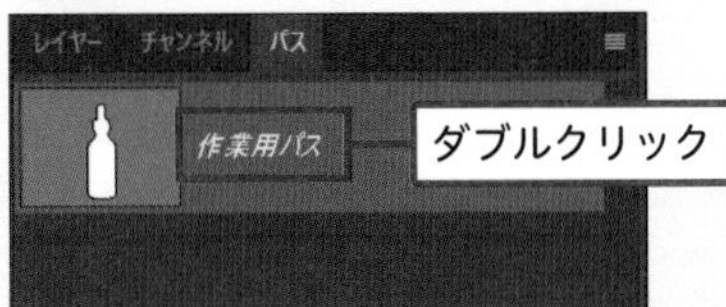

名前を付けることによって作ったパスを保存できるよ！

4 パスをクリックして点線の丸をクリック

パスを選択範囲として読み込める

5 レイヤーパネルに戻って「レイヤーマスク」をクリック

おまけ 切り抜きを変更したいときは、パスパネルでやり直しができる

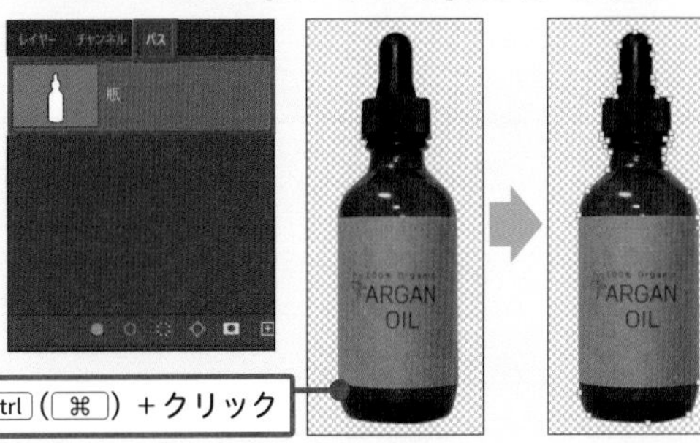

POINT

Ctrl（⌘）を押しながらパス上をクリックすると、アンカーポイントやハンドルが表示されてパスを変更できる。

影を作る方法

レベル　：★★☆
所要時間　：10分
ダウンロード：
MappyPhoto-6-6

After

Before

さっき切り抜いた商品に影を付けるには、レイヤースタイルのドロップシャドウでいいんだよね？

ドロップシャドウでも簡単に影を作れるけど、遠近感を出したい場合は別の方法でやるよ！

使うパワー

レイヤースタイル（P.88）
×

ぼかし（P.178）
×

レイヤーマスク（P.66）
×

グラデーションツール（P.139）

POINT

レイヤースタイルのドロップシャドウは遠近感を出すことはできない！　そのようなときは、切り抜きのレイヤーを複製して影のように変形させる！

1 切り抜きを複製しスマートオブジェクトにする

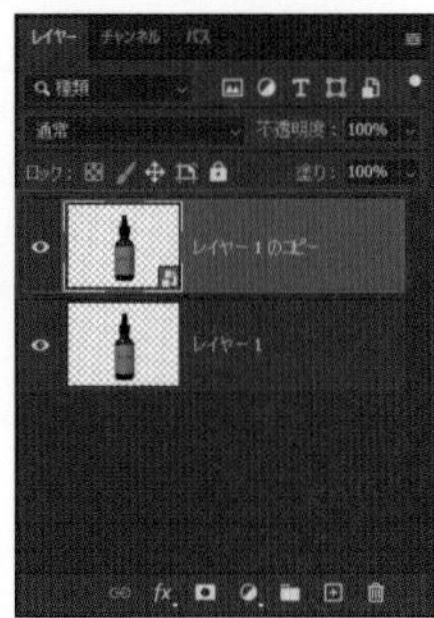

SHORTCUTS

レイヤーを複製

Win Ctrl + J ／ Mac ⌘ + J

2 「レイヤースタイル」▶「カラーオーバーレイ」でグレーを選ぶ

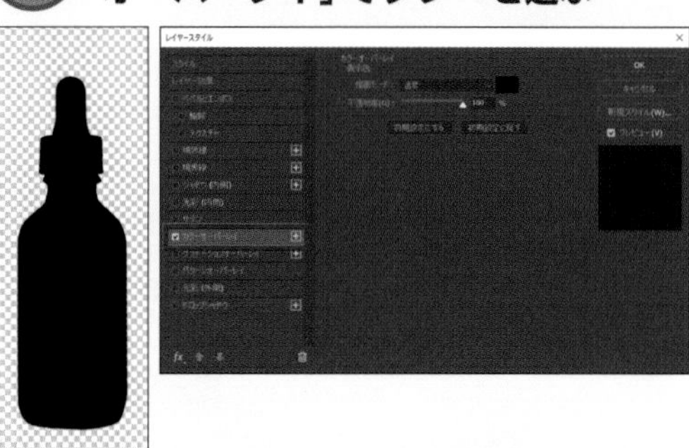

3 影のレイヤーを切り抜きのレイヤーの下に置く

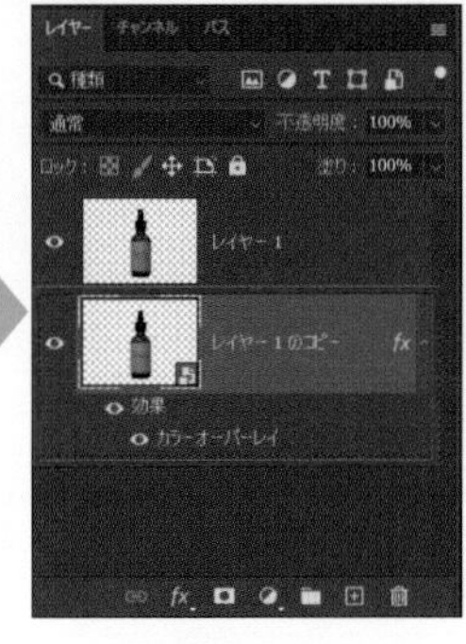

4 Ctrl（⌘）+ T を押してから右クリックし、遠近法で変形したら Enter を押す

いったん角4点を動かして小さくし、辺の真ん中で倒すように変形していく

5 「ぼかし（ガウス）」でぼかしを加える

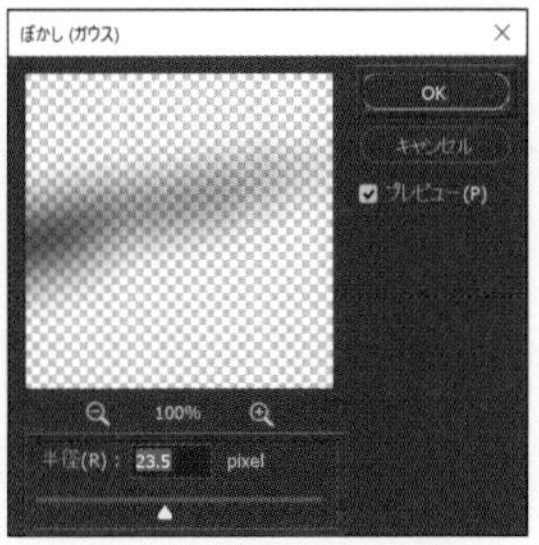

スマートオブジェクトにしているから、あとからぼかし具合を変更できるよ！

6 「レイヤーマスク」を加えて「グラデーションツール」を使う

奥にいけばいくほど、影が薄くなった！

バナーを作る方法

レベル	：★★☆
所要時間	：15分
ダウンロード：MappyPhoto-6-7	

Before

After

切り抜いた商品に影も付けたし、あとは文字を入れればイメージしてたバナーができそう！

いいね！ Photoshopではイメージしてから作り始めると、何をどうすればいいか自分で道筋を立てやすいから、その調子でいこう！

使うパワー

横書き文字ツール（P.144）

×

長方形ツール（P.119）

×

レイヤーマスク（P.66）

×

グラデーションツール（P.139）

POINT

切り抜いた商品（P.252）と影（P.254）をベースに、文字などの装飾を入れてバナーを作る！

1 新規ファイルでバナーのサイズを決める

MEMO

バナーのサイズは載せたい媒体によって変わる。

2 商品の切り抜きと商品の影を入れる

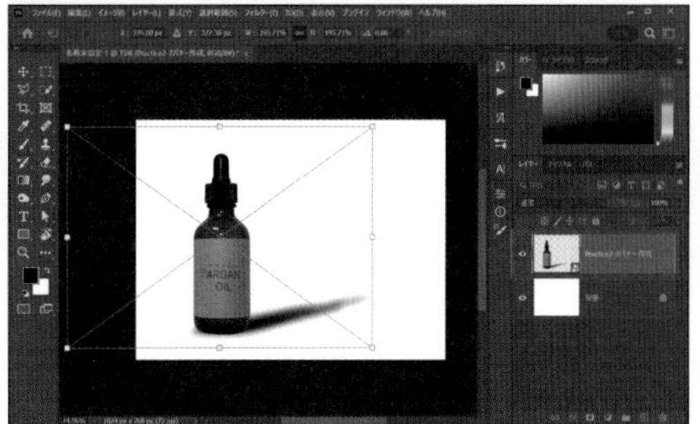

※今回はP.254で作成した画像をPNGで書き出したものを取り込む

3 「横書き文字ツール」で文字を入れる

文字の塊ごとにレイヤーを分けて入力
Argan Oilのフォント：Times New Roman
100% Organicのフォント：Futura PT

4 「長方形ツール」で長方形を作る

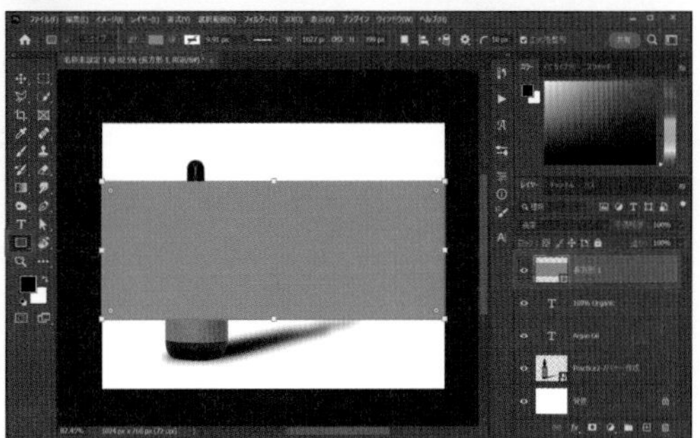

塗り：#b49378　線：なし

5 背景のレイヤーの上に置く

6 全体の色や配置を調整する

わーい！　初めて自分でバナーが作れた！

多重露光を作る方法

レベル	：★★☆
所要時間	：15分
ダウンロード：	
MappyPhoto-6-8	

Before

After

写真の上に別の写真がちらっと見える感じのデザインってできないかな？

それなら多重露光がかっこいいよ！　切り抜いた被写体の上に別の写真を置くだけで作れるよ！

使うパワー

選択系ツール（P.120）

レイヤーマスク（P.66）

べた塗り（P.51）

白黒（P.63）

クリッピングマスク（P.82）

描画モード（P.98）

ブラシツール（P.136）

POINT

土台となる写真を白黒にすることによって、重ねた写真が見えやすくなる！

1 「選択系ツール」で被写体を選択する

選択系ツールは何でもOK！　サンプルでは「被写体を選択」と「クイック選択ツール」を使用

2 「レイヤーマスク」をクリックして切り抜く

3 「べた塗りレイヤー」を背景に置く

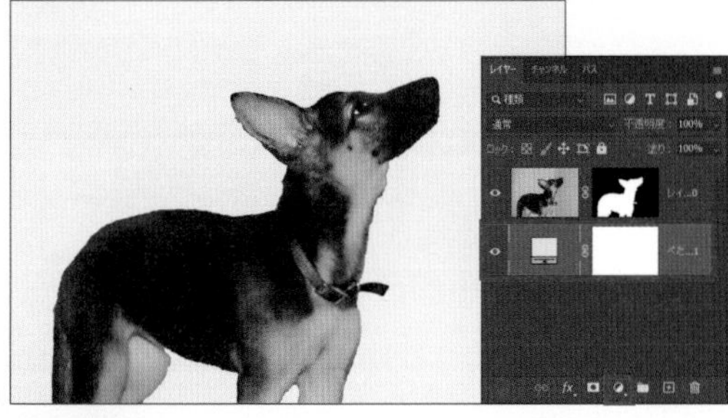

色は自分の好きな色でOK！

4 「白黒」レイヤーを上に加える

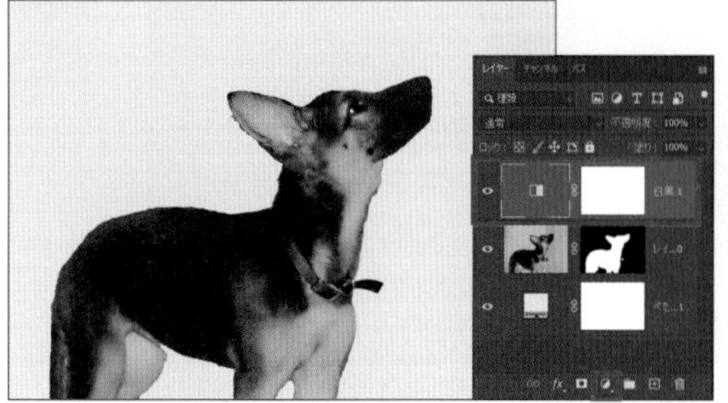

POINT

黒いところを多めにすると、重ねた写真が入りやすい！

5 被写体に「クリッピングマスク」する

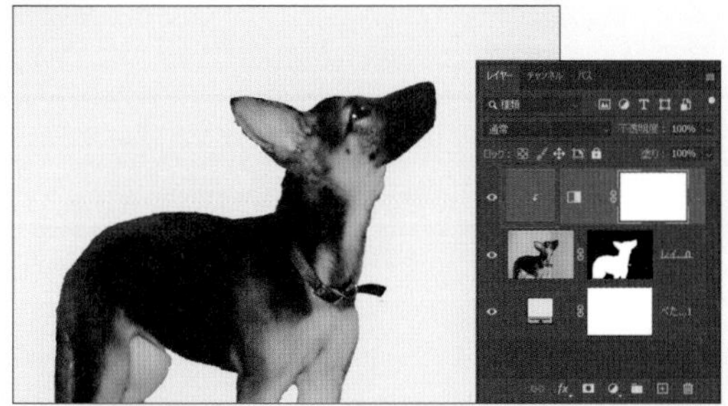

SHORTCUTS

クリッピングマスク

Alt（option）を押しながらレイヤーとレイヤーの間をクリック

6 重ねたい写真を入れて Enter を押す

被写体の上に載せたいところがくるように、サイズや位置も調整しよう！

7 重ねた写真の描画モードを「スクリーン」に変える

8 被写体に「クリッピングマスク」する

お～！　黒いところに重ねた写真が入り込むね！

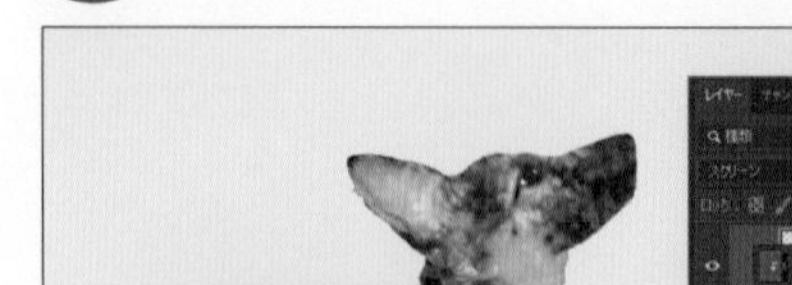

9 重ねた写真に「レイヤーマスク」を付ける

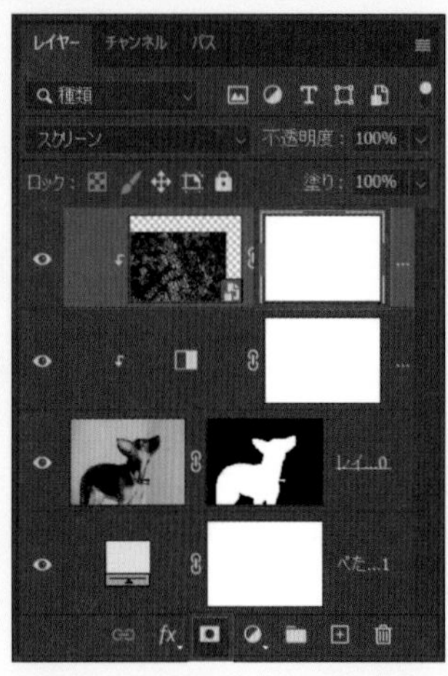

10 「レイヤーマスク」に「ブラシツール」の黒で、顔を見えるようにする

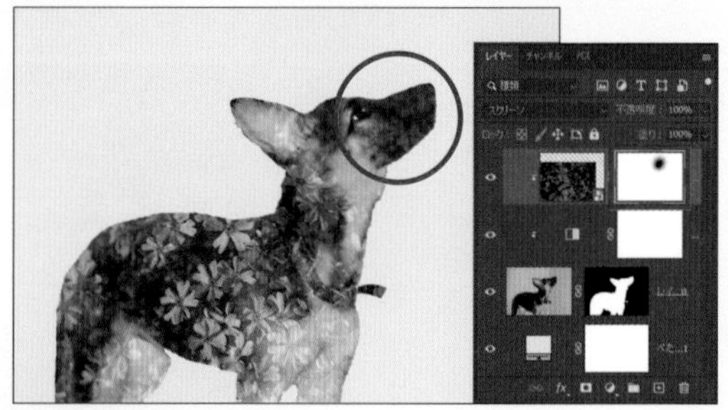

被写体の目とかは見えるようにしてもいいね！

おまけ 重ねた写真の場所や大きさをあとから変える

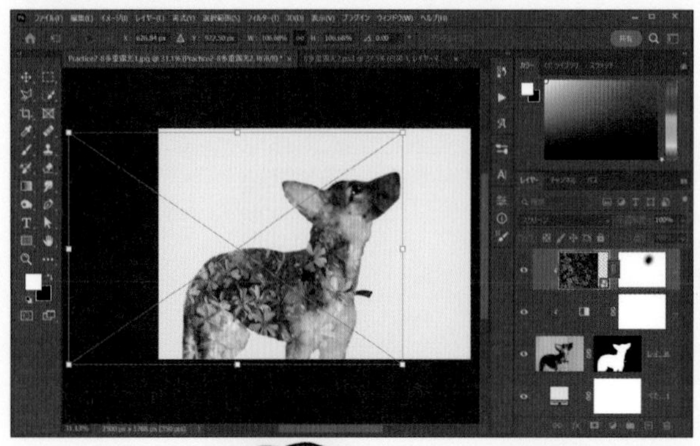

SHORTCUTS

自由変形

Win Ctrl + T ／ Mac ⌘ + T

写真とレイヤーマスクの間の鎖をクリックして外してから、写真をクリックすれば、レイヤーマスクはそのままで写真だけ自由変形できるよ！

Act 9 人物切り抜きをする方法

レベル	：★★★
所要時間	：20分

ダウンロード：
MappyPhoto-6-9

Before

After

人の髪の毛の切り抜きがうまくいかないよ〜！　どうすればいいの？

髪の毛のところは選択とマスクを使ってざっくり切り抜いて、仕上げにブラシツールを使ってきれいに切り抜いていこう！

使うパワー

選択とマスク（P.128）

レイヤーマスク（P.66）

ブラシツール（P.136）

描画モード（P.98）

POINT

ブラシツール自体にも描画モードがあり、オーバーレイに変えて塗ると、選択が曖昧なところをうまく選択できるようになる！

1 「選択系ツール」を選び、「選択とマスク」にいく

どの選択系ツールでもOK

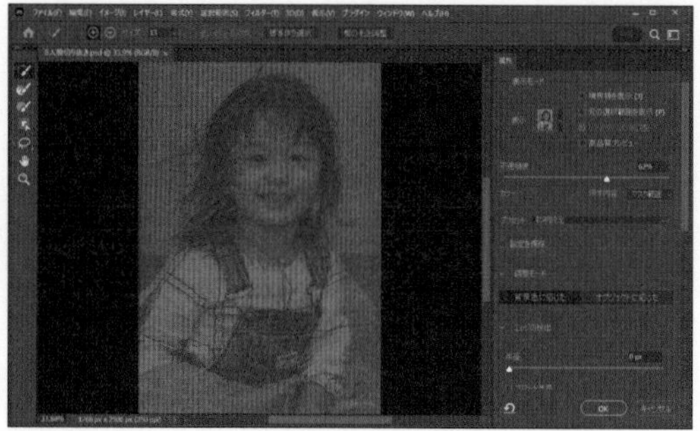

赤は選択されていないところを表す

2 「被写体を選択」をクリック

3 「髪の毛を調整」をクリック

髪の毛部分がより細かく選択される

4 「クイック選択／ブラシツール」で、必ず切り抜きたいところを塗る

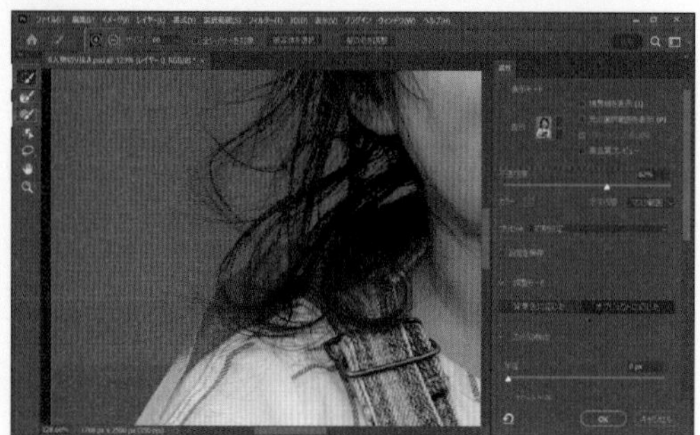

選択したいとき→プラスで塗る
選択から外したいとき→マイナスで塗る

5 「境界線調整ブラシツール」で髪の毛の周りを選択

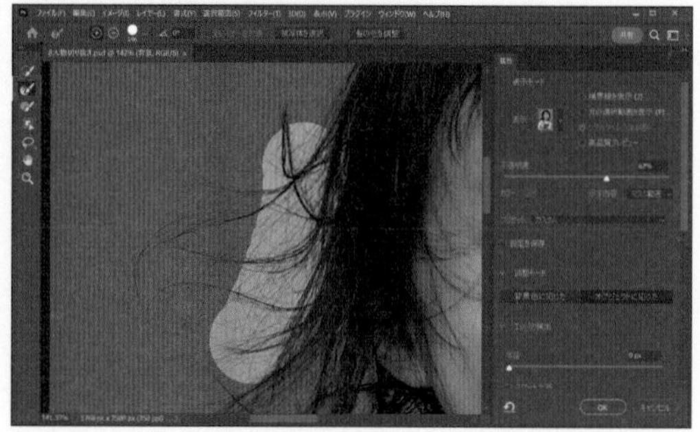

髪の毛をドラッグしてなぞる

6 出力先を「レイヤーマスク」にして「OK」をクリック

出力先がなければ、「出力設定」をクリックして開く

切り抜けた!!

7 レイヤーマスクをクリックして、「ブラシツール」を選び、モードを「オーバーレイ」にする

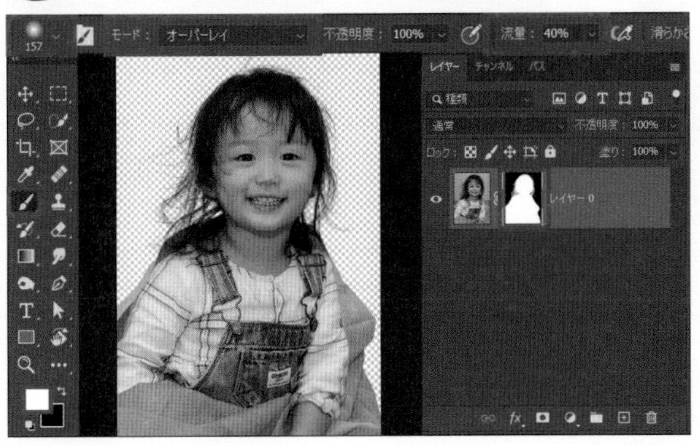

ソフト円ブラシ　流量20～50%

POINT

モードを「オーバーレイ」に変えてブラシ（白）で塗ると、レイヤーマスクの真っ黒の部分には反映されず、グレー部分はより明るくなって白に近づく。
→半透明で切り抜かれていた部分がしっかり切り抜かれる。

もっと繊細に切り抜くためにひと手間加えてみよう！

8 髪の毛の切り抜きが曖昧なところを塗る

塗る

ふわふわした髪の毛が拾いやすくなるよ！

CAUTION

塗り終わったら、ブラシのモードを「通常」に戻す！

6 デザイナー向け実践練習

合成する方法

レベル　：★★★
所要時間　：20分
ダウンロード：
MappyPhoto-6-10

Before

After

切り抜いた被写体を別の写真と合成したいんだけど、色味がそれぞれ違って不自然になっちゃう……。

そういうときは、背景の色に合わせて被写体の色味を変えていこう！あとは、背景にぼかしも入れるとより自然に仕上がるよ！

使うパワー

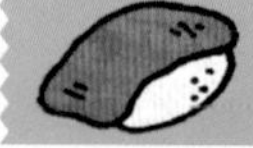

トーンカーブ（P.56）

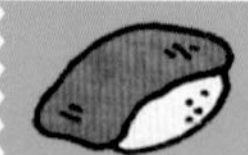

クリッピングマスク（P.82）

ぼかしギャラリー（P.181）

POINT

トーンカーブのレッド、グリーン、ブルー、そしてその反対のシアン、マゼンタ、イエローの色が背景に入っているか確認して、切り抜きの被写体に必要な色味を加えていく！

1 写真を取り込んでサイズを調整する

※被写体は P.261 を使用

2 「トーンカーブ」にいく

3 トーンカーブを被写体に「クリッピングマスク」する

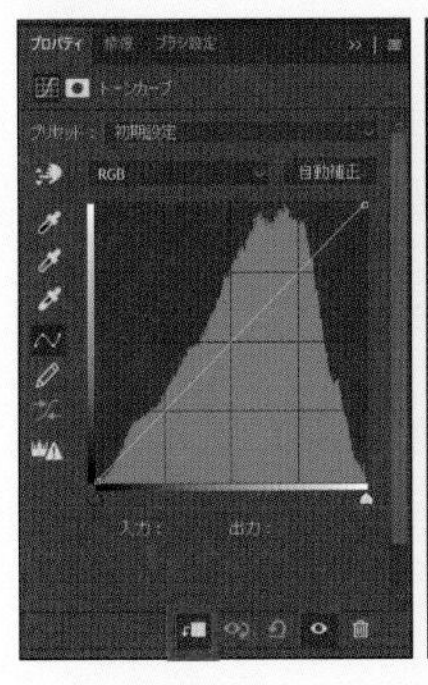

POINT

被写体だけに反映させる！

4 レッドのチャンネルにいき、レッドまたはシアンを加える

この場合はレッドよりもシアンのほうがしっくりくるね！

5 グリーンのチャンネルにいき、グリーンまたはマゼンタを加える

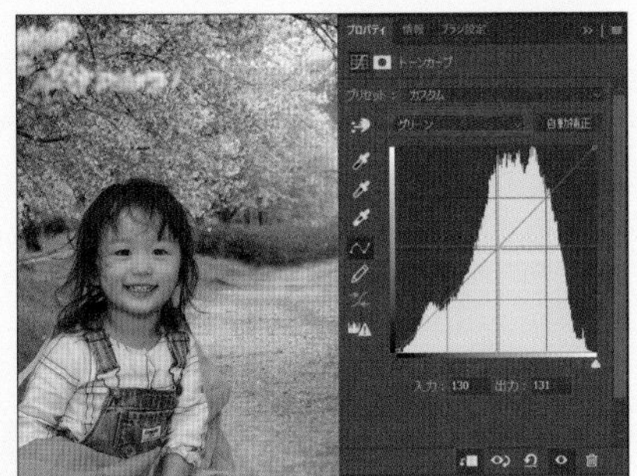

この場合は背景にグリーンもマゼンタもあるから、あまり動かさなくていいね！

6 ブルーのチャンネルにいき、ブルーまたはイエローを加える

被写体が元々黄味がかっていたから、ブルーを加えるんだね！

6 デザイナー向け実践練習

7 再びすべてのチャンネルを調節して、背景の色味に寄せる

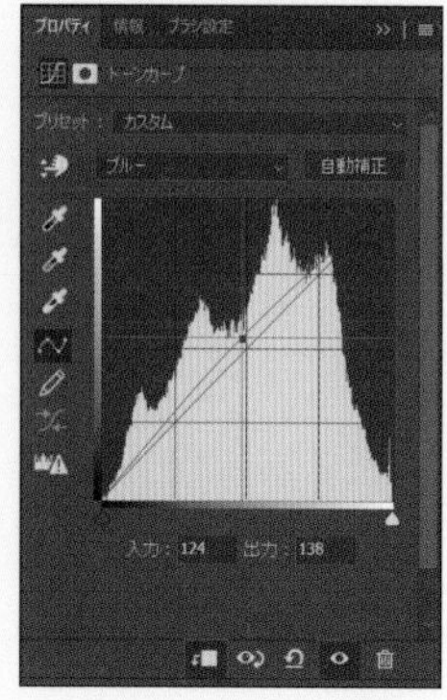

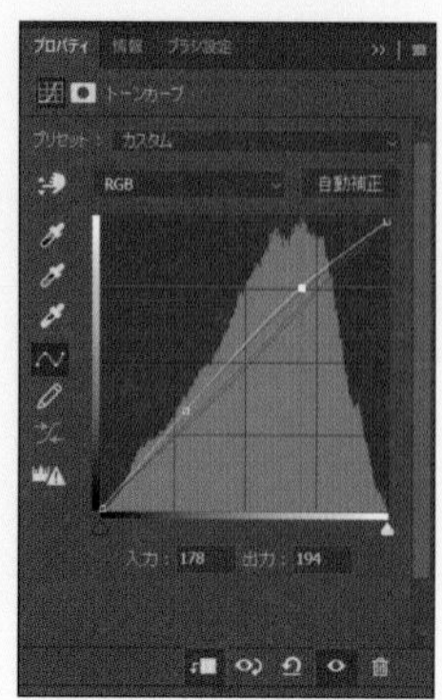

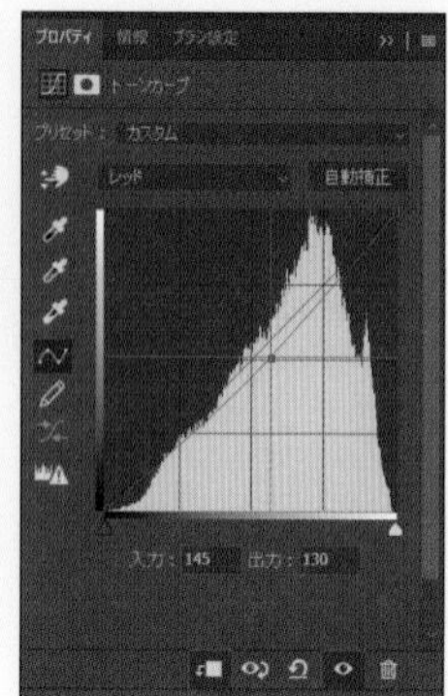

それぞれのチャンネルで色味を少しずつ加えると、わかりやすいよ！

8 背景のレイヤーをクリック

9 右クリックして スマートオブジェクトにする

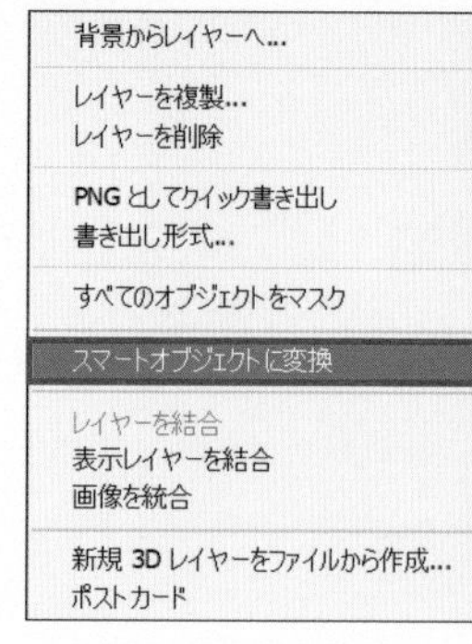

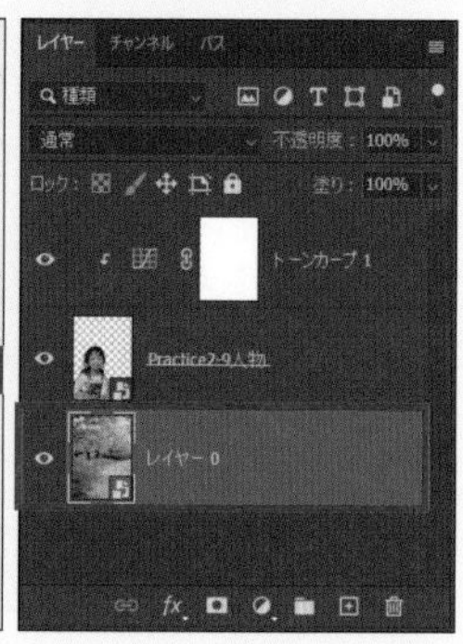

次に、背景にぼかしをかけていこう！

10 「ぼかしギャラリー」▶「チルトシフト」にいく

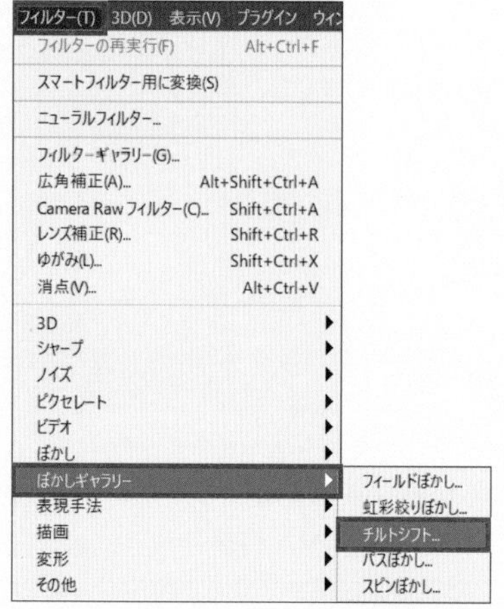

11 手前から奥にかけてぼかしをかける

12 もう１つ「チルトシフト」のぼかしを加えて「OK」をクリック

トーンカーブ難しい！！　もっと簡単にできないの？

じゃあ、AIの力を借りる新しい方法も見てみようか！

おまけ ニューラルフィルターでやる場合

1 人物の画像をクリックし、「ニューラルフィルター」にいく

2 「調和」をオンにして、色を合わせたいレイヤーを選ぶ

3 調整して「スマートフィルター」を選び、「OK」をクリック

CAUTION

スマートフィルターなら、あとからやり直しができる！
新規レイヤーを選ぶと、あとからやり直しできないので注意！

車を走らせる方法

レベル　：★★☆

所要時間　：20分

ダウンロード：
MappyPhoto-6-11

車が走っているような写真を撮りたいけど難しい……。

そういうときは止まっている車の写真を使って、車が走っているように見せる加工をしていこう！

使うパワー

選択系ツール（P.120）

レイヤーマスク（P.66）

塗りつぶしのコンテンツに応じる（P.194）

ぼかし（P.178）

ぼかしギャラリー（P.181）

POINT

車が走っているように見せるには、タイヤを回すぼかしをかける。
背景が動いているように見せるには、移動しているぼかしをかける。
1枚の写真の中で異なる加工をしたい場合は、レイヤーを分けよう！

1 写真を２枚複製して、名前を変える

2 車のレイヤーをクリックして「選択系ツール」で車を選択する

選択系ツールならどれを使っても OK!

3 車のレイヤーで「レイヤーマスク」をクリックして切り抜く

4 車のレイヤーを非表示にし、もう一度、車の選択範囲を作る

レイヤーマスクを使って選択範囲を作れる

SHORTCUTS

レイヤーマスクの白を選択範囲に選ぶ

Ctrl（⌘）＋マスクのサムネイルをクリック

5 選択範囲を広げる

「選択範囲」▸「選択範囲を変更」▸「拡張」をクリック

選択範囲が均一に広がる

6 景色のレイヤーをクリックし、「塗りつぶしのコンテンツに応じる」で車を消す

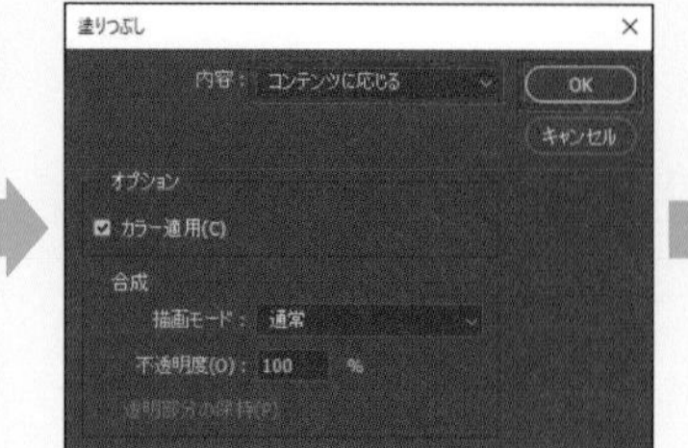

SHORTCUTS

塗りつぶし

Win Shift + Back space ／ Mac shift + delete

7 選択範囲を解除する

SHORTCUTS

選択範囲の解除

Win Ctrl + D ／ Mac ⌘ + D

8 スマートオブジェクトにする

9 「ぼかし（移動）」にいく

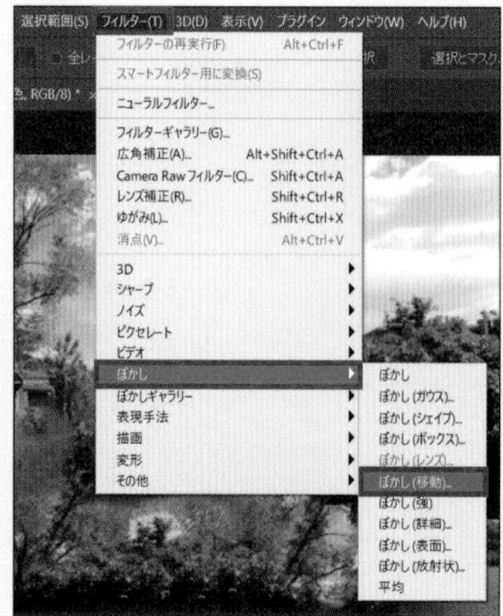

「フィルター」▶「ぼかし」▶「ぼかし（移動）」をクリック

10 ぼかし（移動）をかける

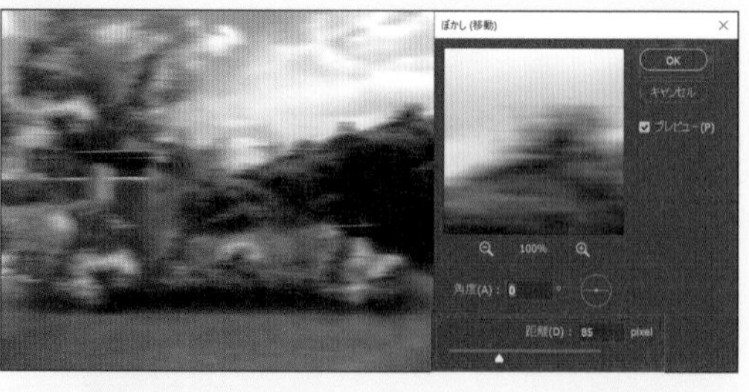

POINT

車は真横に走るので、角度は0°。

11 車のレイヤーを表示する

12 車のレイヤーをスマートオブジェクトにする

13 「スピンぼかし」にいく

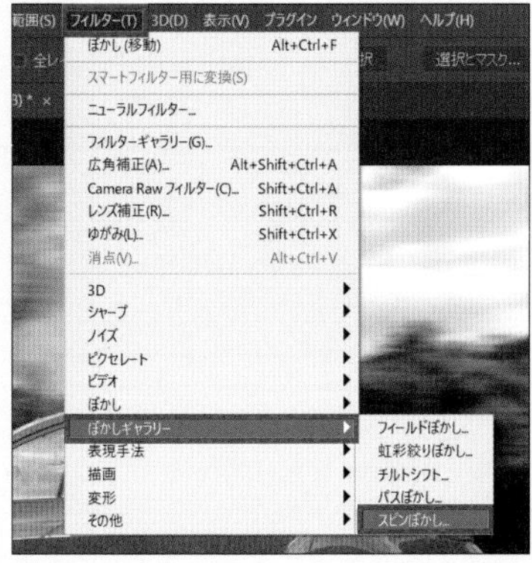

「フィルター」▶「ぼかしギャラリー」▶「スピンぼかし」をクリック

14 タイヤにスピンぼかしをかける

15 完成！

スマートオブジェクトにしているから、それぞれのぼかし具合もあとから調整できるよ！

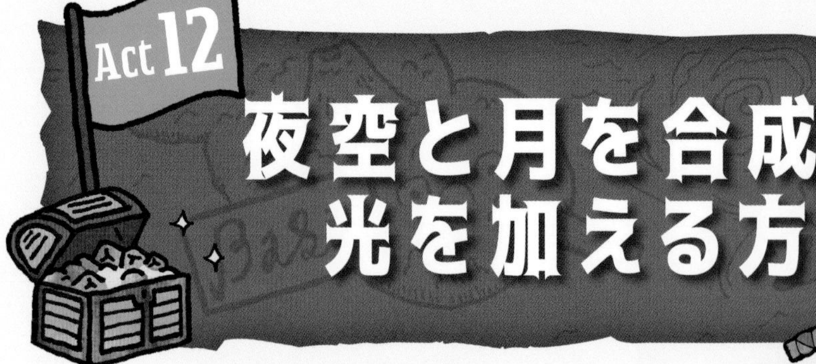

夜空と月を合成して光を加える方法

レベル	：★★☆
所要時間	：15分

ダウンロード：
MappyPhoto-6-12-1
MappyPhoto-6-12-2
MappyPhoto-6-12-3

Before

星空と月を夜景の写真に入れたいから、星と月を切り抜こうっと！

切り抜くやり方もいいけど、描画モードを使えばもっと簡単にできるよ！
星空も月の写真も周りの暗いところがポイントだよ！

なるほど！　ついでに光も入れたいけど、それも切り取らずにできるの？

逆光の光を作って、それも描画モードで簡単に加えていこう！

使うパワー

 描画モード（P.98）   レイヤーマスク（P.66） 

 ブラシツール（P.136）   逆光（P.185）

1 星空と月の写真を置く

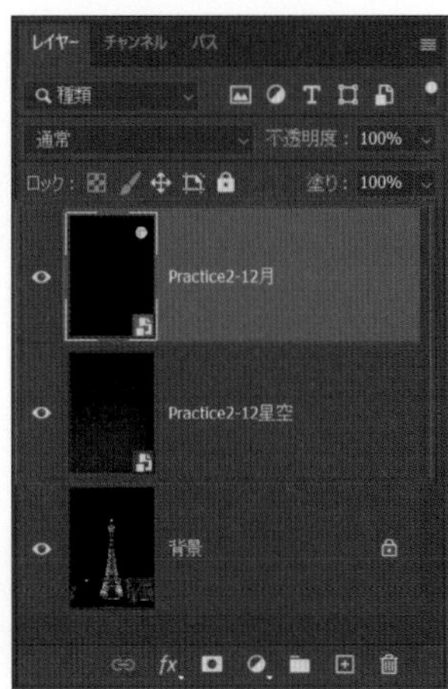

2 月の写真の描画モードを「スクリーン」にする

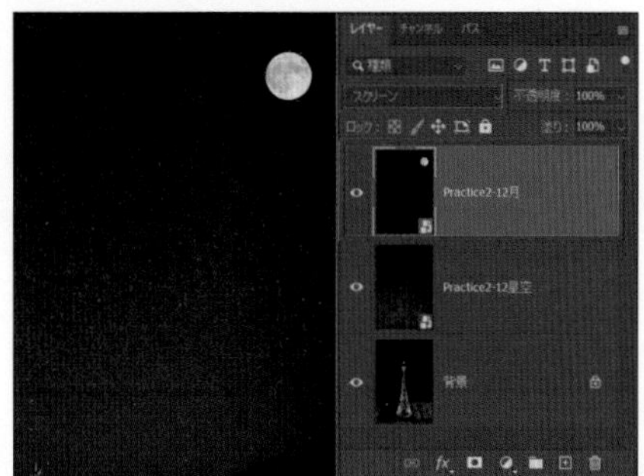

切り抜かなくても、周りが暗いから描画モードでできるんだ～！

3 星空の写真の描画モードも「スクリーン」にする

星空の写真は下のほうが真っ暗じゃないから、残っちゃうね……。

4 「レイヤーマスク」をクリック

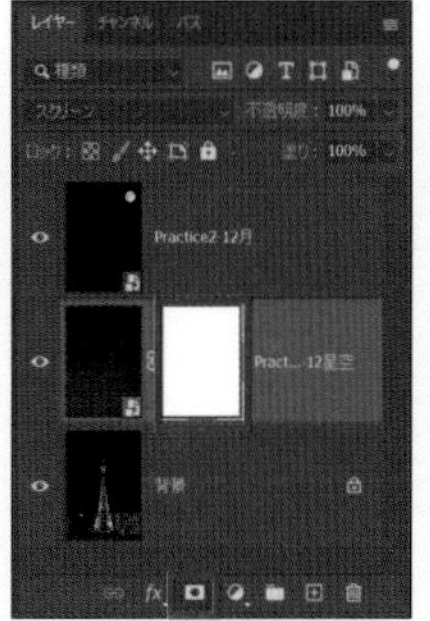

POINT

周りに残ってしまったところは、レイヤーマスクで消す！

5 いらない範囲を「ブラシツール」の黒で塗る

6 レイヤーを加える

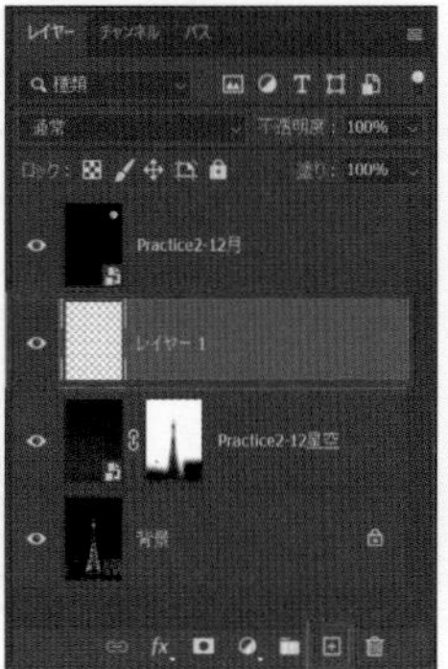

ここからは光を加えていくよ！

6 デザイナー向け実践練習

7 黒で塗りつぶす

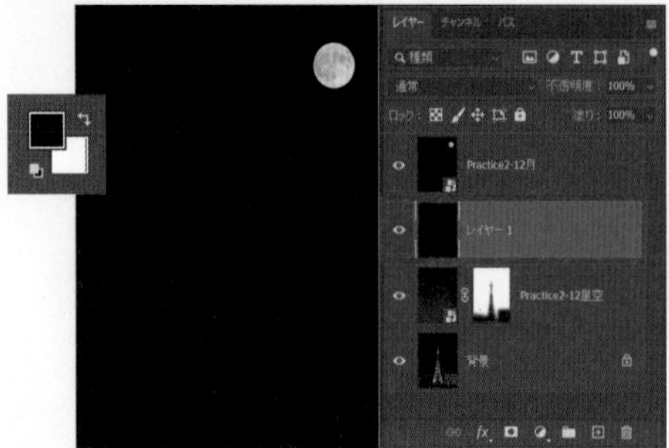

SHORTCUTS

描画色で塗りつぶし

Win Alt + Back space ／ Mac option + delete

8 「逆光」にいく

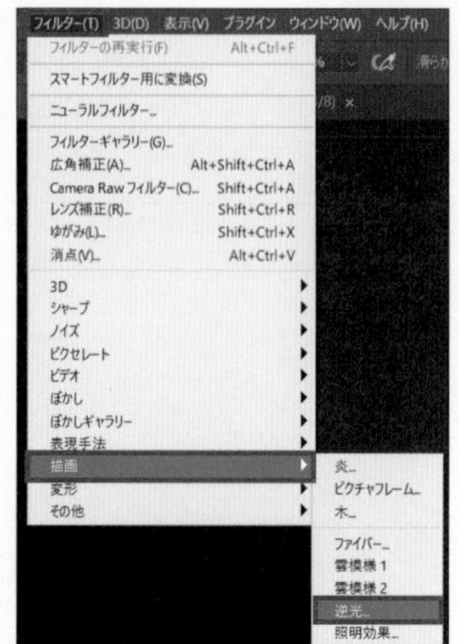

9 逆光の光を加える

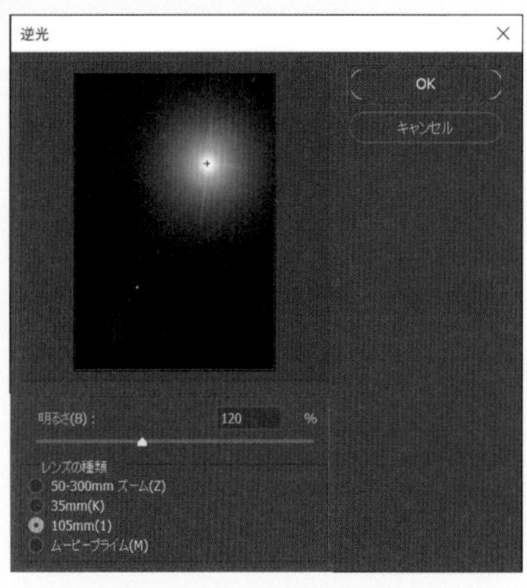

10 描画モードを「スクリーン」にする

11 逆光の場所や大きさを変える

SHORTCUTS

自由変形

Win Ctrl + T ／ Mac ⌘ + T

POINT

逆光を黒で塗りつぶした新規レイヤーに作ることで、場所や大きさをあとから自由に変えられる。

GIFアニメーションを作る方法

レベル	：★★☆
所要時間	：15分

ダウンロード：
MappyPhoto-6-13-1
MappyPhoto-6-13-2

After

Before

6

デザイナー向け実践練習

ショート動画を作りたいんだけど、やっぱり動画編集ソフト使わなきゃ作れないよね？　今度は動画編集を勉強するのか……トホホ……。

実はショート動画ならPhotoshopでも作れるよ！　今回は簡単なやり方で見ていこうか！

使うパワー

選択系ツール（P.120）

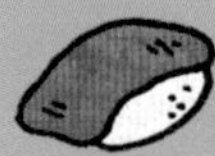

レイヤーマスク（P.66）

POINT

動画も写真と同じように、レイヤーを動かすことができる！

① 写真を開いたあと、動画を取り込み、写真の空の場所に置く

動画も写真と同じようにドラッグして入れられるよ！

② 動画を背景にするためにレイヤーの順番を入れ替える

動画もいつものレイヤーと同じように動かせるんだね！

③ 写真の空以外を「選択系ツール」で選択する

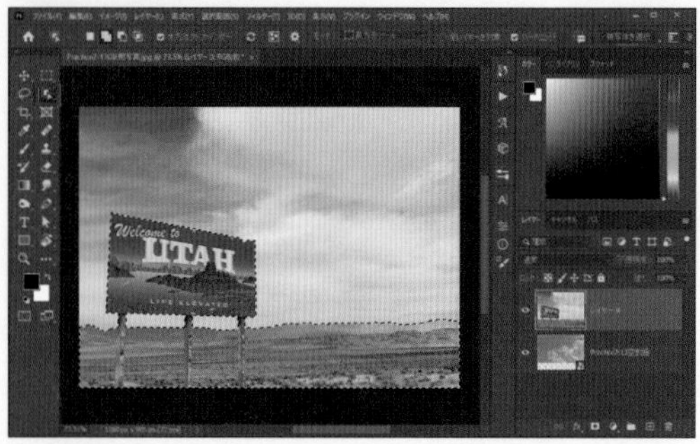

「空を選択」をして選択範囲を反転（P.135）＆オブジェクト選択ツールで選択範囲を追加すると簡単

④ 「レイヤーマスク」をクリックして切り抜く

⑤ 「ウィンドウ」▶「タイムライン」をクリック

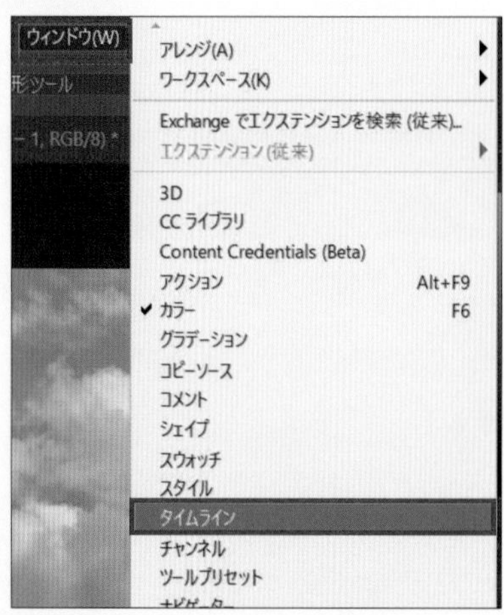

⑥ 「ビデオタイムラインを作成」をクリック

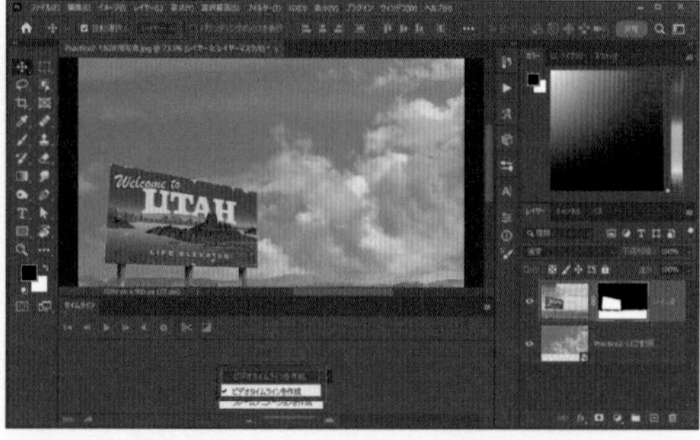

7 端をクリックして、ドラッグして動画の長さを調整する

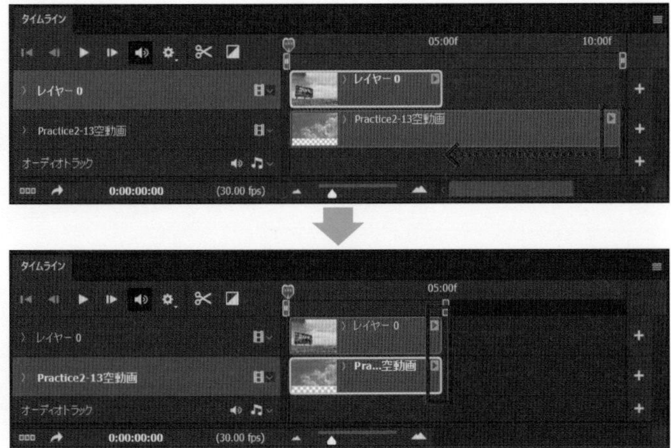

タイムラインの横軸は時間を表すよ！

8 「ファイル」▶「書き出し」▶「web用に保存」をクリック

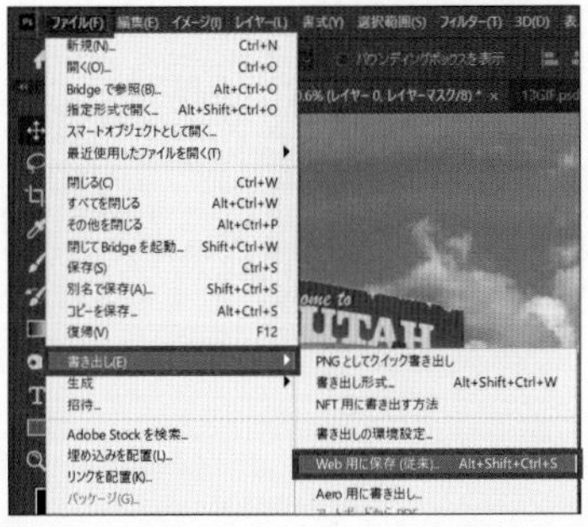

9 最適化ファイル形式をGIFに変えて「保存」をクリック

CAUTION

「Web用に保存」も「GIFでの書き出し」も、ファイルが重いほど時間がかかるので注意！できなければ画像サイズを小さくしたり、動画の時間を短くする。

10 保存先と名前を指定して「保存」をクリック

写真を線画風に加工する方法

レベル　：★★★
所要時間　：20分
ダウンロード：
MappyPhoto-6-14

After

Before

アニメ風にできたんだから、線画風にもできるんじゃない？

その通り！　線画風にももちろんできるよ！　おしゃれに加工したいときに使えるね！

使うパワー

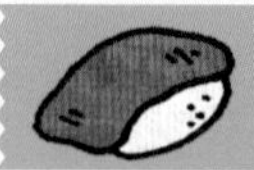
べた塗り（P.51）

フィルターギャラリー（P.166）

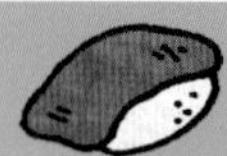
トーンカーブ（P.56）

レイヤーマスク（P.66）

ブラシツール（P.136）

ぼかし（P.178）

POINT

フィルターギャラリーで線画風に加工し、トーンカーブなどでメリハリをつける。
描画モードを使うことで、色のアレンジが簡単にできる！

1 スマートオブジェクトにする

2 背景に「べた塗り」レイヤーを置く

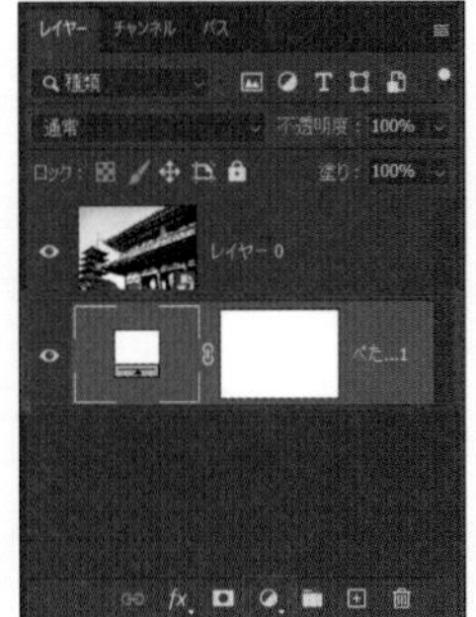

線画といえば白黒だから、白にしておこう！

3 描画色・背景色を黒白にする

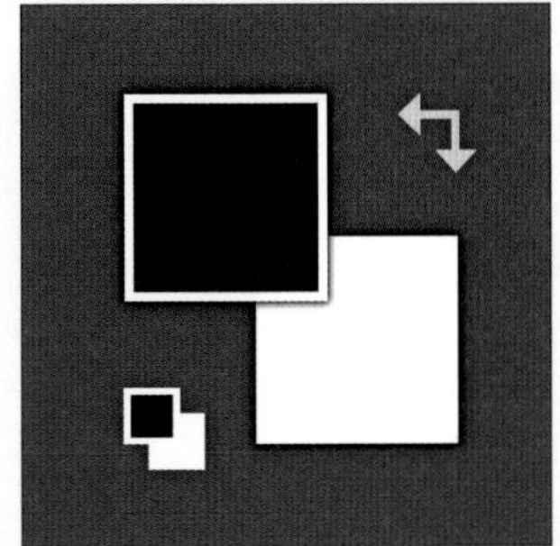

CAUTION

色が異なると、次のフィルターギャラリーで色が付いてしまうので注意！

4 写真レイヤーを選択し、「フィルターギャラリー」にいく

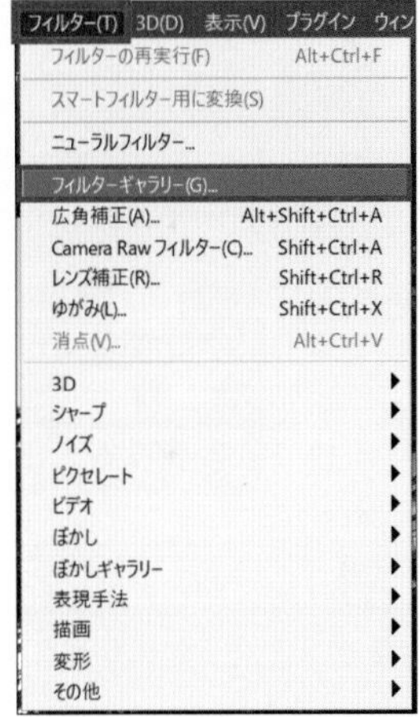

5 「スケッチ」の中にある「コピー」をクリックして数値を調整

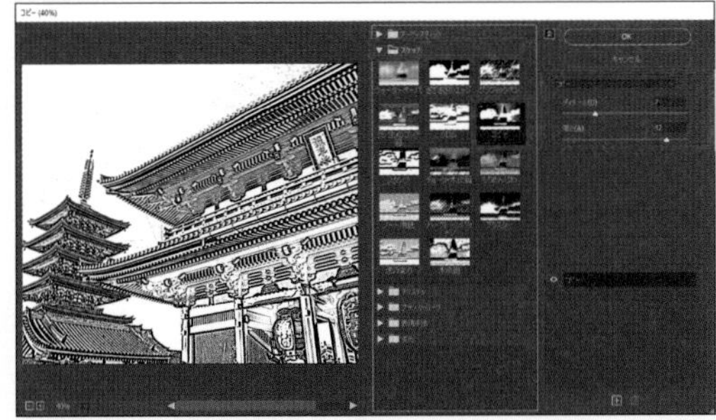

ディテール：7、暗さ：42
数値は好みで調整する

6 「トーンカーブ」を加える

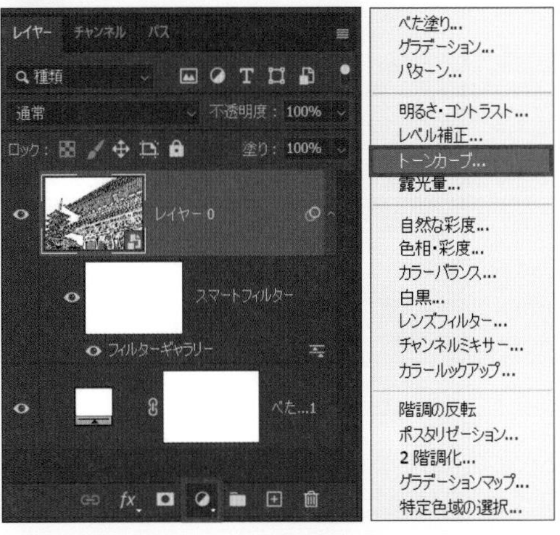

7 明るめのところをより明るくする

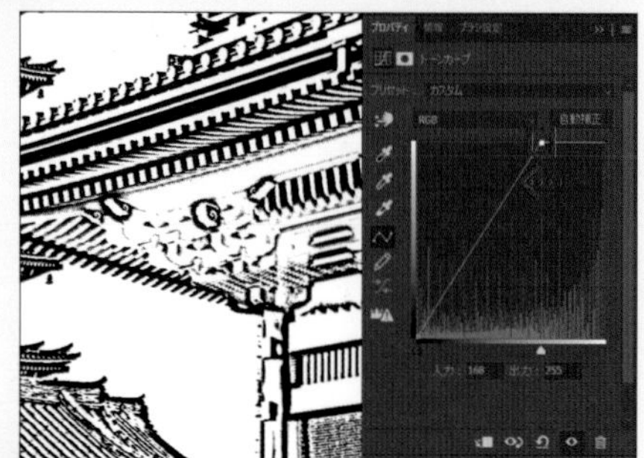

一番右を左に動かすことで、明るめのところがより真っ白になるよ！

8 暗めのところをより暗くする

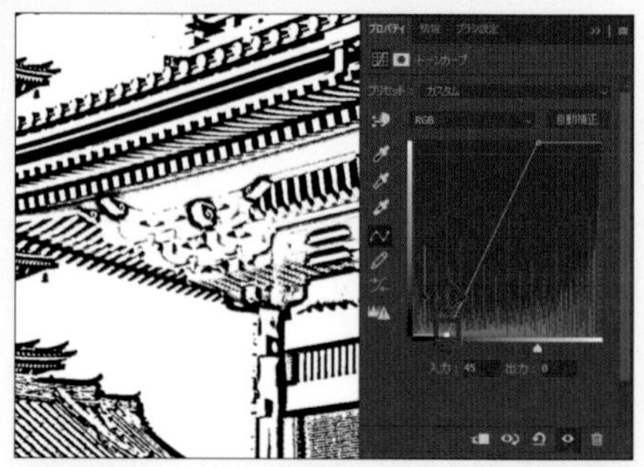

POINT

トーンカーブの明暗をはっきりさせることで、線とそれ以外のところがはっきりする。

9 写真レイヤーを選択し、「ぼかし（ガウス）」にいく

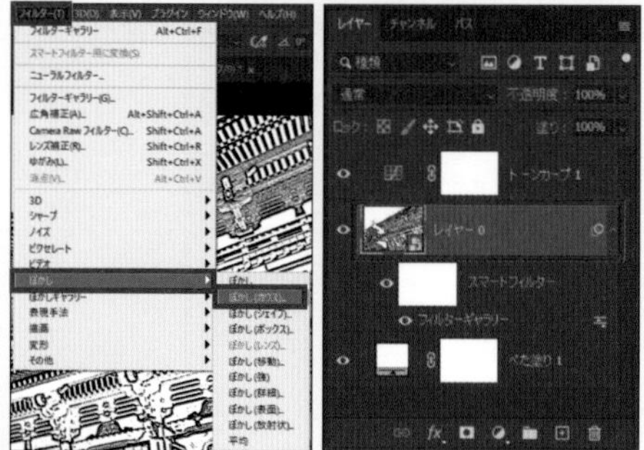

線がトゲトゲしているから、ぼかしを加えて滑らかにしよう！

10 ぼかしを加える

11 「レイヤーマスク」を追加する

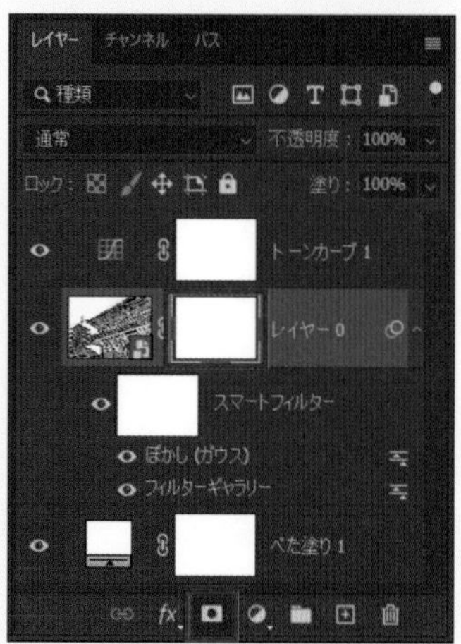

12 いらない線を「ブラシツール」の黒で塗る

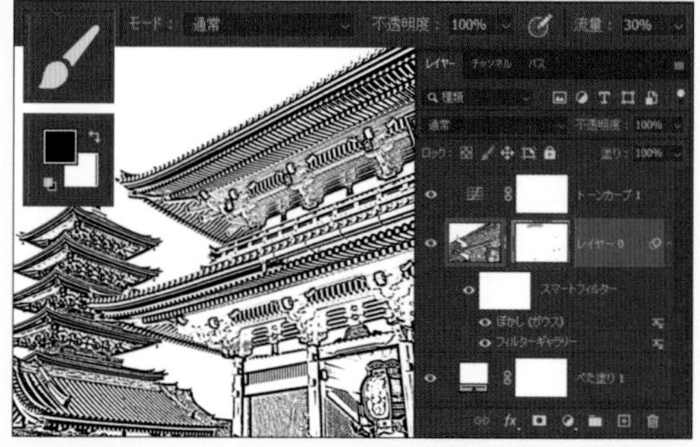

白黒の線画にしたけど色を変えたいな〜。

塗りつぶしレイヤーを足して描画モードを変えるだけで、色は変えられるよ！

おまけ 色を変える

べた塗りレイヤーを一番上に足して、描画モードを「乗算」にする

乗算なので、選んだ色より暗くなる

グラデーションレイヤーを一番上に足して、描画モードを「スクリーン」にする

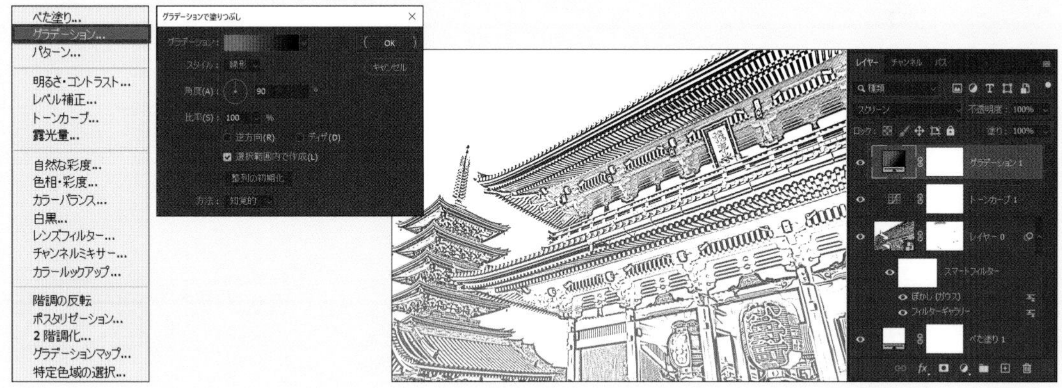

スクリーンなので、選んだグラデーションより明るくなる

Act 15 サムネイルを作る方法

レベル　：★★★

所要時間　：20分

ダウンロード：MappyPhoto-6-15

Before

After

よし！　今までの学びを活かして、一人でサムネイルを一気に作ってみるよ！

いいね！　いろんなデザインが作れるけど、自分が想像しているものをそのままPhotoshopで作れたらバッチリだね！　最後だから、上のサムネイルを1から作っていく過程すべてを、本番のようにやってみよう！

使うパワー

 Camera Raw（P.168） ×  横書き文字ツール（P.144） ×  レイヤースタイル（P.88）

×  被写体を選択（P.127） ×   レイヤーマスク（P.66） ×  ブラシツール（P.136）

POINT

作り始める前に必ず、どのようなサムネイルにするかイメージを作り、素材を集める！
キャッチコピーの文言も考えておく！

1 新規ファイルで作成

サムネイルのファイルサイズは保存しておくと便利

MEMO

YouTubeのサムネイルのサイズ
横：1280px
縦：720px
解像度：72px/inch
ファイルサイズ：2MB以下

2 写真を取り込み、サイズを調整して Enter を押す

写真は、横に文字のスペースを空けて撮っておくといいね！

3 「Camera Rawフィルター」にいく

フィルター(T)　3D(D)　表示(V)　プラグイン　ウィン
Camera Rawフィルター　Alt+Ctrl+F
スマートフィルター用に変換(S)
ニューラルフィルター...
フィルターギャラリー(G)...
広角補正(A)...　Alt+Shift+Ctrl+A
Camera Rawフィルター(C)...　Shift+Ctrl+A
レンズ補正(R)...　Shift+Ctrl+R
ゆがみ(L)...　Shift+Ctrl+X
消点(V)...　Alt+Ctrl+V
3D
シャープ
ノイズ

4 写真の基本補正をして、「OK」をクリック

写真全体を明るくしよう！　色味などはお好みで変えてね！

POINT

明るさの基準は、YouTubeのホーム画面で他のサムネイルと比較して決める！

5 「横書き文字ツール」で文字を入れる

考えておいた文字を全部入れてから、だいたいの配置をしていこう！

6 文字を配置する

SHORTCUTS

自由変形

Win Ctrl + T ／ Mac ⌘ + T

7 「レイヤースタイル」で文字の装飾をする

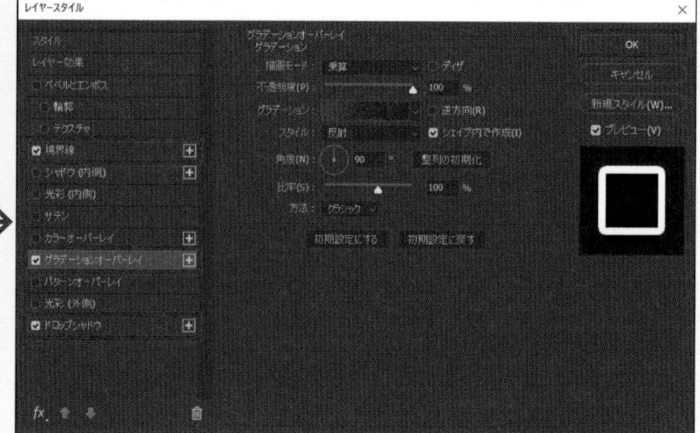

お散歩：ドロップシャドウ
密着：境界線・グラデーションオーバーレイ・ドロップシャドウ

8 全体に枠を付け、写真の上にレイヤーを置く

長方形ツール

塗り：なし、線：9.91px

9 写真レイヤーを選択して「被写体を選択」をクリック

切り抜きはしないのでざっくり選択する

10 長方形のレイヤーを選択し、Alt（option）を押しながらレイヤーマスクを加える

SHORTCUTS

黒のレイヤーマスクを追加

Alt（option）＋マスクのアイコンをクリック

11 枠を上に見せたい場所は「ブラシツール」の白で塗る

枠から飛び出てきた感じにしよう！

12 レイヤーを加える

13 ブラシであしらいを入れる

『早く行こう！』って雰囲気を出したかったから、あえて手描きで入れてみたよ！

14 全体の位置や大きさ、色を調整して完成

最後に全体のバランスを整えよう！

おわりに

ここまで読んでいただき、ありがとうございました！

この本のタイトルにもなっている通り「独学Photoshop」というのは、1人でPhotoshopを学んで、その学んだことを自分自身で考えながら自由自在に操れるようになるというのが目標でした。ただ数値を入れて完成だと「独学で学んだ」ではなく、「指示通りにやったらできた」で終わってしまいます。この本では1人でも多くの人が、自分の力で自分が作りたいものを作ることができるように書きました。

「Photoshopは難しい……」「意味がわからなくて使うのをやめた……」という声はよく聞きます。

その理由は「基礎がわからない」ということです。「基礎」をどこから始めて、どう進んでいけばいいかわからず、迷子になってしまう人も多いと思います。私たちも実際、迷子経験者なので、スパッとPhotoshopが使えるようにはならず、遠回りしてきました。そして自分たちがPhotoshopを使えるようになった今、「近道するにはどうすればいいんだろう？」と考えたときに出た答えが「基礎のレイヤー・ツール・フィルターの3つの力を掛け合わせる」ということでした。3つの力を掛け合わせることで1つの作品ができるのならば、この3つをそれぞれ細かく押さえればいいんだ！と。1つ1つが重たい内容なのですが、たった3つをマスターすればPhotoshopは意外とシンプルなのです。

このページまできたということは、3つの力を手に入れられたということです。

「Photoshopわからない……」と思っていた人でも、この本を読んで少しでも参考になったと思っていただけたらうれしいです。ここからは、それぞれフォトグラファーの道、デザイナーの道へ歩んでいくと思いますが、3つの力を組み合わせることを活かして、自分の想像するアートやデザインを作り出してください。やればやるほどPhotoshopの感覚は付いていきます！

また、少しつまずいたときは、ぜひこの本に戻ってきてください。いつでも一緒に復習しましょう！

そしてレベルアップしたいときやPhotoshopの新しい機能を知りたいときは、ぜひYouTubeに遊びに来てください！

いつでも一緒に切磋琢磨、作品を作りましょう！

Mappy Photo　えりな&たじ

感謝の言葉

最後になりますが、
いつも私たちを応援してくださっている視聴者の皆さん
夢だった「本を書く」きっかけをくださった編集者の本田さん
デザインを隅から隅までこだわりぬいて仕上げてくださったリブロワークスさん
地図の絵を想像の何倍にもかわいく仕上げてくださった奥西さん
動画にも本の中にもおもしろおかしくイラストを描いてくださった親友ちあきちゃん
いつも率直な意見をくれたり、励ましてくれた家族、友だち
皆さんに支えていただき、1年以上かけてこの1冊を作り上げることができました。

本当に感謝しています。

そしてこの本を手に取ってくれたあなた。

今では、いろいろな方法でPhotoshopを学べますが、Mappy Photoの本を選んでくださり、一緒に冒険してくださって、ありがとうございます！
『わかりやすく、楽しく』を一番に考えた本を作ろうと思い制作してきましたが、時々自分たちでもわからなくなり、何度も書き直し、レイアウトのし直し、写真の入れ直しなどもしてきました。
動画だと動きを入れながら話せるし、尺の制限もないのですが、本では言葉と写真でしか伝えられないし、ページの制限もあるので、かなり苦しみました（笑）
だからこそ、この本を読んで「Photoshop楽しいじゃ～ん！」と少しでも思っていただけたら、これ以上うれしいことはありません。

アートの世界に限界はないので、これからもっともっとクリエイティブに生きていきましょう！

よく使うショートカットキー一覧

■基本系

コピー	Ctrl（⌘）＋C
ペースト	Ctrl（⌘）＋V
すべてを選択	Ctrl（⌘）＋A
元に戻す	Ctrl（⌘）＋Z
開く	Ctrl（⌘）＋O
新規ファイル	Ctrl（⌘）＋N
保存	Ctrl（⌘）＋S
別名で保存	Ctrl（⌘）＋Shift＋S
書き出し	Ctrl（⌘）＋Alt（option）＋Shift＋W

■レイヤー系

レイヤーを複製	Ctrl（⌘）＋J
自由変形（移動、拡大、縮小）	Ctrl（⌘）＋T
レイヤーをグループ化	Ctrl（⌘）＋G
表示レイヤーを統合	Ctrl（⌘）＋Shift＋E
レイヤーを残したまま表示レイヤーを統合	Ctrl（⌘）＋Alt（option）＋Shift＋E
1枚のレイヤーだけを表示／非表示	Alt（option）＋レイヤーの目のマーク
レイヤーを1つ上、1つ下に置く	Ctrl（⌘）＋]、[
レイヤーを一番上、一番下に置く	Ctrl（⌘）＋Shift＋]、[
複数レイヤーを選択	Ctrl（⌘）＋クリック
連続した複数レイヤーをすべて選択	選択したい一番上のレイヤーをクリック＋Shiftを押しながら選択したい一番下のレイヤーをクリック
同じ位置にペースト	Ctrl（⌘）＋Shift＋V
不透明度を変更	レイヤーを選択して数値（1～0）
クリッピングマスク	Alt（option）を押しながらレイヤーとレイヤーの間をクリック

■レイヤーマスク系

レイヤーマスクを反転（階調の反転）	Ctrl（⌘）＋I
黒のレイヤーマスクを追加	Alt（option）＋レイヤーマスクのアイコン
レイヤーマスクを表示／非表示	Shift＋レイヤーマスク
レイヤーマスクの内容だけを表示／非表示	Alt（option）＋レイヤーマスク
マスク、レイヤースタイルを複製	Alt（option）を押しながらドラッグ

■ツール系

選択範囲を選ぶ	Ctrl（⌘）＋ サムネイルをクリック
選択範囲を解除	Ctrl（⌘）＋ D
選択範囲の中のいらないところを消す（塗りつぶし）	Shift ＋ Back space（delete）／ Shift ＋ F5
選択範囲を反転	Ctrl（⌘）＋ Shift ＋ I
ブラシを拡大、縮小	]、[
	Alt ＋ 右クリックドラッグ／⌘ ＋ option ＋ 左クリックドラッグ
文字間隔を調整（トラッキング）	Alt（option）＋ ←、→
画像上でレイヤーを複製（移動ツール選択時）	Alt（option）を押しながらドラッグ
水平・垂直・45度方向に移動（移動ツール選択時）	Shift を押しながらドラッグ

■色系

描画色と背景色を白黒にリセット	D
描画色と背景色を反転	X
描画色で塗りつぶし	Alt（option）＋ Back space（delete）
写真内の色選び（ブラシツール選択時）	Alt（option）＋ 写真上をクリック

■画面の見え方系

画面の拡大、縮小	Ctrl（⌘）＋ +、−
	Alt（option）＋ マウスのホイール
ズームした写真の移動	space ＋ ドラッグ
定規を表示／非表示	Ctrl（⌘）＋ R
グリッドを表示／非表示	Ctrl（⌘）＋ @
画面サイズに合わせる	Ctrl（⌘）＋ 0
100%表示	Ctrl（⌘）＋ 1

CAUTION
日本語入力モードではショートカットが使えないものもあるので注意！

消えてしまった「従来の○○」を入れる方法

最近まであったシェイプが消えちゃったんだけどー！！！

アップデートすると消えてしまうこともあるから、そういうときは復活させよう！

シェイプの増やし方

●「ウィンドウ」▶「シェイプ」をクリック

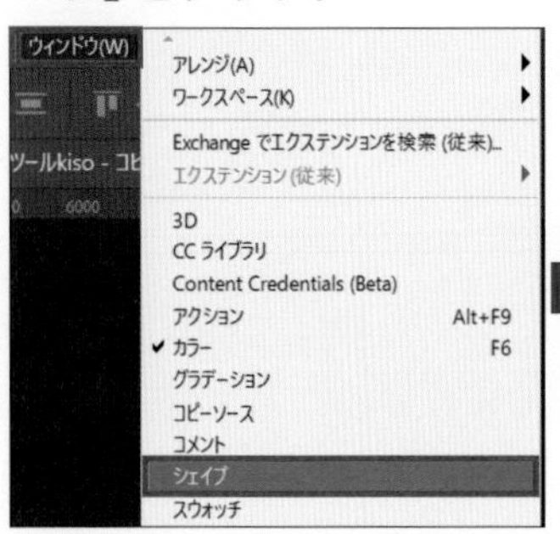

●シェイプパネルの四本線をクリック

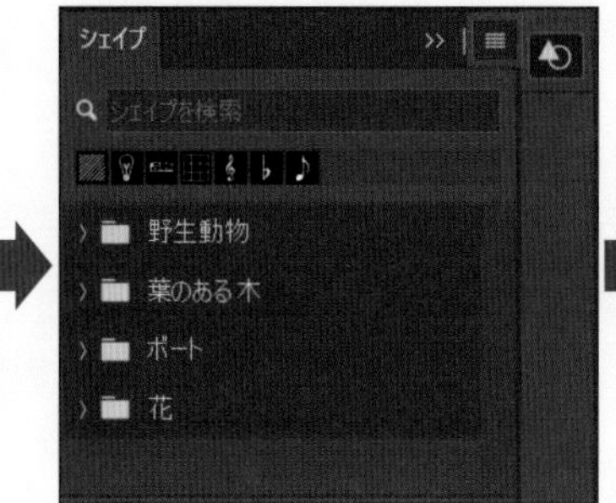

●「従来のシェイプとその他」をクリック

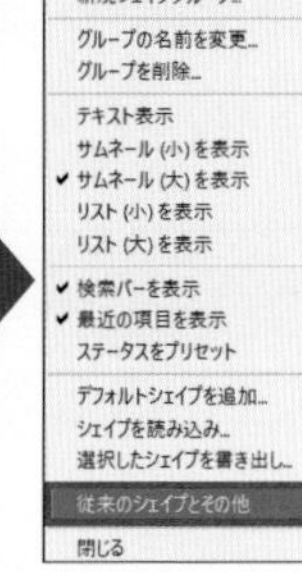

「デフォルトシェイプを追加」は、「野生動物」などの4フォルダしか追加されない

●シェイプが復活する

ウィンドウから増やしたいものをクリックしてパネルを出して、４本線をクリックするところは、他も同じだよ！

パターンの増やし方

●パターンパネルの４本線をクリック

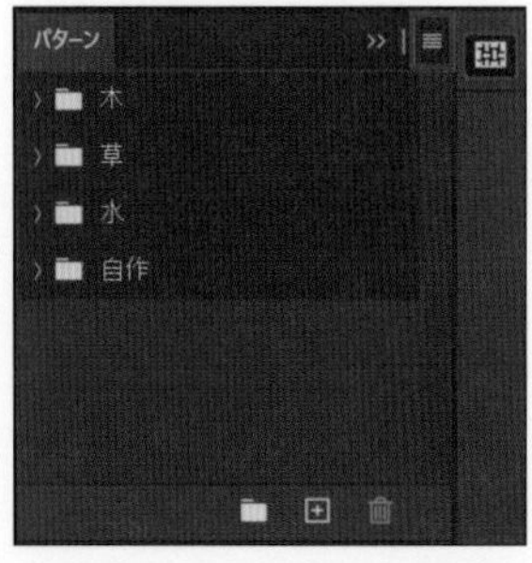

●「従来のパターンとその他」をクリック

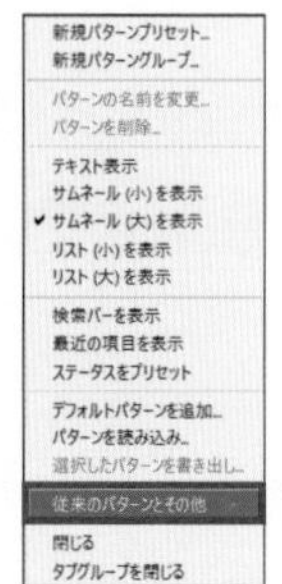

●パターンが復活する

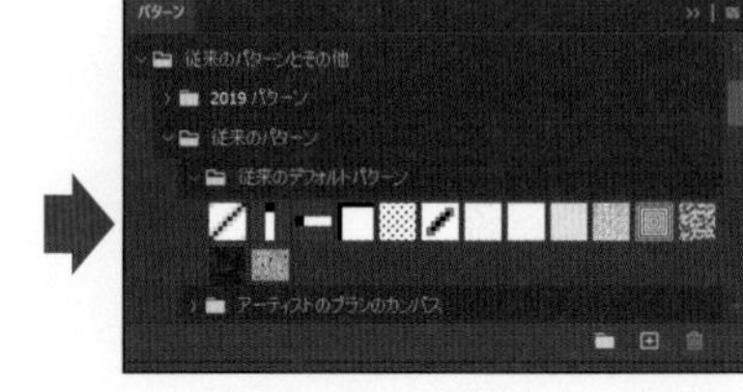

グラデーションの増やし方

●グラデーションパネルの４本線をクリック

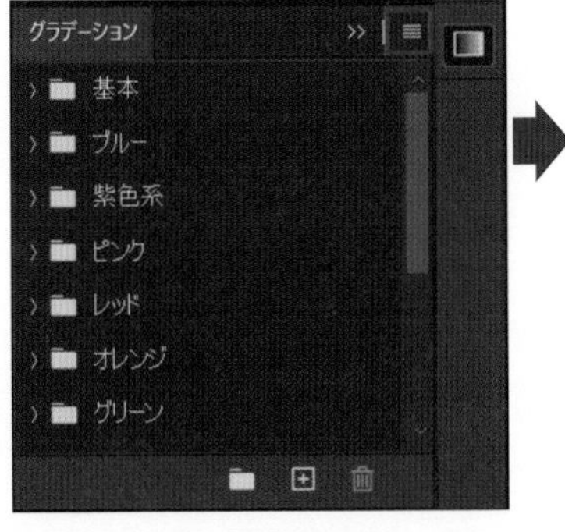

●「従来のグラデーション」をクリック

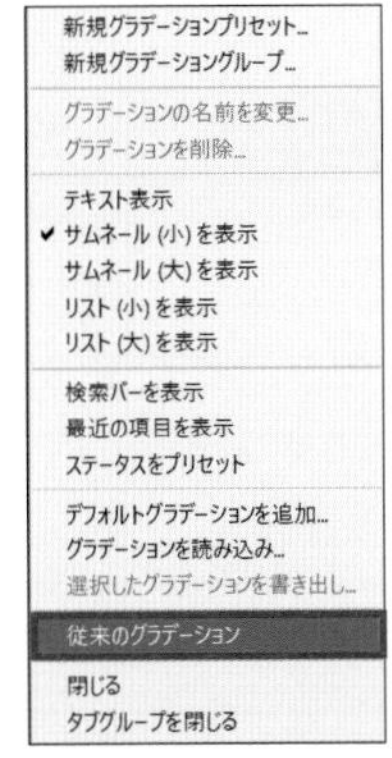

●グラデーションが復活する

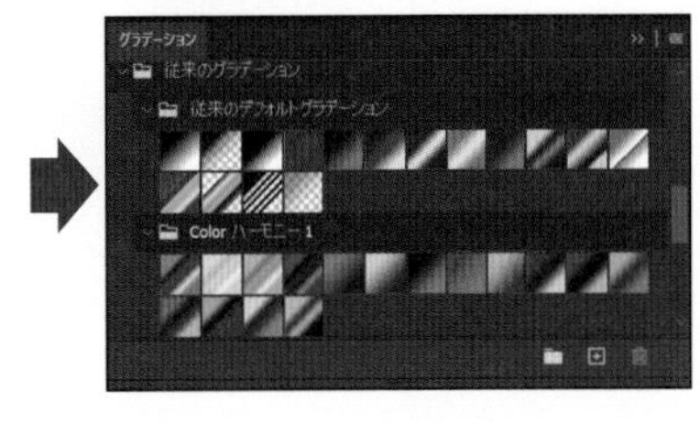

スタイルの増やし方

●スタイルパネルの４本線をクリック

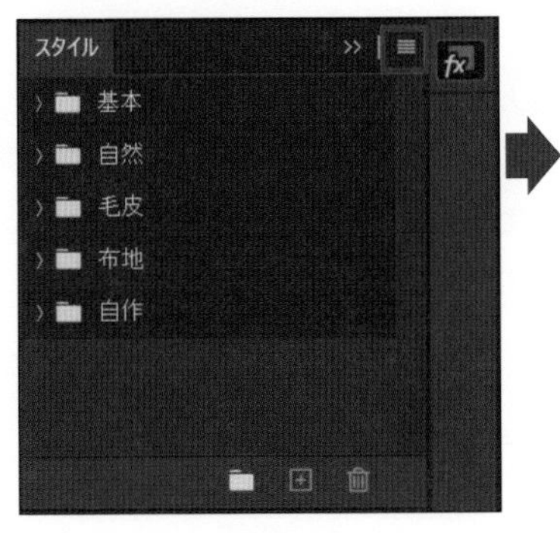

●「従来のスタイルとその他」をクリック

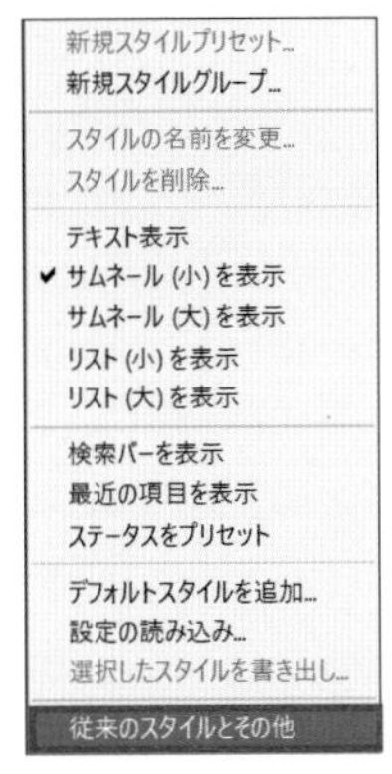

●スタイルが復活する

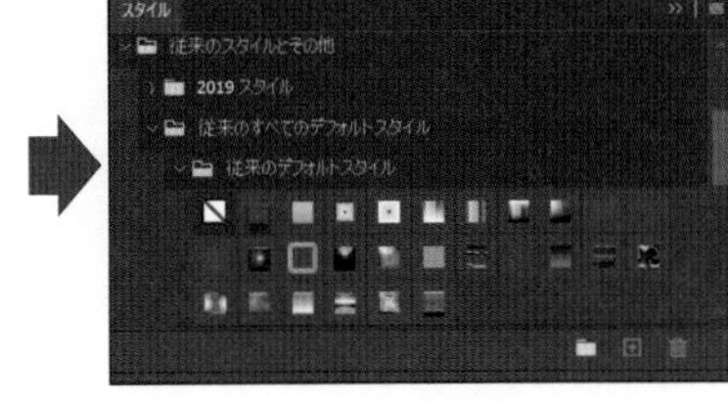

ブラシの増やし方

●ブラシパネルの４本線をクリック

ブラシだけ、オプションバーのブラシ選択の歯車マークからでも復活できる

●「レガシーブラシ」をクリック

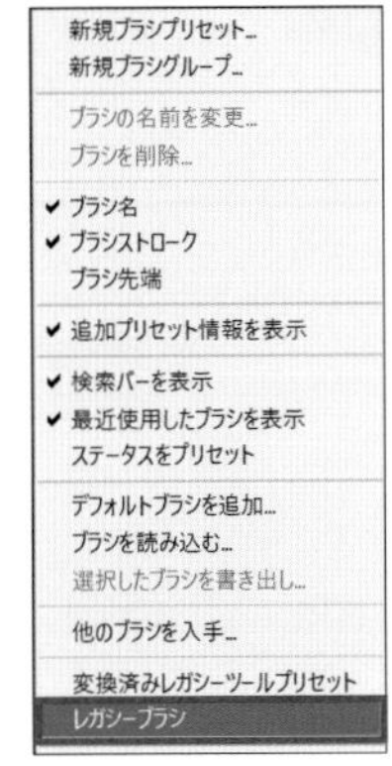

●ブラシの種類が復活する

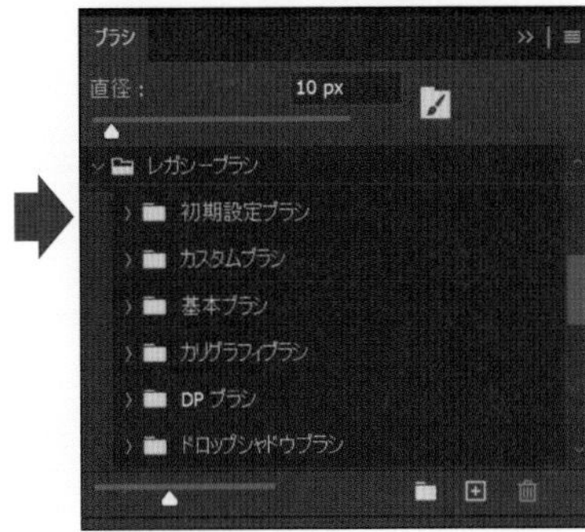

INDEX

アルファベット・数字

あ行

か行

さ行

た行

な行

は行

ま行

や行

ら行・わ行

■本書内容に関するお問い合わせについて

このたびは翔泳社の書籍をお買い上げいただき、誠にありがとうございます。弊社では、読者の皆様からのお問い合わせに適切に対応させていただくため、以下のガイドラインへのご協力をお願い致しております。下記項目をお読みいただき、手順に従ってお問い合わせください。

ご質問される前に

弊社 Web サイトの「正誤表」をご参照ください。これまでに判明した正誤や追加情報を掲載しています。

正誤表　https://www.shoeisha.co.jp/book/errata/

ご質問方法

弊社 Web サイトの「刊行物 Q&A」をご利用ください。

刊行物 Q&A　https://www.shoeisha.co.jp/book/qa/

インターネットをご利用でない場合は、FAX または郵便にて、下記 “ 翔泳社 愛読者サービスセンター ” までお問い合わせください。

電話でのご質問は、お受けしておりません。

回答について

回答は、ご質問いただいた手段によってご返事申し上げます。ご質問の内容によっては、回答に数日ないしはそれ以上の期間を要する場合があります。

ご質問に際してのご注意

本書の対象を越えるもの、記述個所を特定されないもの、また読者固有の環境に起因するご質問等にはお答えできませんので、予めご了承ください。

郵便物送付先および FAX 番号

送付先住所　〒 160-0006　東京都新宿区舟町 5

FAX 番号　03-5362-3818

宛先　㈱翔泳社 愛読者サービスセンター

※本書に記載されたURL等は予告なく変更される場合があります。

※本書の出版にあたっては正確な記述につとめましたが、著者や出版社などのいずれも、本書の内容に対してなんらかの保証をするものではなく、内容に基づくいかなる運用結果に関してもいっさいの責任を負いません。

●著者プロフィール

Mappy Photo えりな&たじ

えりな（動画出演）とたじ（動画編集）の２人組教育系YouTuber。
初心者にもわかりやすいPhotoshopのチュートリアルを発信中。
YouTubeの登録者数12万人、動画総再生数1,000万回（2024年1月現在）。

モットーは“かつてPhotoshopに挫折した自分たちのような人が、
楽しく独学できるよう手助けをする！”

Adobe Japan Prerelease Advisor
2022年3月Adobeとのコラボで
Photoshop公式チュートリアルページに記事執筆＆動画作成。
Adobe MAX 2022 登壇。

HP：https://mappyedit.com
YouTube：https://www.youtube.com/c/MappyPhoto/

装丁・本文デザイン　風間篤士（リブロワークス・デザイン室）
装丁・扉・見出しイラスト　奥西しろ（たまごトラベル）
著者顔・本文イラスト　ちあき
編集・DTP　リブロワークス

独学Photoshop（フォトショップ）
楽しく基本が身につくガイドブック

2022年　9月21日　初版第1刷発行
2024年　3月　5日　初版第4刷発行

著　　者　Mappy Photo（マッピーフォト）えりな＆たじ
発 行 人　佐々木 幹夫
発 行 所　株式会社 翔泳社（https://www.shoeisha.co.jp）
印刷・製本　株式会社 シナノ

ISBN978-4-7981-7311-5
Printed in Japan